江苏中部沿海资源环境
遥感监测与分析

刘永学　刘永超　孙　超　赵冰雪　著

科学出版社

北京

内 容 简 介

　　本书针对江苏中部沿海资源环境遥感的研究现状,详细介绍了海岸带潮滩开发利用遥感分析、海岸带盐沼遥感提取及动态监测、海岸带潮滩地貌遥感反演与动态分析、海岸带潮沟系统与潮滩稳定性遥感分析、南黄海浒苔提取与暴发环境因素分析等内容,系统地体现了遥感技术在海岸带资源环境演化中的全方位动态监测作用,以为江苏乃至我国沿海资源开发、海岸带可持续管理、未来海岸建设等提供技术支撑和决策辅助。

　　本书可作为地理科学类、测绘类、自然资源保护和环境生态类、地质类、水利类、海洋科学类等相关专业的本科生和研究生的学习参考书,也可供从事遥感、地理信息科学教学、科研和生产等科学工作者及技术人员参考,还可供遥感技术爱好者学习使用。

审图号:苏 S(2020)034 号

图书在版编目(CIP)数据

江苏中部沿海资源环境遥感监测与分析 / 刘永学等著. —北京:科学出版社,2021.1
　ISBN 978-7-03-067091-5

　Ⅰ.①江⋯　Ⅱ.①刘⋯　Ⅲ.①海岸带—沿岸资源—环境遥感—环境监测—江苏　Ⅳ.①P748

中国版本图书馆 CIP 数据核字(2020)第 242747 号

责任编辑:周　丹　黄　梅　程雷星 / 责任校对:杨聪敏
责任印制:张　伟 / 封面设计:许　瑞

科学出版社 出版
北京东黄城根北街16号
邮政编码:100717
http://www.sciencep.com

北京厚诚则铭印刷科技有限公司 印刷
科学出版社发行　各地新华书店经销
*

2021 年 1 月第　一　版　开本:720 × 1000　1/16
2021 年 1 月第一次印刷　印张:14 3/4
字数:294 000

定价:119.00 元
(如有印装质量问题,我社负责调换)

前　言

　　未来地球(Future Earth，FE)计划中国委员会将亚洲海岸带脆弱性列入2014～2023年需优先解决的问题之一。FE核心计划FE-Coasts（原海岸带陆海相互作用计划，即原LOICZ计划）强调协同研究海岸带动态、人类发展与海岸带关系、可持续海岸带建设路径，以增强未来海岸带持续、弹性发展能力。在全球变暖、海平面上升及人类活动加剧等背景下，全球海岸带形态和动力地貌过程更加复杂、敏感、多变。江苏中部沿海是我国沿海沉积地貌体系发育最特殊、潮滩资源最富集、受人类活动影响最大的区域：其岸外发育有规模巨大、形态特殊的辐射状沙脊群，约占我国潮滩总面积的1/4，潮滩宽达数十千米，滩面上潮沟-潮盆系统发育充分。特别是黄河夺淮入海期间带来的巨量泥沙，推动了海岸线的快速淤长，两大潮波系统（东中国海前进潮波系统与南黄海旋转潮波系统）沿弶港—条子泥—高泥—竹根沙等一线滩脊辐聚、辐散，奠定了区域潮滩分布的基本格局。

　　然而随着1855年黄河北归、长江输沙量大幅减少（2016年输沙量不到1950年的1/3），泥沙源汇格局剧变，也引发了沿海地貌的相应变化。在优势潮流、波浪、风暴潮等作用下，区域内海岸地貌演化常表现出大冲大淤、内冲外淤、冲淤多变等特征。此外，人类活动，如大规模围垦（1974～2012年匡围潮滩1986km^2）、互花米草引种（1986～2013年扩展178.42km^2）、港口与风电场建设、沿海养殖等，进一步改变了海岸带资源环境的均衡态，对海岸带地貌产生了重要影响。需要说明的是，海岸带资源环境对人类活动的响应并非单向的，在人类活动诱导下，资源环境突变也将危及沿海工程、人民生命财产安全等。随着江苏沿海开发、长江经济带发展等上升为国家战略，厘清人类活动加剧背景下沿海资源环境演化的时空分异及其响应，对江苏未来海岸建设尤为必要。

　　本书综合了长时间序列、协同低-中-高多分辨率、集成光学-雷达、白天-夜间在内的多源遥感影像，对信息提取难[中、高空间分辨率遥感影像，LiDAR（light detection and ranging，激光探测与测量）数据等海岸资源环境信息提取]、特征表征难（复杂海岸带系统空间形态的表征与分析）、过程分析难（精细时间尺度下的海岸带资源环境系统演化过程分析）等难点与关键点展开研究。研发了海岸带资源环境信息精细提取方法、时间序列多源遥感支持下的海岸带资源环境演化多维度分析方法，按照"数据—算法—过程—机理—服务"研究流程，以中/微观遥感监测海岸带演化过程为主导，发展了星空地支持下海岸带资源环境关键信息提取技术、演化过程分析技术；基于微观尺度野外调查与沉积动力参数观测，耦合沉积动力学、海洋数值模拟等技术方法，厘清了人类活动加剧背景下区域沿海资源环境演化时空分异规律及其对人类活动的响应，以加深对海岸带演化规律及其对人类活动响应的科学理解，并为未来海岸建设、弹性发展等提供技术支撑。

本书是在南京大学刘永学教授主持的江苏省杰出青年基金项目（BK20160023）和国家自然科学基金项目（41971378，41471068，41171325，40701117），宁波大学地理与空间信息技术系孙超博士主持的国家自然科学基金青年科学基金项目（41901121）和自然资源部海岸带开发与保护重点实验室开放基金项目（2019CZEPK03），南京大学刘永超博士主持的自然资源部海岸带开发与保护重点实验室开放基金项目（2017CZEPK12）等相关研究成果总结的基础上完成的。本书由刘永学拟定提纲、组织研讨，并负责全书写作。第1、2章由刘永学、刘永超撰写；第3章由孙超、赵赛帅、刘永学、陆婉芸撰写；第4章由孙超、刘永超撰写；第5章由王永星、刘永学、胡炜撰写；第6章由刘永学、赵冰雪、魏祥林、孙佳琪撰写；第7章由金松、李弘毅撰写；最后由刘永学和刘永超完成了本书统稿工作。书稿撰写过程中参考、引用了大量文献，谨向这些文献的作者表示敬意和感谢。

受作者学识所限，书中难免存在不妥之处，敬请读者指正和谅解。

著　者

2020 年 8 月

目　　录

第1章 绪　　论

1.1　研究背景与意义

海岸带地处陆海交互区域，是地球系统的重要组成部分，也是人类文明的重要发源地之一，作为当今社会人口密集区和经济重地，对社会经济发展和生态系统维持具有不可替代的作用（李加林等，2007；侯西勇和和徐新良，2011；刘永超等，2016；汪亚平等，2019）。粉砂淤泥质海岸作为海岸带重要的子系统之一，主要分布在河口海岸的潮间带，是细颗粒泥沙组成的滩地（Chen et al.，2008）。我国粉砂淤泥质潮滩长度约 4000km，约占我国大陆总海岸线的 1/4，主要分布在长江、黄河、珠江、辽河等河口三角洲及其两侧海岸平原（时钟等，1996）。作为一种动态不稳定的土地资源，潮滩受全球气候变化、海平面上升及人类活动影响，滩面动力地貌联结过程和形态在沉积物供给、潮流、波浪、风暴潮、沿岸流等作用下（杨桂山等，2002；Pritchard and Hogg，2003；Draut et al.，2005），地貌演化常表现出大冲大淤、冲淤多变等特征。

在全球变暖、海平面上升及人类活动加剧等背景下，全球海岸带地物形态和动力地貌过程更加复杂、敏感、多变。近年来海岸带资源环境演化研究得到了 *Nature*、*Science* 等期刊的持续关注（Temmerman and Kirwan，2015；Kara et al.，2016；Woodruff，2018；Schuerch et al.，2018；Murray et al.，2019）。同时，未来地球计划中国委员会将亚洲海岸带脆弱性列入 2014～2023 年需优先解决的问题之一。FE 核心计划 FE-Coasts（即原 LOICZ 计划）强调协同研究海岸带动态、人类发展与海岸带关系、可持续海岸带建设路径，以增强未来海岸带持续、弹性发展能力。处在海陆交互作用强烈的海岸带地区，由于滩面宽阔、滩面泥泞、潮沟密布、海况复杂，地面测量受到观测环境、调查成本等制约而难以开展；海岸带处在动态演变之中，开展持续性大范围观测十分必要，但常规手段仅能获得局部或多时相监测数据，获得高时间分辨率、持续性大范围海岸带资源环境信息十分困难。所以，海岸带资源环境演化监测历来都是地理国情监测的困难区域。遥感技术大范围、快速、动态观测等优势的显现，能进一步规避野外调查数据匮乏、沉积动力模型参数不明晰等难点。因此，提取、比较、综合多时相乃至时间序列遥感影像中典型地物/地貌信息，已成为海岸带资源环境演化分析的重要手段。

江苏中部沿海是我国海岸沉积地貌体系发育最特殊、潮滩资源最富集、受人类活动影响最大的区域，其岸外发育有规模巨大、形态特殊的辐射状沙脊群，面积约占我国潮滩总面积的 1/4，潮滩宽达数十千米，滩面上潮沟-潮盆系统发育充分。黄河夺淮入海期间带来的巨量泥沙（共 727 年，约 6656 亿 t）（任美锷，2006），推动了海岸线快速淤长；两大潮波系统（东中国海前进潮波系统与南黄海旋转潮波系统）沿弶港—条子泥—高泥—竹根沙等一线滩脊辐聚、辐散，奠定了区域潮滩分布的基本格局。然而随着 1855 年黄河北归、长江输沙量大幅减少（2016 年输沙量不到 1950 年的 1/3），泥沙源汇格局剧变，也引发了潮滩地貌的相应调整。在优势潮流、波浪、风暴潮等作用下，区域内潮滩地貌演化常表现出大冲大淤、内冲外淤、冲淤多变等特征（张忍顺等，2002）。此外，人类活动，如港口与风电场建设、大规模围垦（1974~2012 年围垦潮滩 1986km²）（Zhao et al.，2015）、互花米草引种等极大地改变了沿海资源环境均衡态，对海岸带演化产生了重要影响。需要说明的是，海岸带资源环境演化对人类活动的响应并非单向的，即在人类活动诱导下，地貌突变将危及沿海工程、人民生命财产安全，从而影响海岸带资源开发与保护。为促进江苏海岸带经济社会快速发展，2009 年 6 月国务院通过了《江苏沿海地区发展规划》，江苏沿海发展上升为国家战略，江苏沿海地区迎来了新的发展契机。因此，研究该区域资源环境系统演变规律及其对人类活动的响应，可为沿海工程设施选址与防护，海岸带资源开发、利用与保护等提供科学依据，也可为江苏及我国沿海经济社会平稳、持续发展提供基础数据与决策支持。

本书综合利用多源对地观测数据，探讨了粉砂淤泥质海岸带资源环境信息提取方法、特征分析方法及演化过程分析方法，将进一步丰富易变海岸带地物/地貌提取、处理、分析与应用技术，促进地理信息产业（海岸带资源环境遥感方面）前沿技术发展。同时，粉砂淤泥质海岸带是地理信息获取的困难区域，本书所收集的数据、研发的方法也能够用于海岸带地理国情监测，有着良好的经济、社会效益。同时，江苏中部沿海也是中国沿海最特殊的潮沟-潮盆韵律沉积地貌体系发育区域，该区域潮滩沉积规模巨大，水动力作用复杂，潮沟系统发育且变动频繁，是世界潮沟系统的典型区。因此，研究该区域资源环境系统的自然演变过程及其对人类活动的响应，势必将推进、丰富和加深人们对全球海岸带系统地貌演化规律的科学理解。

1.2　国内外研究进展

1.2.1　海岸带盐沼遥感提取与监测现状

盐沼的定义会因地理条件差异而各不相同。Long 和 Mason（1983）在 *Saltmarsh*

Ecology 中认为盐沼是间歇性被潮水淹没，长有耐盐草本植物和小灌木的陆生维管植物的淤泥或泥炭质地区；Adam（1993）定义滨海盐沼为与海水体相邻，覆盖草本或低灌木植物的地区；而杨世伦（2003）定义潮间带盐沼为周期性被含盐潮水淹没的生长草本高等植物的自然地理单元。盐沼在世界各地沿海均有分布，针对不同的盐沼植物群落的种类、特性，各地学者展开了不同的调查，包括美国阿拉斯加（Pennings et al.，2005）、新英格兰地区（Crain et al.，2004；Ewanchuk and Bertness，2004）、威尼斯潟湖（Silvestri et al.，2005）、巴西南部（Costa et al.，2003）、中国长江口（高占国，2006）和黄河口（廖华军等，2014）等。Boorman（2003）依据潮汐影响的频率与植物群落结构将西欧部分盐沼按高程由低到高划分为 5 个地带，即先锋植物带（pioneers）、低潮滩（lower marsh）、中潮滩（middle marsh）、高潮滩（higher marsh）和过渡带（transition zone）；Kunza 和 Pennings（2008）发现美国东海岸两个不同地理区潮汐格局的差异很大程度影响了盐沼植物多样性的特征；邓自发等（2006）探讨了外来物种互花米草的入侵模式以及暴发机制，认为采取有序控制和综合开发利用策略，可解决互花米草入侵所带来的负面效应。

1. 常规遥感监测盐沼

在遥感技术发展初期，盐沼调查工作大多为人工目视解译，如 Baily 和 Pearson（2007）运用航空像片目视解译，定量分析了过去 30 年英格兰南部河口盐沼植被覆盖度及减少量。随着中等空间分辨率卫星影像的普及与免费获取，特别是 Landsat 卫星系列影像，其已成为海岸带盐沼遥感调查的重要数据源。如 Kindscher 等（1997）利用印度 IRS-1B LISS-II 影像，基于非监督分类方法结合目视解译进行了大蒂顿国家公园（Grand Teton National Park）草甸湿地类型划分；孙永军（2008）根据 Landsat MSS（1975 年）/TM（1990 年）/ETM+（2000 年）遥感影像研究，基于邻域均值进行了湖泊湿地信息提取，利用改进 Canny 算子对河流湿地进行了提取，以及基于面向对象对湿地进行了综合提取，并分析了黄河流域湿地变化的特征和原因；黄华梅（2009）以多时相遥感影像为数据源，进行穗帽变换和 NDVI（normalized difference vegetation index，归一化植被指数）计算等图像增强处理后，辅助多年盐沼植被光谱信息，利用监督分类方法对上海滩涂盐沼植被变化进行了分析；靳晓华（2011）利用多时相 TM 遥感影像数据选取特定波段组合，提取了盐城湿地珍禽国家级自然保护区（简称盐城保护区）12 类地物类型25 年间变迁信息；Alphan（2012）基于 3 景 TM 影像，运用监督分类法对土耳其地中海东部沿海湿地类型进行划分，并比较分析了地物类型转变量；Huang 等（2009）的研究表明减少"同物异谱、异物同谱"给盐沼分类带来的误差，综合运用多时相遥感影像构建决策树分类能有效提高盐沼地物的分类精度。

随着信息获取多源性以及便捷性发展,研究者开始结合光学影像、SAR(synthetic aperture radar,合成孔径雷达)影像、LiDAR 数据以及其他辅助信息进行研究。例如,Rodrigues 和 Souza-Filho(2011)将 Landsat-7 ETM + 和 SAR 影像结合,运用监督分类方法在亚马孙滨海湿地进行分类实验,分类精度达到 90%以上;van Beijma 等(2014)利用 SAR 影像和光学影像结合构建的 30 个特征变量,采用随机森林分类方法对滨海盐沼湿地进行信息提取,发现分类精度高于单一使用 SAR 影像或光学影像的分类精度;Hladik 和 Alber(2014)结合 LiDAR 的高度信息,以及实测土壤盐度、含水量、氧化还原电位等数据,分别利用线性判别法和分类回归树进行了盐沼地物分类,结果显示加入高程信息的方法显著提高了分类精度。综上,不同种类盐沼在光谱上相似性较强,导致利用中等空间分辨率多光谱影像,通过常规分类方法很难解决“同物异谱、异物同谱”问题,分类结果不佳,精度受到限制。因此,综合辅助实地调查资料以及相关信息有助于获取较高的分类精度。

2. 高空间、高光谱分辨率盐沼分类

(1)高空间分辨率盐沼分类研究。随着遥感技术飞速发展,卫星影像空间分辨率由千米级提高至十米级乃至亚米级。在此背景下,部分学者利用高空间分辨率遥感影像,通过减少盐沼中混合像元现象以开展不同类别盐沼的精细分类。例如,张彤等(2004)利用两个时相 SPOT 影像和 TM 影像融合得到模拟真彩色图像对崇明岛东滩进行监督分类,认为 10m 空间分辨率影像能够满足东滩景观的分类要求;张华国和黄韦艮(2003)以 1m 空间分辨率 IKONOS 影像综合阈值、监督分类、植被指数和人机交互等方法进行地物分类,获得了南麂列岛土地覆盖最新信息;Gilmore 等(2008)根据多时相 QuickBird 影像辅助 LiDAR 数据以及野外实测光谱数据对美国新英格兰地区优势盐沼植被(米草、芦苇、香蒲)进行了分类;凌成星(2013)利用 WorldView-2 数据改进遥感特征指数,对东洞庭湖湿地核心区域湿地类型进行了准确分类;Lee 等(2012)研究也表明高分辨率 TerraSAR-X 数据十分适用于潮滩盐沼植被制图。随着航空影像获取难度不断下降,应用得到普及,用于分类的影像分辨率得到进一步提升。Zharikov 等(2005)利用航空像片通过 K 均值聚类方法和 CART 决策树分类算法对澳大利亚莫顿(Moreton)海湾盐沼植被进行精确制图,证明了高分辨率影像在河口湿地保护和管理中的重要性;Wang 等(2007)利用航空影像,结合地面真实点信息,运用特定植物群落神经网络分类器研究了威尼斯潟湖的植被信息,较传统神经网络分类方法精度提高了 7%(由 84%提高到 91%);Kim 等(2011)基于超高分辨率航空影像(0.3m)辅助纹理信息,运用多尺度面向对象的分类方法区分盐沼植被、潮沟与光滩,分类结果精度比无纹理信息时提高了 12%;Tuxen 等(2011)利用航

空影像及野外调查数据，运用监督分类方法对美国旧金山的河口盐沼进行植被制图，精度达到 70%～92%。

（2）高光谱盐沼分类研究。高光谱分辨率影像通过增加光谱通道，突显具有极强相似性的各类盐沼的高维度特征差异来区分植被类型，以满足更高精度识别湿地植物物种和群落的要求。何美梅（2008）采取 Landsat TM 和地面高光谱实地测量结合的方法探测海岸带各种植被光谱特征；韦玮（2011）利用 4 个时相欧洲空间局（European Space Agency，ESA，简称欧空局）PROBA 卫星 CHRIS 遥感数据进行试验，其中每个时相包含 5 个角度高光谱影像，结果表明该数据能很好地提高湿地植被类型识别及湿地类型分类精度；朱子先和臧淑英（2012）以扎龙湿地为研究区，根据野外实测高光谱数据发现主要湿地植被类型（杂草类草甸、羊草、耕地、水田、芦苇、蒲草和沉水植被）的光谱特征存在明显差异，将 HJ-1A/B 卫星高光谱与 CCD 影像融合，运用监督分类和非监督分类方法对植被分布进行划分；Sadro 等（2007）利用 AVIRIS 高光谱影像辅助 LiDAR 地形数据以及潮汐数据，对美国加利福尼亚州南部盐沼地进行了植被分类；Bertels 等（2011）获取了斯海尔德河流域分辨率为 1m 的航空高光谱影像（32 个波段），辅以 LiDAR 数据生成地面高程、坡度等信息，对其进行精细地物划分；Hladik 等（2013）研究表明综合高程和光谱信息比单独应用高光谱影像或 DEM 高程制图，精度明显提高；Belluco 等（2006）综合了多源高光谱和高空间分辨率影像数据集（ROSIS、CASI、MIVIS、IKONOS 以及 QuickBird）对意大利威尼斯潟湖潮间带植被运用监督分类和非监督分类方法进行划分，发现高光谱影像存在信息冗余，分类效果尚不及高空间分辨率影像。

综上，高空间分辨率和高光谱分辨率纵使在分辨率上得到提高，达到精细划分要求，然而却受到成像扫描带宽限制，成像范围受到影响，需要考虑影像拼接问题，往往不能满足大、中范围区域监测。另外，使用高分辨率影像精细监测往往要结合野外实测光谱、LiDAR DEM 高程、水位等辅助信息以保证分类精度，此方法局限性在于卫星过境时间、植被生长物候期和当地气象条件等无法形成理想的观测条件，从而很难得到理想的多源数据。对于较小区域盐沼精细划分，上述方法成效较好，若推广到较大范围区域，则面临成本较高、辅助信息难以获取及适用性减弱等问题。

3. 时间序列结合物候特征

物候是指植物在年内随着气候季节性变化而处于生长、成熟、休眠等规律性变化状态（李胜强和张福春，1999），与植物净初级生产量、土地覆盖、农作物估产等方面有直接联系（陈效逑和王林海，2009）。植物物候信息是进行土地利用/土地覆盖变化等研究的重要分析数据源，在监测生物生长发育周期对气候、季节和年际变化的响应方面，具有其他生物变量无法替代的作用（王宏等，2006）。NDVI 被认为是表征植被物候特征差异、生物量变化的有效指针，目前已被较多应用于植被监测研究（Wang and Tenhunen，2004；Xie et al.，2008）。

（1）光谱与物候差异联系研究。许多学者已开始研究遥感光谱与植被物候的内在联系。Lloyd（1990）提出利用 NDVI 选定阈值来划分植物物候生长季节；Coppin 等（2002）研究表明植被生长衰败随季节变化特征明显，通过观察分析连续的植被光谱时间序列曲线，能够发现植被物候变化特征；杜红艳等（2004）研究认为利用植被生长期的湿地影像，经过穗帽变换处理后，湿地亚类间区分精度得到明显提高；高占国（2006）选择了春、夏、秋三个季节互花米草群落、芦苇群落、海三棱藨草群落以及糙叶薹草群落等的实测光谱，分析其光谱特征差异，结果表明各类盐沼随着季节变化形成独特的反射光谱特征，其中秋季的盐沼群落之间差异相对最大；李加林（2006）运用 MODIS NDVI 和 EVI 数据通过分析江苏沿海互花米草 NDVI 指数年内变化，来判别其生长期和非生长期，从而达到监测互花米草生长状态的目的；张明伟（2006）基于 2 年 MODIS NDVI 和 EVI 数据进行非线性方程模拟，提取了中国华北地区主要作物关键物候期信息，并将物候遥感监测指标与地面观测指标进行对比分析，确定了两者匹配关系，最终选择适合的分类特征进行主要作物识别；殷守敬（2010）选用 SPOT VGT NDVI 数据分析了 NDVI 时空分布、年内和年际时空变化规律及对地物的响应关系，发现 NDVI 变化与土地覆盖类型密切相关，各土地覆盖类型发生变化时，其 NDVI 绝对变化值具有明显的时空分异特征；艾金泉（2014）在闽江河口湿地植被物候期观察基础上，选取晚春（植被生长旺盛期）、夏末（互花米草花期）、深秋（芦苇花期）等三个物候期，使用 SPOT-5 影像，基于先验知识和决策树对闽江河口盐沼植被进行了遥感分类识别并制图。

（2）时间序列与物候结合研究。为进一步分析物候与光谱间的联系，学者们利用多时相遥感影像，增加影像数量，缩短影像时间间隔，形成时间序列数据集，以观察地表植被在时间变化过程中呈现的与植被物候特征相关的周期性特征，从而实现对地面植被类型分类分析。由于卫星平台空间覆盖广，时间序列数据获取相对容易，遥感影像时间序列构建难度逐渐降低，已成为地表植被变化监测的主要数据源（汪业成，2014），利用遥感影像时间序列挖掘物候差异并进行植被分类制图逐渐得到重视、推广与应用。

目前，光学遥感影像时间序列数据已有较多成熟产品，如 MODIS、AVHRR、SPOT 等。国内外有较多学者开始利用这些时间序列产品结合物候进行地物分类研究（Fensholt et al.，2012，2009）。Reed 等（1994）收集了美国 1989～1992 年 AVHRR NDVI 时间序列数据集，分析发现卫星遥感光谱曲线参数和植被物候信息存在很强的关联性，可用于评估土地覆盖类型的物候稳定性；Jonsson 和

Eklundh（2002）将非对称高斯函数拟合应用到 AVHRR NDVI 时间序列数据中，通过分析季节变化的增长下降曲线，挖掘植被物候信息，估计了全球尺度生物量；Wardlow 和 Egbert（2008）使用 250m 分辨率 MODIS NDVI 时间序列产品在美国堪萨斯州（Kansas）进行作物分类实验，4 种地物分类精度均超过 80%，但是有一些小作物区块较难从 250m 分辨率的 MODIS 影像区分开来。为减少大范围农作物监测时因不同区域作物所处物候阶段不同导致生物量差异，蒙继华等（2014）通过使用 MODIS NDVI 16d 产品，结合改进的 CASA 模型进行作物典型物候期监测，实现生物量物候归一化，初步探索了如何消除大区域物候差异对作物长势监测与评估影响。

然而，由于低空间分辨率时间序列产品在生成中可能产生较大误差，相关结果的精度较低。因此，有学者探讨在低分辨率大尺度时间序列条件下如何提高分类结果精度。例如，Beck 等（2011）探讨了 AVHRR 4 种 NDVI 时间序列数据集（PAL、GIMMS、LTDR V3 和 FASIR）在全球尺度下土地利用分类精度，指出 GIMMS 数据在检测地物时间变化时具有较高精度；为减少 MODIS NDVI 时间序列数据噪声影响，Hird 和 McDermid（2009）探讨了不同滤波方式对去除噪声的功效，构建了时间序列产品集。另外，有部分学者尝试将高时间分辨率和中等空间分辨率遥感影像结合的方式，来减少传统基于大尺度大范围监测的缺陷。Busetto 等（2008）将 TM 影像计算权重应用到 MODIS NDVI 时间序列影像来提高大规模的亚像素级别地物分类精度；张健康等（2012）运用多时相 TM/ETM + 影像和 13 幅 MODIS EVI 时间序列遥感影像，采取监督分类与决策树分类相结合的方式建立决策树识别模型，解译了黑龙港地区主要作物分类结果，其精度比单纯依靠 TM 影像更佳。

常规遥感数据难以兼顾空间与时间分辨率，导致盐沼区域成为时间序列构建与分析困难区域：一方面具有高时间分辨率的 MODIS NDVI/EVI、AVHRR GVI 和 SPOT VGT 等影像产品空间分辨率较低（250~1100m），并不适用于分布范围较小、异质性较强的盐沼区域；另一方面受限于海岸带多云雨天气影响，中、高空间分辨率遥感影像（Landsat、SPOT、QuickBird 等卫星获取数据）构建的时间序列时距较长，一般在 16d 以上，难以发现最能体现各类盐沼差异的时期，因而推广性不强。随着我国 HJ-1A/B 卫星成功发射，较高时间分辨率、中等空间分辨率影像获取成为可能（Liu et al.，2013a；Wang et al.，2010）。搭载在 HJ-1A 和 HJ-1B 卫星上的两台 CCD 相机设计原理相同，以星下点对称放置，平分视场，并行观测，组网后重访周期仅为 2d，较传统时间序列产品集中空间分辨率最高的 MODIS 提高了 8 倍，使 HJ 时间序列形成一种有效的高时空分辨率数据源，为精细地物时间序列应用开拓了新的可能。

目前已有部分学者开始探讨 HJ 卫星构建时间序列的能力。陈鹏飞等（2013）

利用 HJ 卫星构建冬小麦 NDVI 时间序列曲线进行作物估产，获得了比其他学者基于 MODIS NDVI、AVHRR NDVI 更高的模型决定系数；Pan 等（2015）利用 HJ NDVI 时间序列观测关中平原的作物物候期，结果与农业气象观测数据较为相似，证实了 HJ NDVI 时间序列对地物监测的可行性。然而，这些 HJ 时间序列主要运用于单一物种的农作物估产研究，运用于大范围海岸带监测的相关探讨目前还较少，尤其是缺少光谱相似性较高的盐沼植被的区分研究。因此，针对时间序列运用在盐沼分类中，回答其分类效果如何、时间序列长度多少才可达到要求、特定地物提取结果如何这些问题才能说明 HJ 卫星时间序列在盐沼分类中的使用效果，并进一步进行推广研究。

1.2.2　海岸带潮滩地貌反演与动态分析现状

国内外对潮滩演变研究较多，早期主要集中于实地观测和调查，通常是基于常规交通工具和仪器设备在潮滩上长期观测和取样分析（Bassoullet et al.，2000；Bockelmann et al.，2002；Herman et al.，2000；李恒鹏和杨桂山，2001；杨世伦，1997），这种野外调查方法非常困难，通常不能对潮滩进行大面积、连续性观测。遥感技术的出现有效弥补了地面常规调查工作的不足，成为开展潮滩研究的有效手段。

1. 潮滩演变遥感分析

利用遥感和 GIS 技术进行潮滩演变研究的方法主要可以分为 7 类：影像间对比分析法、影像与地形对比分析法、海岸线解译法、质心分析法、模型模拟法、地形图数字化构建 DEM 分析法、水边线复合构建 DEM 分析法。

（1）影像间对比分析法。恽才兴等（1982，1983）利用遥感图像对长江口、鸭绿江河口等潮滩进行了分析；Blodget 等（1991）利用 15 年（间隔 3 年）陆地卫星 MSS 影像研究了尼罗河三角洲罗塞塔（Rosetta）河嘴的海岸线变迁，研究表明在快速冲淤海岸带，遥感影像可以作为传统海岸监测方法的有益补充；陆惠文和杨裕利（1995）以烟台海岸带潮滩为研究对象，利用遥感技术分析了潮上带和潮滩的现状及历史演变过程；赵庚星等（1999）以 RS 和 GIS 技术研究了黄河口 1986～1996 年淤积侵蚀面积变化；吴曙亮和蔡则健（2003）利用遥感技术对江苏沿海潮滩资源及发展趋势进行了研究；陈基炜等（2005）对上海滩涂利用情况进行了调查，通过对比不同时相遥感影像，探讨了潮滩分布和多年变化情况；张华国等（2009）利用 TM、ETM＋等遥感影像对杭州湾岸线变迁及冲淤情况进行了分析，研究表明潮滩变化主要由人工围垦和养殖造成。

（2）影像与地形对比分析法。Frihy 等（1998）结合卫星数据与地形图资料对埃及尼罗河三角洲蚀退及淤长进行了研究，并对曼宰莱（Manzala）潟湖面积变化情况进行了调查；El-Raey 等（1999）结合剖面实测数据与遥感影像对埃及海岸线变化进行了研究，认为遥感方法能更好地反映冲淤变化细节，且与地面调查结果相关性达到了 99%，也发现 TM 影像波段 7 与波段 4 比值在提取海岸线方面很有效；刘永学等（2004a）利用 1973～2000 年 9 个时相卫星影像，结合海图资料研究了江苏中部沿海潮滩中东沙动态变化，提出了用于研究大沙洲动态变化的"卫星影像系列-海图叠合"分析法。

（3）海岸线解译法。黄增和于开宁（1996）通过遥感影像中纹理、光谱等特征对秦皇岛地区海岸线进行目视解译，通过图像处理技术对秦皇岛海岸冲淤侵蚀进行了定量计算，对海岸演变进行了定量分析；赵庚星等（1999）对黄河口各个时相岸线进行解译，数字化后处理形成黄河口图形库，统计分析其空间变化及各时期淤积和侵蚀面积。

（4）质心分析法。刘永学等（2004a，2004b）引入形态学中质心分析，利用沙洲的质心移动规律探讨了沙洲动态变迁趋势，并将该方法应用于江苏沿海的辐射状沙脊群中的亮月沙，得知了亮月沙南移趋势。

（5）模型模拟法。Carbajal 和 Montaño（2001）通过模型模拟沙洲演变，并将该模型应用于波斯湾、朝鲜湾、加利福尼亚湾、北海等地，通过与观测数据进行对比，证实了模型模拟的有效性；Wang 等（2016，2017）通过悬沙浓度、悬沙移动的模拟来分析潮滩区域冲淤变化特征，进而对潮滩地形演变趋势进行了分析。

（6）地形图数字化构建 DEM 分析法。孙效功等（1995，2001）利用 1976～1988 年黄河三角洲水深资料分析了泥沙冲淤演变规律，利用分形分维方法研究了黄河三角洲潮滩分维特征；李茂田和陈中原（2004）利用 GIS 与 DEM 技术，模拟了 40 年来长江九江段冲淤过程，分析了 0m 等深线、纵横剖面的冲淤变化；吴华林和沈焕庭（2002）依据 1842～1997 年 10 幅不同年代长江口海图资料，构建了不同时期长江口水下 DEM，分析了长江口拦门沙地区滩槽演变、岸线侵蚀、沙岛形成与变迁等；余佳和许世远（2000）利用不同时期地形图揭示了上海滨岸海滩不同岸段冲淤变化；李鹏等（2005）利用 1984～2004 年 4 幅长江口外高桥新港区岸段海图资料，构建了不同时期此岸段水下 DEM，并对新港区河槽冲淤变化进行了定量计算。

（7）水边线复合构建 DEM 分析法。Chen（1998）利用多景 SPOT 遥感影像构建了台湾西海岸中三条仑（San-Tiau-Luen）和外伞顶洲（Wai-San-Ting）两个潮滩 DEM，并对海岸线侵蚀情况进行了估算；韩震等（2003，2009）利用多源遥感影像对温州地区不同部位潮滩 DEM 和长江口崇明东滩 DEM 进行了构建，分析了研究区内潮滩坡度、岸线变化、冲淤速率等；Feng 等（2011）对我国鄱阳湖湖底地形进行了构建，并对其湖底地形演变进行了分析。

2. 潮滩高程反演方法

已有地形测量方式各有特色，分别有其适用条件和范围。在大范围海岸带潮滩地区，垂直精度、水平精度、覆盖范围、监测周期、DEM 构建、成本和环境适应性七个评价指标较为关键（表 1-1）。可以看出，在海岸带潮滩高程反演方面，若使用野外调查、航空航天测量等方法，受潮滩沉积动力环境复杂、地貌变化快速、潮滩地形平缓、潮滩含水量在空间上差异大、海水含沙量难以确定等因素制约，获取现状的潮滩高程信息较困难，获取近几十年来能够反映潮滩演化的历史潮滩高程信息更为困难，水边线复合技术在很大程度上克服了这些困难，更适用于大范围易变海岸潮滩高程反演。

表 1-1　基于大范围海岸带潮滩区域各 DEM 构建方法比较

测量方法	地面调查	航空 LiDAR	航空立体像对技术	航空干涉测量	卫星干涉测量	卫星光学数据测量	水边线信息复合技术（WDM）
垂直精度	厘米级	分米级	分米级	米级	10m 级	分米~米级	分米级
水平精度	分米级	分米级	分米级	10m 级	10m 级	百米级	10m 级
覆盖整个潮间带	是	否	否	是	否	否	是
监测周期	半年	半年	年	半年	季度	年	半年
支持历史潮滩 DEM 构建	否	否	否	否	否	否	是
成本	高	中	高	低	低	低	低
环境适应性	中	差	差	强	强	差	强

（1）基于野外测量的高程反演。野外测量是建立地面高程反演的常用方法。目前，通过地面调查（如水准仪、全站仪、载波相位差分测量技术等）可获得精度达厘米级的潮滩高程信息（Mitasova et al.，2003）。潮滩地形调查时一般采用垂直于岸线方向的等间距横断面测量方式，测线可延伸至平均低潮位以下海岸边界，通过定期重复测量可得到精确的冲淤变化信息。对于水下地形，则可使用船载声呐技术进行探测。在早期单波束基础上，20 世纪 70 年代又进一步发展出了船载多波束声呐测深技术，如 Sea Beam 系统就实现了在船上进行数据采集、综合处理和可视化的功能（Tyce et al.，1987），多波束数据也可直接用于进行水下数字地形的构建（Saxena et al.，1999；高金耀等，2003；顾晨等，2011）。采用野外测量手段，理想条件下控制点垂直精度可达 1cm，剖面垂直精度可达 5cm（Gorman et al.，1998），测量范围可延伸至潮下带。但由于潮滩地区潮滩广阔、滩面泥泞、潮沟密布、潮滩冲淤多变、海况复杂，该方法受天气状况、白昼长

度和潮汐等影响较大，难以通过常规野外调查手段，快速、全面地建立大范围潮滩高程模型，且人力、物力投入巨大。如在江苏沿海地区，近 60 年来仅有三个时相海底地形图（1∶10 万，出版年份为 1963 年、1979 年、1992 年，其中 1992 年为 1991 年局部修测），由于潮滩地貌演变快速，现已基本失去其精准性。此外，通过地面测量技术获取的潮滩高程数据多为点状、线状高程数据，大范围面状高程数据匮乏。

（2）基于航空测量的高程反演。航空测量能够在较短时间内获取地面调查所无法涵盖的大范围区域地面信息。其中，可用于地面高程反演的方法有：①机载激光探测与测距（LiDAR）系统。该系统集激光测距技术、计算机技术、惯性测量单元（inertial measurement unit，IMU）、差分全球定位系统（differential global position system，DGPS）等技术于一体，为获取高时空分辨率地球空间信息提供了一种新手段（Guo et al.，2010；Mcintosh and Krupnik，2002）。2006 年江苏沿海滩涂测绘工作采用该技术，生成了江苏沿海潮滩高程模型（水平分辨率为 4m，高程精度可达 0.33m）（杜国庆等，2007）。②航空立体像对技术。该方法通过航空摄影获取同一地面点来自不同视角的观测影像，对影像进行叠加即可解算出地面点在三维空间上的坐标（Slama，1980），即得到了地面高程信息。结合立体像对技术的机载摄影测量能够根据用户需求和预算构建出多种尺度的数字高程模型（Neill，1994），如 Balson 等（1996）利用航空立体摄影测量技术构建了英国霍尔德内斯（Holderness）海岸部分 DEM。③机载雷达干涉测量。机载雷达干涉测量技术通过搭载于同一航空器上两个 SAR 天线得到干涉图像，从而克服了星载方法所遇到的诸多问题。密歇根环境研究所提供的机载系统能够在复杂天气条件下快速获取大范围地面高程信息（Adams et al.，1996；Madsen et al.，1995），改进后的系统可提供精度达 1m 的地面高程数据。

航空测量可获得精度较好，较大范围的地面高程信息，但用于潮滩地区受到种种限制。其中，①通过航空 LiDAR 技术可获取大范围、高精度潮滩高程数据，且数据生成周期短，在数小时飞行时间内即可完成区域 DEM 构建，因此有着良好的应用前景。但该方法顺利实施需要借助较好的天气条件，且由于潮汐周期变化、水体透明度低等，难以获取整个潮间带尤其是潮下带高程信息。另外，易变海岸带潮滩高程变化迅速，需要较多时间序列潮滩高程信息，方可准确把握潮滩的冲淤态势，近些年发展的 LiDAR 技术历史数据积累少、生产成本高，制约了其在潮滩历史动态演化规律分析中的应用研究。②航空立体像对技术可获取较高精度高程信息，支持大范围地形图绘制，并可在反演高程的同时，利用影像所提供的其他信息对地表覆被进行监测。但该方法对天气和光照条件均有较高的要求，无法获取整个潮间带高程信息。在实际应用中常面临地面参考点获取困难，图像匹配处理需要大量人工干预等问题，严重限制了该方法应用范围。③机载雷达干涉测量技术能够以相对较高的精度监测到大范围高程变化，且能够覆盖整个潮间带区域，但因自身特点限制其在垂直和水平方向上精度均较低。

（3）基于航天影像的高程反演。利用航天影像数据快速反演大范围区域高程主要有以下技术：①基于雷达干涉数据的地面高程反演。典型代表为美国国家图像和测绘局（NIMA）同美国国家航空航天局（NASA）于 2000 年合作开展了航天飞机雷达地形测绘任务（shuttle radar topography mission，SRTM），对全球地形进行了同轨干涉雷达（interferometric synthetic aperture radar，InSAR）立体测绘（约 30m×30m），其中覆盖中国区域的是 3 弧秒（约 90m×90m）高程数据（SRTM-3，标称绝对高程精度±16m，绝对平面精度±20m）（Slater et al.，2006）。SRTM-3 数据中涉及潮滩区域高程反演精度较差，且未覆盖区域较多。②基于航天遥感影像立体像对的高程信息反演（Ungar et al.，1988；宫鹏，2000）。例如，2009 年开始发布的基于 ASTER 立体像对数据 Global DEM（G-DEM）栅格采样分辨率为 30m，高程精度为 7～14m。但 G-DEM 中海陆交互地带的潮间带高程信息存在缺失问题。③基于水深遥感的水底地形反演。依据辐射传输理论方程、半理论半经验水深遥感模型、实测水深信息与像元辐射值相关分析模型等，从遥感影像中反演水底地形信息（Paredes and Spero，1983；党福星和丁谦，2003；黄家柱和尤玉明，2002；沈永明等，2009；田庆久等，2007；张鹰等，2009），局部可取得米级水深反演精度。

基于航天影像数据的高程反演主要依赖于雷达干涉测量和光学影像测量两种手段。①雷达干涉测量可获取大范围地面概要信息，支持构建大尺度地表高程模型，同时可对地形变化进行精确监测。但在垂直精度和水平精度上均较低，用于潮滩高程反演时，高含水量砂质表面对于雷达信号辐射响应较差（Mason et al.，1995），导致其在淤泥粉砂质潮滩滩面高程反演中效果较差，且难以覆盖整个潮间带，因此很难满足应用要求。②使用卫星光学影像数据进行地面高程测量，也具有覆盖范围大的特点，在特定条件下，通过构建水深模型还可进行水深信息反演。但该方法同样具有较低的垂直和水平精度，观测要求无云环境。因此受限于天气状况，对于同一研究区满足要求的影像数量较少，且方法操作过程比较复杂，难以覆盖整个潮间带区域，在不同研究区难以保证反演精度。

（4）基于水边线信息复合技术的潮滩高程反演。自 1972 年 Landsat 卫星发射以来，遥感数据源在空间、时间、光谱、辐射分辨率等方面不断改善，累积了大量的、时空可比性很强的对地观测数据，为开展潮滩历史高程信息反演研究提供了数据支撑。遥感数据越来越多地被应用于潮滩高程反演，而其中最有效的方法即为基于遥感影像水边线信息复合技术（waterline detection method，WDM）。该方法最初由 Mason 等（1995）提出，其原理是将水边线视为潮滩高程的高度计（Lohani，1999），潮滩水边线反映了卫星成像时刻水陆的瞬时状态，水陆交界线水平位置由水边线决定,而垂直高度信息则来自成像时刻潮高。若能够获取足够数量的处于不同潮位高度的潮滩遥感影像,运用有效的水边线提取方法从中提取出水边线(Ryu et al.,2002;White and El Asmar,1999;韩震和余亚秋,2005),结合瞬时海面高度,则可构建沙洲/潮滩的 DEM。

该方法先后在全球多个地区得到应用,并在诸多细节方面得到改善。Lohani(1999)以英国霍尔德内斯海岸为研究区,使用航空影像和水动力模型模拟水面高度,采用克里金插值法构建 DEM,并将结果与实测剖面数据进行比对,证明将水边线与剖面数据进行协同克里金插值将得到更好的效果;Mason 等(2000,2001)从技术和经济角度出发,以亨伯(Humber/Wash)海岸为研究区,对比了几种沿岸 DEM 构建方法(地面调查、航空立体摄影测量、航空 LiDAR、WDM)在不同应用(沿岸防御、环境管理、经济开发)中的优劣,并使用 ERS SAR 影像分析了潮滩坡度与所构建的 DEM 垂直精度关系;Blott 和 Pye(2004)在英国雅培厅(Abbotts Hall)海岸使用 LiDAR 数据构建 DEM,结合潮位和历史海堤数据预测了栖息地的未来地形和生态学演化;Anthony 等(2008)以法属圭亚那海岸为研究区,分别采用 SPOT 数据、LiDAR 数据和高精度地面测量数据,从宏观、中观、微观三个层次对近岸潮滩地形进行重建,并分析了地形演化机制;Heygster 等(2009)在北欧瓦登(Wadden)海岸采用基于小波的边界提取算法,从 1996~1999 年的 SAR 影像中提取水边线,并通过数值潮汐模型计算水面高度,进行了大范围潮滩 DEM 生成。韩震等(2003,2009)利用多时相卫星遥感图像水边线高程反演技术,确定了温州地区、长江口崇明东滩不同部位淤泥质潮滩岸线的变化,计算了不同部位潮滩坡度及淤积、侵蚀速度等;郑宗生等(2007,2008)以崇明东滩为实验区,依据长江口 1999~2004 年多时相遥感影像,同时以实测高程剖面作为控制剖面获得水边线高程,利用不规则三角网方法构建了崇明东滩 DEM;何茂兵和吴健平(2008a,2008b)使用长江口九段沙 2004 年 3 个时相 TM 影像结合周围 4 个潮位站潮高数据,采用简单趋势面插值法计算海面瞬时潮位分布,开展了九段沙潮滩高程反演;张明等(2010)以辽东湾盘锦滩为实验区,利用遥感水边线方法研究了潮滩冲淤演变,结合遥感水边线和海图 0m 线边界建立了 3 个时段潮滩数字高程模型。

水边线信息复合技术在历史潮滩高程反演、成本和测量环境要求方面有独特优势,且能够覆盖整个潮间带区域,虽然在垂直精度和水平精度上无法与地面调查、航空 LiDAR 等技术相媲美,但已足够用于大范围的潮滩地形演变分析。因此,较为适合进行大范围易变海岸带地形监测。当前该技术应用十分广泛,但仍存在诸多需要研究的关键问题,主要体现在以下几个方面:

一是,使用水边线信息复合技术构建 DEM 的时间跨度难以确定。水边线信息复合技术要求在足够短的时间段内采集平静天气条件下成像质量良好、足够多的遥感影像，而海岸带气象条件复杂，云雨雪霾等因素对光学遥感成像影响较大（Yamano et al.，2006），海岸带遥感影像数据的可获取性限制了研究的拓展。具体而言，潮滩周期性地为潮水所淹没，其水边线是动态变化的，在某时间段内不同遥感影像显示出潮滩水边线的差异，体现在：该时间段内潮滩本身的演化，即周围供沙条件改变，造成潮滩在空间上的调整；由遥感影像成像时间不同所造成的潮位差异，使得显示在遥感影像中潮滩出露范围不同（刘永学等，2004a）。多时相遥感影像间的时间间隔足够短，在该时间段内潮滩地貌形态演化方可忽略不计，反映在各时相遥感影像中水边线差异，则主要为潮位的影响。此外，在该短时距内遥感影像数量足够多，方能提取出反映不同潮位高度的多条水边线，以增强反演结果的细节特征（Liu et al.，2010）。在潮滩高程模型的构建过程中，为了收集足够多、成像质量良好的遥感影像，现有研究常忽视多时相遥感影像的时间间距（时间间距设为 1 年、2 年甚至更长），而对易变海岸带潮滩地貌实地观测表明，潮滩地貌在短时距内变化明显（Baghdadi et al.，2004；贾建军等，2005；王建等，2006；杨世伦等，2001）。多时相遥感影像时间间距的确定、时间间距对潮滩高程反演精度的影响、如何依据研究区潮滩演化速度确定多时相遥感影像参与潮滩高程反演的时间间距以保证潮滩高程的反演精度等问题都需要进行深入研究。

对于大范围研究区，成像时刻潮高面不可再视为平面，限制了方法的应用范围。水边线方法通常将遥感影像成像时刻海平面视为一平面，而由于潮汐、波浪等影响，对大区域而言，成像时刻瞬时海面并非平面，而呈一曲面。只有在研究区域足够小的前提下，卫星成像时刻海平面方可视为同一高度计，故该方法多应用于小区域港湾、河口湾潮滩高程反演，不适合大区域潮滩高程反演。现有研究多通过单潮位观测站的实测潮位/预报潮位，或者对多个潮位观测站潮位数据采用简单内插拟合来近似卫星成像时刻的海面高度，不适用于大范围、潮汐情况复杂（如潮位不同步、潮位相不同步、岸线曲折等）的海岸带潮滩高程反演。因此，需要探索一种能够耦合潮波数值模拟模型求解卫星成像时刻海面高度，将水边线方法推广到大区域潮滩高程反演中的有效方法。

二是，现有研究中对具有较高时间分辨率的中低空间分辨率遥感影像（如MODIS）的重视不足。在使用水边线信息复合技术构建 DEM 的过程中，最大的制约来自遥感数据源。由于潮滩的易变性，需在足够短的时间跨度内获取较为丰富的遥感影像数据，而为了保证构建 DEM 的空间分辨率，现有研究多采用中等分辨率遥感影像作为数据源，如 TM、SAR、SPOT 等。中等分辨率遥感卫星的重访周期一般较长（如 Landsat-5 为 16d，SPOT 为 26d，Envisat 为 35d），且成像范围较窄（如 Landsat-5 为 185km×185km，SPOT 为 60km×60km，Envisat为 100km×100km），加之天气等因素，在较短时间（如 3 个月）内收集到足够数量可用的中等分辨率遥感影像十分困难。中低分辨率遥感影像具有重访周期短、成像范围大等特点，如 MODIS 数据基本可实现每天两景的覆盖效果，且可免费获取数据。若能充分发挥多源遥感影像各自在空间分辨率和时间分辨率上的优势，将会大大提高潮滩高程反演效率，并有效降低反演成本。因此，在遥感、GIS、数值模拟等技术支持下，探讨从多时相、多源遥感影像数据集中反演出历史潮滩高程信息的新方法，以为江苏海岸带资源开发、环境保护、岸滩防护等活动提供基础数据。

3. 江苏沿海潮滩演变

江苏中部沿海潮滩深入系统研究始于 20 世纪 80 年代，经历了从地面调查到遥感分析、从定性描述到定量分析的过程。李成治和李本川（1981）对该区域沙脊的独特形态及成因进行了初步研究，认为古黄河是主要供沙源，堆积沙体在辐散辐聚潮波作用下形成了脊槽相间辐射状，辐射沙脊分合消长及岸滩冲淤变化主要由强潮控制，认为 1855 年黄河北归后，苏北海岸一直处于均夷过程中，表现为凸岸冲刷与凹岸堆积。张忍顺（1984）认为江苏北部侵蚀岸段长度在慢慢扩大，废黄河口以南蚀积分界点南移与东沙沙体南移有对应关系，1974 年特大天文潮使得条鱼港串通，从而对弶港附近水道和岸滩产生巨大影响。任美锷等（1986）自 1980 年 4 月开始历经 5 年完成了江苏省海岸带和海涂资源综合调查，从地质、水文、沉积、地貌、生物、气候、土壤等方面揭示了辐射沙洲全貌，对各部门在江苏中部沿海潮滩开发利用情况及今后的开发设想做了大量研究，绘制了沙洲区基本地形图，为后续辐射沙洲研究积累了丰富的沉积学、古生物学及其他方面的资料。杨长恕（1985）指出现代环境中弶港潮成三角洲正处于废弃阶段，主要表现为潮流对三角洲形态的改造和风暴、波浪、沿岸流对三角洲的破坏。

张忍顺等（1986）通过多次连续水文观测和潮滩地貌调查，分析指出了延迟机制在开敞或半开敞潮滩上的适用性与局限性，探讨了潮流通道与毗邻岸滩的演变关系，对水道潮流及沉积物特征进行研究，就东台死生港严重冲刷及未来发展趋势进行了分析论证。1986～1990 年张忍顺主持的"条子泥并陆可行性"研究中对条子泥进行深入研究，分析了江苏海岸带冲淤变化、岸外沙洲发育和运动，并对条子泥演变趋势进行了初步预测。

张光威（1991）通过 1975 年和 1985 年 2 景遥感影像的对比分析认为滨外沙脊具有向西北方向迁移、纵向长度萎缩的动态演化趋势；吴永森等（2006）通过影像与海图等资料的对比再次验证了潮滩北部的外毛竹沙等 3 条沙脊的西北向运动，指出蒋家沙向北偏东延伸。之后有研究指出江苏中部沿海潮滩中北部沙脊群向南移动，南部沙脊群则表现出向岸移动趋势（张家强等，1999；杨治家和李本川，1995；吴曙亮和蔡则健，2002）。

　　王颖和朱大奎（1998）利用 1963～1968 年、1979 年和 1992 年局部海图资料和测量资料对西洋潮流通道及黄沙洋、烂沙洋部分区域进行了冲淤变化研究，指出小阴沙东侧水道被淤积，西侧水道则被侵蚀，西洋是一条以潮流作用为主的冲蚀型潮流通道；黄沙洋、烂沙洋潮流通道的外海区域相对稳定，在靠近辐射沙脊群区域冲淤变化较强烈。之后研究表明西洋水道主要受往复潮流强烈冲刷，由于落潮流速通常大于涨潮流速，净输沙方向总是指向槽外，沉积物随着落潮方向输出槽外，西洋正处于冲刷状态，东西两岸被侵蚀后退，宽度不断增加，深泓线总体向东移动，最大年均移动速率为 130m/a，深槽不断向南延伸，逐渐与东侧陈家坞槽、黄沙洋、烂沙洋水道开通，西水道稳定性较好（陈君等，2007；黄海军等，1998，2004；李海宇和王颖，2002）。对烂沙洋潮流通道的研究表明，烂沙洋潮流通道整体上是稳定的，在千年尺度上处于相对稳定环境，钻孔所揭示的沉积速率为 2.16～4.67mm/a，水深变化幅度不大，沉积动力条件较稳定（何华春等，2005；邹欣庆等，2006）。张家强等（1999）指出江苏中部沿海潮流脊的调整有内淤外蚀和南移内迁特征，其后的研究也指出潮滩内淤外蚀特征，即沙脊根部的淤积与外围沙洲蚀退（黄海军和李成治，1998；黄海军等，2002，2004；李海宇和王颖，2002；张忍顺等，2002；王艳红等，2004）；潮滩总体处于萎缩状态（黄海军和李成治，1998；黄海军等，2002，2004）。

　　张忍顺和陈才俊（1992）对江苏中部沿海潮滩中条子泥并滩与并陆可能性进行了论证，结合史料分析了岸外沙洲的形成演变历史，对条子泥滩面稳定性、淤长情势与淤积速率、动力泥沙特征、地貌与沉积特征等进行了大量研究。汪亚平等（1997，1998）深入阐明了潮滩、潮沟水动力与地貌的相互响应机制，认为潮沟流速与潮位变化率有密切关系，潮沟流速突变具有掀沙作用。黄海军和李成治（1998）利用陆地卫星影像数据对江苏中部沿海潮滩的冲淤动态进行了分析，研究表明沙洲移动表现出明显的南北差异，北部沙洲变化较快，迁移速度为 580m/a；南部沙洲相对稳定，迁移速度为 280m/a；总体上潮滩形态基本与区域内潮流动力相适应，潮滩处于相对稳定的内部调整阶段；内缘沙洲外围分布有许多小沙洲，通常面积较小，稳定性较差，在风浪及不对称涨落潮流冲刷下大多遭到侵蚀后退，有些甚至在一次风暴后会消失，同时又有一些新的小沙洲形成；认为蒋家沙在 1988～1993 年来整体南移，5 年间北岸南退了 1.4km，同时面积有所减小。

　　张忍顺等（2002）分析了江苏海岸侵蚀过程，指出江苏中部沿海潮滩外围遭侵蚀，外围沙洲向中心退缩；推测蒿枝港—连兴港、射阳港—斗龙港口的岸段将由隐性侵蚀向显性侵蚀过渡；江苏海岸有夷平趋势；弶港附近侵蚀是一种内冲外淤"伪"侵蚀现象。刘永学等（2004b）对亮月沙研究表明 1973～2000 年亮月沙整体表现出南退趋势，有明显的东西摆动韵律，通过遥感影像叠合对比发现，亮月沙北缘向南移动了约 3.5km，到 2000 年亮月沙最北部已南移至斗龙港口外。Liu 等（2010，2012a，2012b）利用多源遥感影像和水动力模型对东沙 DEM 进行了构建，实现了对大范围潮滩高精度构建。宋召军（2006）利用遥感对潮滩区悬沙和潮沟变迁进行了研究；王珍岩（2008）通过海岸线解译与影像对比对近年来潮滩变化进行了分析；高敏钦（2011）利用海图资料和实测水深对部分潮流通道冲淤进行了分析；杜家笔（2012）通过建立沉积物输运和长周期地貌演化模型来模拟海域冲淤变化；胡炜（2012）构建了 2006 年四个季度的江苏中部沿海潮滩中东沙及亮月沙区域 DEM，并对该区域的季节变化做了初步分析。此外，陈君等（2002，2007）、严士清（2005）、宋召军（2006）、陈军冰等（2012）、李海清等（2011）从不同方面对江苏中部沿海潮滩进行了研究。

因此，在江苏沿海潮滩研究方面前人已经做了大量研究。20 世纪 80 年代的调查研究集中于对江苏中部沿海潮滩自然条件、资源状况、开发利用等方面展开调查和形态成因的初步研究，形成了极其丰富的成果，但由于历史条件、自然条件及科研条件的限制，对潮滩演变研究只能通过已有的海图和几景卫星像片做初步比较探讨。90 年代研究手段更加丰富，实地调查与遥感应用更好地结合，对江苏中部沿海潮滩内的各个重要潮流通道和沙洲都有专门深入研究，如西洋、黄沙洋、烂沙洋、条子泥、蒋家沙等，但这些研究相互独立，缺少对整个江苏中部沿海潮滩的总体研究。21 世纪以来随着遥感影像更加丰富，利用先进遥感技术在更长时间尺度上对潮滩演变进行研究，但多数研究集中在不同时期影像的对比分析上，因成像时刻潮位不尽相同，简单的对比势必存在较大误差。刘永学等（2004b）提出的质心法一定程度上减少了因潮位不同而造成的误差，但是研究仍然是基于影像二维信息，没有从三维层面揭示潮滩演变特征。从以上评述可以看出，水边线复合构建 DEM 潮滩演变分析法具有其独特优势，能够从三维角度对整个潮间带演变进行连续分析，且在全球多个地区潮滩演变研究中得到了应用。此外，江苏中部沿海潮滩连续性三维演变的相关研究较为缺乏。

1.2.3　海岸带潮沟系统与潮滩稳定性分析现状

1. 潮沟分类等级

狭义的潮沟指发育在潮间带（尤其是粉砂淤泥质潮滩），受海洋动力（主要是潮汐作用）而形成的潮汐通道（Perillo，2009）。广义的潮沟概念也包括了连接海洋与海湾或潟湖的潮汐通道，以及入海口处受潮汐作用改造的废弃河道（尹延鸿，1997）。相关文献资料中研究者通常将其表述为潮沟、潮水沟、潮沟系统、潮汐汊道、潮滩网络、盐沼潮沟等（Grant et al.，1962；Marsh and Odum，1979；辛沛等，

2009)。潮沟有多种分类方式,较常见的是根据成因类型和立体形态结构进行分类。根据潮沟成因(邵虚生,1988),将其分为:①滩面水流冲刷型,指落潮后期流或落潮后表面径流,因局部冲刷而逐渐发育成潮沟(Fagherazzi and Mariotti,2012),这类潮沟通常发源于潮间上带,流经潮滩中部,在潮滩中下部呈喇叭状沟口后消失,流向大致垂直于岸线,如崇明岛东滩最宽处大潮沟、江苏北部沿岸潮滩潮沟;②潮流辐聚侵蚀型,指潮汐流在区域上汇聚集中而演化成潮沟系统(张东生等,1998),这类潮沟一般规模较大,侧向迁移明显,走向总体上平行于涨落潮方向,如江苏东台市弶港岸外潮沟、上海金山漕泾潮滩大潮沟;③陆源水流侵蚀继承型,指陆上河流经潮滩注入海洋时,在潮滩上刻蚀出小型潮沟,经过涨落潮的不断冲刷后,发育扩大成以潮汐水流塑造为主的潮沟(龚政等,2010),如苏北东台、大丰岸外潮滩潮沟;④潟湖、广海间潮流侵蚀型,指连接潟湖与广海的潮汐水道,通常规模巨大(Dissanayake et al.,2009),涨潮水流通过主潮沟进入潟湖,然后通过支潮沟到达整个潟湖区,如瓦登海潮沟。

　　根据潮沟形态(宽度、深度、横截面积)及低潮时刻是否含水,可分为:①细潮沟,落潮后期由大潮沟岔出,或沿着大潮沟流向在盐沼前缘潮滩斜坡上的浅表凹痕。其低潮时通常不含沟渠水,宽度小于2cm,深度小于1cm,横断面积小于2cm^2。②凹槽型潮沟,发育在大潮沟两侧,或盐沼前缘坡度较大的潮滩区。由于较强的落潮流或地下水外流而发育形成凹槽,低潮时不含水,宽度在2~10cm,深度在1~5cm,横断面积小于50cm^2。③冲蚀型潮沟,与陆地冲沟类似,低潮时不含水,宽度在10~100cm,深度为5~100cm,横截面积在50~1000cm^2。④潮沟,低潮时仍有沟渠水,水深与潮沟深度的比值从潮沟末梢到潮沟口由0变化到0.1~0.3,其宽度在10~200cm,深度在10~200cm,横断面积在10~4000cm^2。⑤潮汐通道,低潮时潮汐通道内都有水,宽度大于200cm,深度大于100cm,横断面积大于2000cm^2(Cahoon,2009)。

　　潮沟的分级类比河流分级方法,有如下几种方式:①Gravelius 分级法(Gravelius,1914),潮沟系统中最大的主流为1级,直接汇入1级河流的为2级,以此类推直至分级完成。这种分级方法存在两点不足:一是潮沟系统中的潮沟越小,其等级反而越高,导致难以区分该潮沟系统中的主流和支流,且同为1级的潮沟可能相差很大;二是分级初始难以确定主潮沟,需了解整个潮沟系统才能确定主潮沟与支潮沟的关系。②Horton 分级法(Horton,1945),最小的没有分支的潮沟定义为1级,只接纳1级潮沟的定义为2级潮沟,只接纳2级潮沟的定义为3级潮沟,以此类推至分级完成。这种分级方法的不足之处在于,2级以上潮沟均可延伸至末梢,但事实上它们的末端只具有1级潮沟的特征。③Strahler 分级法(Strahler,1952),在 Horton 分级法基础上加以改善,不再分汊的潮沟为1级潮沟,当相同等级的潮沟汇入时,汇聚形成的潮沟等级增加1级,等级不同的潮沟汇入时汇聚形成的潮沟与较高等级潮沟相同。由于该方法是 Horton 方法的改进，也被称为 Horton-Strahler 分级法，被证明是较为合理的分级模式（许宝荣等，2004）。因此，本书研究的潮沟发育在潮间带，包括滩面水流冲刷型、潮流辐聚侵蚀型及陆源水流侵蚀继承型的树枝状或单线型潮沟，使用 Horton-Strahler 分级法定义潮沟等级。

2. 潮沟形态特征

潮沟的形态特征研究将对潮沟的定性描述逐步发展深化为定量分析，潮沟的形态特征参数主要包括：潮沟长度、潮沟宽度、潮沟深度、潮沟宽深比、潮沟密度、潮沟曲率、潮沟分汊率、潮沟横截面面积、潮沟流向、潮沟分维值、潮沟非渠化长度等。已有研究多通过野外测量、遥感技术等方法对这些特征进行定量描述，或针对某形态参数研究其特征（表 1-2）。

表 1-2　潮沟形态特征研究

形态参数	研究区域	形态特征	相关文献资料
潮沟长度	美国弗吉尼亚州沃克卢斯（Vaucluse）海岸	潮沟长度频次分布有季节差异	Weinstein 和 Brooks（1983）
	英国 Dyfi 河口	潮沟总长度变化与潮沟迁移有关	Shi 等（1995）
	威尼斯潟湖	非收敛潮沟均衡态长度与潮流流速正相关	Seminara 等（2010）；Todeschini 等（2008）
	美国南卡罗来纳北水湾（North Inlet）河口	盐沼内潮沟可能存在极限长度；潮沟系统达到长度最大值后不再扩张	Inez 等（2004）
潮沟宽度	崇明岛东滩	潮沟的平均宽度自沟口向上游减小	Rinaldo 等（1999）
	美国旧金山湾	潮沟宽度与进潮量正相关	Williams 等（2002）
	澳大利亚北岸	单个潮沟的宽度剖面近似为指数型，河口收敛宽度与潮差无明显相关性	Davies 和 Woodroffe（2010）
	美国斯卡吉特（Skagit）河流三角洲	潮沟出水口宽度与出口处盐沼面积正相关	Hood（2010）
潮沟深度	美国旧金山湾	潮沟深度与进潮量正相关	Williams 等（2002）
	崇明岛东滩	深度从高潮滩向低潮滩先增大后减小	郑宗生等（2014）
	瓦登海（Wadden Sea）	每分汊一次潮沟深度减半	Marciano 等（2005）
潮沟宽深比	实验模拟	天然潮沟宽深比范围在 2～50	Iwasaki 等（2013）；Stefanon 等（2012）；Vlaswinkel 和 Cantelli（2011）；Zeff（1999）
	美国新泽西海岸	盐沼内潮沟宽深比较小，光滩与盐蒿滩上相对较大	

续表

形态参数	研究区域	形态特征	相关文献资料
潮沟密度	英国塞汶河（Severn）河口	潮盆内潮沟总长度与纳潮量正相关	Allen（1997）；张忍顺和王雪瑜（1991）；陈勇等（2013）；郑宗生等（2014）
	江苏沿海	潮沟密度与平均潮差显著相关	
	崇明岛东滩	潮沟密度与植被覆盖度负相关	
潮沟曲率	江苏沿海	盐沼区潮沟曲率大	燕守广（2002）
	美国旧金山湾	潮沟弯曲度与潮滩沉积过程相关	Fagherazzi 等（2004）
潮沟横截面面积	英国阿波斯蒂芬克（Upper Stiffkey）盐沼	河道内部的总河道横截面面积随流域面积呈线性增加	Lawrence 等（2004）
	美国旧金山湾	潮沟横截剖面面积与进潮量正相关	Williams 等（2002）
潮沟流向	江苏沿海	盐沼内支潮沟注入主潮沟的入口处，流向与主潮沟逆斜交，光滩上支潮沟与主潮沟斜交，多呈45°夹角	燕守广（2002）
	江苏沿海	东台岸外盐沼内主潮沟与1级支潮沟平行发育	沈永明等（2003）
	黄河三角洲	主潮沟与支潮沟汇流角度有增大趋势	崔承琦和印萍（1994）
潮沟分维值	黄河三角洲	潮滩和潮沟的分维值可以较好地反映潮滩潮沟的发育演化规律	孙效功等（2001）
	长江口九段沙	不同区域的潮沟分维值不同，与所处地理位置的水动力条件不同相关	郭永飞和韩震（2013）
潮沟非渠化长度	英国海岸带	非渠化程度越大，潮盆排水效率越低	Chirol 等（2018）
	威尼斯潟湖	潮沟非渠化长度与集水面积无明显相关性，需考虑潮沟的曲率、分汊率	Marani 等（2003）
	墨西哥、也门、美国	潮沟非渠化长度与植被覆盖程度无关	Kearney 和 Fagherazzi（2016）

3. 潮沟系统发育的主要影响因素

影响潮沟系统发育的主要因素包括潮滩沉积物、水动力条件（潮差、海平面上升、陆源水的影响）、人类活动（潮滩围垦、植被扩张）等（表1-3）。已有研究多针对潮沟提取、平面形态特征与影响潮沟演化的因素展开，但仍存在一些局限与不足：①研究者通过野外调查测量、水文实验模拟获取潮沟形态特征参数，难以同时兼顾大空间范围内、复杂自然条件影响下（尤其是植被影响）的潮沟形态，遥感技术中多使用中分辨率遥感影像或高空间分辨率 LiDAR DEM，中空间分辨率遥感影像难以识别小尺度潮沟，而使用 LiDAR DEM 数据时未充分利用其高程信息，缺少对潮沟深度特征的分析；②针对江苏中部沿海的潮沟，研究多局限于沿岸区域，对辐射沙洲上发育的潮沟缺乏研究与分析。

表 1-3　影响潮沟系统发育主要因素

影响因素	与潮沟发育的关系	相关文献资料
潮滩沉积物	潮滩沉积物组成直接影响潮沟塑造：若黏土含量过多，会使滩面黏结力过大妨碍潮水对滩面的横向侵蚀，若砂质沉积物过多，会使滩面易渗漏导致滩面水不易归槽；潮间沉积分带与潮沟分段一致；粉砂质沉积物最适合潮沟发育	张忍顺和王雪瑜（1991）
	潮沟内沉积物主要为细砂质粉砂；沉积物平均粒径频率曲线呈明显的双峰分布，反映了潮沟的双向水流特点	徐志明（1985）
	对潮沟曲流发育的影响：低潮滩滩面沉积物主要为砂质粉砂和细砂，黏结力较弱，该区域的潮沟下段形态顺直，摆动速度与范围较大；中潮滩滩面沉积物以粉砂为主，向上游黏土含量增加，沉积物黏结作用增强，使得潮沟中上段易发育曲流；高潮滩砂泥互层的二元沉积结构利于潮沟的弯曲发育，且潮沟不易摆动	燕守广（2002）
潮差	平均潮差与沟口宽度/低潮线长度、潮沟系密度、潮沟系面积/潮盆面积均密切相关	燕守广（2002）；张忍顺和王雪瑜（1991）
	潮差越大潮沟系统越早达到动态平衡；潮差较大对于低等级小潮沟的拓宽作用强于蚀深作用	龚政等（2017a，2017b）
海平面上升	潮沟排水能力增强；横断面面积与宽深比均增大	龚政等（2018）
陆源水	限制闸下潮沟上游的侧向迁移范围，加强下游的摆动强度	燕守广（2002）
潮滩围垦	潮滩围垦使潮沟密度、分汊率、主潮沟摆动性在低潮带减小	吴德力（2014）
	潮滩围垦使潮沟尺度减小；围垦后初期潮上带潮沟淤积加快；使已消亡的潮沟活化，威胁围垦工程	张正龙（2004）
	大规模滩涂围垦下潮沟呈明显的退化与消亡	时海东等（2016）
植被	植被生长抑制潮沟侧向侵蚀，加剧底部侵蚀	Fagherazzi 等（2012）；Xin 等（2013）；吕亭豫等（2016）
	盐沼扩张使潮沟密度、分汊率、主潮沟摆动性在中潮带减小，低潮带增大	吴德力（2014）
	高植被覆盖度区域潮沟密度较小；潮沟长度与植被类型显著相关	郑宗生等（2014）

4. 潮沟提取关键技术

目前潮沟系统提取方式主要有两种，基于人工数字化目视解译方法和基于遥感监测技术的潮沟自动/半自动提取算法。前者基于野外调查的先验知识和相关经验，提取影像或地图中潮沟系统。该提取方式准确性高，但主观性强、耗时大，不适用于大规模、长时序的检测（Mason et al.，2006）。因此，潮沟系统的自动/半自动提取已成为研究焦点，并发展出众多方法，按数据源分为：基于 DEM 数据源的潮沟系统提取方法和基于光学遥感影像数据的潮沟系统提取方法。

基于 DEM 数据源的潮沟系统提取方法。基于 DEM 数据源潮沟系统自动化提取常用方法是八方向（D_8）流量累积模型（Ozdemir and Bird，2009；Passalacqua et al.，2010；Lang et al.，2012），该方法属于水文模拟类方法，采用流体动力学监测模型生成只有一个像素宽的流动路径，对应于潮汐通道的中心线，最终提取结果是一个具有完整连通性的流域网络结构。该方法比较适用于地形起伏较大的区域潮沟系统或其他类潮沟的线性地物的提取，但对于平坦的研究区域内分布的潮沟系统提取效果较差（Chirol et al.，2018）。此外，潮汐通道的演变不仅依赖于通道内的径流量，还依赖于其他地形和可蚀性因子，使得 D_8 方法所提取出的结果仅可作为潮沟系统的第一近似值（James and Hunt，2010）。类似方法的研究还有舒远明等（2007）提出基于 DEM 水系提取算法的潮盆-潮沟系统提取方法，以江苏省东台市东部淤泥质潮滩为研究对象，在 TM 影像中实现了潮盆-潮沟系统自动提取。另一种常用的方法是依托图像处理技术，通过高程、斜率或曲率阈值（阈值分割方法）等表征目标潮沟系统的几何属性来实现半自动化潮沟提取（Fagherazzi et al.，1999；Lohani and Mason，2001；Lohani et al.，2006；Mason et al.，2006；Lashermes et al.，2007；Liu et al.，2015；Chirol et al.，2018）。例如，Mason 等（2006）提出了一种基于知识的半自动多层次方法，其主要算法流程如下：①使用边缘检测器找到高梯度像素；②进行边缘关联；③生成中心线；④网络修复和通道扩展。Liu 等（2015）、周旻曦（2016）基于多尺度、多窗口高斯滤波的潮沟系统自动提取技术，实现了基于 LiDAR DEM 数据的潮沟自动化提取，其技术流程如下：①使用多窗口邻域分析方法对 LiDAR DEM 进行均衡化处理；②采用高斯匹配滤波对潮沟系统进行目标增强；③采用两步自适应阈值分割方法提取潮沟系统。这种提取方法很好地利用了潮沟系统在 LiDAR DEM 数据高程属性上呈现出连续负地形的几何特征，有效地实现了对细小潮沟的提取，并且能够较好地保持潮沟系统的拓扑完整性。由于在实际提取过程中，研究者经常会结合多种方法对目标潮沟系统进行提取，如 Passalacqua 等（2010）先使用非线性扩散滤波算法对 DEM 数据进行预处理以实现边缘特征的保持，之后再使用水文模拟的方法结合几何描述因子构建测地线追踪成本函数，最终实现对沟谷网络的提取。

　　基于光学遥感影像数据的潮沟系统提取方法。与能够记录地形起伏的 DEM 数据不同，光学遥感影像只能记录地物的波谱信息，不同地物在影像上具有不同的 DN 值，但由于成像方式、太阳高度、目标地物与背景区分度等，潮沟提取工作通常会遇到同物异谱、噪声信息多的现象或者出现混合像元等难题。在提取过程中，学者们常采用阈值分割法、小波变换法、数学形态学方法、区域生长法、边缘检测法、边界追踪法等进行潮沟系统的提取。例如，陈翔（2012）、郭永飞和韩震（2013）以长江口九段沙湿地为例，基于 SPOT 遥感影像数据，分别采用灰度形态学方法和双峰法阈值分割法提取了区域内潮沟信息；朱言江

（2017）也以长江口九段沙为研究区，基于 Landsat-8 遥感影像数据，采用最大类间方差法结合数学形态学方法对潮沟系统进行了提取；周旻曦（2016）基于国产资源三号遥感影像数据，提出顾及局部微分几何结构的潮沟系统提取算法，对江苏中部沿海辐射沙洲潮沟系统进行了自动化提取。其算法流程包括：①基于偏移场校正理论的潮滩背景同质化处理；②基于 Hessian 矩阵分析的多尺度潮沟系统增强；③基于谱间二元抑制规则，消除伪响应干扰；④基于改进水平集演化模型的潮沟系统提取。该算法从目标地物的几何形态特征入手，同时顾及了潮沟系统局部微分几何结构，在很大程度上实现了潮沟系统自动化提取。由于潮沟系统自身环境的复杂性、遥感数据源差异及影像成像条件差异，目前区域移植性强、完全自动化的潮沟提取方法还没有，通常基于各种算法的潮沟提取结果都需要进行手动校正，且同一算法在不同的数据源或者研究区域提取效果往往也有较大差异。

5. 潮沟/潮滩稳定性及其对人类活动响应

潮沟系统是粉砂淤泥质潮滩中最为活跃的地貌单元，在很大程度上决定了所在潮滩的稳定性。如潮滩上潮沟系统常年摆动频繁，表现活跃，则该潮滩的表现为不稳定状态。目前国内外关于潮滩稳定性的研究成果可以分为以下几类。

（1）基于潮滩野外调查的滩面稳定性分析。研究者通过地貌调查、剖面和高程测量、滩面沉积物采样、水文泥沙观测等方法，获取潮滩地貌、剖面地形、水动力、悬沙输运、沉积物组成/粒径/类型等信息，进而分析潮滩地貌演化过程与滩面稳定性。主要包括：①分析剖面类型（稳定、侵蚀、过渡或淤积等）及滩面冲淤状态，探讨多因素作用下的潮滩平衡剖面塑造等（陈才俊，1991；Kirby，2000；陈君等，2010）；②分析潮滩沉积物供给、颗粒特性、潮流、波浪、风暴潮、滩面形态、生物作用、围垦活动、海平面变化等控制因素与滩面变化间的关系（Wells，1983；杨世伦，1997；Pritchard and Hogg，2003；Murray et al.，2008；Harley et al.，2011；张长宽等，2011；Choi et al.，2014；Zhou et al.，2015）；③分析滩面沉积物粒径参数的分布趋势，以解释潮滩沉积物的输送格局（Gao and Collins，1991；高抒，2009；徐芳等，2013；Wang et al.，2014）。

（2）基于沉积动力模型的潮滩稳定性分析。随着计算机和数值模拟技术的不断发展，基于"水动力-泥沙输运-地貌演变"动力地貌反馈理论的沉积动力模型成为潮滩演化与均衡态研究的重要手段（Roberts et al.，2000；朱骏等，2001；刘秀娟等，2010；Liu et al.，2011）。研究包括：①采用水动力与沉积物输运数值模拟模型，模拟潮滩区域潮流、波浪等动力条件作用下的泥沙运动过程（起动、运移和沉降）（Xie et al.，2009；苏国宾等，2018）；②通过模拟潮流、风浪、砂泥的动力特性，分析影响潮滩剖面形态的沉积物分布及动力分选特性（Mariotti and Fagherazzi，2010），并分析预测潮滩动力地貌（Hu et al.，2015；龚政等，2018）。

（3）基于遥感技术的潮滩稳定性分析。遥感技术具有大范围、快速、动态观测等优势，可规避野外调查数据获取匮乏、沉积动力模型参数不明晰等弊端。提取、比较、综合多时相乃至时间序列遥感影像中潮滩的典型地物信息，分析潮滩的蚀淤动态，已成为海岸带潮滩地貌演化及稳定性分析的重要手段。主要包括：①基于海岸线或岸线代理的岸段稳定性分析。研究者分析遥感影像中海岸线特征，结合图像处理技术，提取特征线（如高潮线、海堤/围垦堤防线、植被线、水边线、滩脊线等）（Boak and Turner，2005；李飞，2014；Zhao et al.，2015），结合卫星成像时刻潮位与潮滩坡度等信息，比较相同潮位水边线或经潮位校正后岸线代理的位置变化（Chen and Chang，2009），分析海岸带冲淤变化规律，在此基础上进行稳定性分析。②基于潮滩高程模型遥感反演的稳定性分析。结合多期遥感影像，可得到不同潮位下的水边线，据此建立潮滩高程反演模型（Mason et al.，1995），进而根据多期潮滩高程模型，分析潮滩的稳定性。该方法已应用至英国海岸（Mason et al.，1998；Lohani and Mason，2001；Blott and Pye，2004；Scott and Mason，2007；Mason et al.，2010；Montreuil et al.，2013；Bell et al.，2016；Bird et al.，2017）、德国大湾（Bight）海岸（Niedermeier et al.，2005；Heygster et al.，2009）、北欧瓦登海（Wadden）海岸（Li et al.，2014b）、意大利亚得里亚（Adriatic）海岸（Mancini et al.，2013；Fabbri et al.，2017）、法国比斯开湾（Biscay）海岸（Le Mauff et al.，2018）、法属圭亚那海岸（Gardel and Gratiot，2005；Anthony et al.，2008）、澳大利亚海岸（Harley et al.，2011；Sagar et al.，2017；Doyle and Woodroffe，2018）、韩国海岸（Lee et al.，2011；Ryu et al.，2014）、中国沿海（韩震等，2009；张明等，2010；康彦彦等，2015；Liu et al.，2016a；马洪羽等，2016；Kang et al.，2017）。

通过对以上潮滩稳定性研究成果的分析，可以看出大多数学者是基于几期至十几期影像进行潮滩稳定性研究，时间分辨率比较粗糙，常常为1年、2年甚至更长时间，很大程度上影响了对潮滩演化规律的把握；潮沟系统对潮滩稳定性的影响以及潮滩稳定性的时空分异规律也有待深入研究。

1.2.4　南黄海浒苔提取与暴发环境因素分析现状

1. GOCI 及其他海洋水色产品应用

卫星遥感具有大面积同步观测的特点，数据获取的时效性强、信息量大，能获得包含多要素信息的数据产品，并且数据获取受地面条件限制少，与传统的飞机、船舶、观测站等观测手段相比，具有非常突出的优势，在全球对地观测及空间信息获取等方面发挥着重要的作用。自 20 世纪 70 年代以来，随着空间技术进入快速发展时期，各国陆地资源卫星、海洋观测卫星、气象卫星等投入运行，面向全球范围的空间观测体系逐步形成。美国的 Landsat 陆地卫星系列以及 EOS（earth observation system）地球观测系统计划，欧空局的 ERS-1、ERS-2、ENVISAT-1 三颗对地观测雷达卫星，日本的 MOS-1、JERS-1 以及 ADEOS 卫星（刘勇卫，1988），中国的海洋系列卫星（HY-1A/B、HY-2A、HY-3）以及高分三号（GF-3）卫星等标志着全球化的海洋观测系统正逐步形成（张丙午，1988；蒋兴伟等，2016），为全面开展海洋范围的监测与研究提供了海量的数据。

学者使用上述卫星遥感产品围绕海洋生态环境、资源存量、灾害暴发等开展了大量的研究，通过相应的模型、算法的建立和应用，证明了卫星数据在海洋立体观测中的实际价值。刘猛等（2013）使用海洋水色成像仪（geostationary ocean color imager，GOCI）一天多景的连续影像数据，反演得到了杭州湾悬浮泥沙浓度的时空分布及水位、潮流分布变化；王建国等（2016）使用 MODIS 数据的陆地波段建立了近岸水体的浊度反演方法；Hu 等（2010a）利用 MODIS 全光谱数据监测提取了光学信息复杂的近岸海域出现的束毛藻；Xing 等（2015）利用 MODIS 数据产品分析了浮游植物生物量的改变与大型藻类暴发之间的联系，并在之后使用 GF-1 数据监测提取了 2016 年 12 月出现在黄海的马尾藻并对其漂移轨迹进行了追踪（Xing et al.，2017）。

数据质量优劣直接影响海洋信息获取可靠性，高质量海洋数据产品在海洋探测中发挥着重要作用，并直接影响着绿潮等地物信息提取准确性。Yang 等（2014）使用 MODIS 数据与 GOCI 数据进行了验证分析，结果显示胶州湾地区两种数据在波段反射率方面一致性较高，但是在叶绿素浓度方面呈现差异；Lamquin 等（2012）通过 MERIS 和 MODIS 数据对 GOCI 数据的辐射定标精度进行了检验，结果显示 GOCI 数据与验证数据在整体上相对一致，但是大气校正后的 GOCI 数据会掩盖掉浑浊水域的有效信息，因此需要降低云检测阈值并改善浑浊水体中 GOCI 数据的大气校正算法；Ahn 等（2012）针对 GOCI 数据改进了 GDPS 软件中原有的大气校正算法，实测数据证明该算法的实用性及其在浑浊水体中的应用价值；Ruddick 等（2014）对目前地球静止轨道水色卫星的研究现状进行了综述，认为高纬度地区受地球曲率及太阳天顶角的影响更大，因此需要改进算法以获得更准确的大气校正结果。一些学者对目前开展的海洋灾害藻类遥感监测提取结果进行了比较，发现多源遥感影像的提取结果间具有明显的差异，对此，学者们选用准同步遥感数据及同卫星不同空间分辨率的影像产品分别进行了对比分析，结果显示低空间分辨率影像的提取结果相较于较高分辨率影像的提取结果面积会扩大 2 倍之多，最大相对偏差甚至达到 67%。另外，提取结果偏差的出现也与藻类生长状态及影像分割的阈值选择有一定关系（Cui et al., 2012; 巩加龙等, 2014）。

2. 绿潮提取算法

由于植被的叶绿素在蓝紫光及红光波段各出现一个吸收谷, 在近红外波段出现一个陡升的反射峰, 借助于叶绿素对光谱所具有的吸收及反射特性, 学者们将光谱的不同波段进行组合, 提出并应用了超过 40 种植被指数算法模型, 实现了对地表植被的监测与提取（田庆久和闵祥军, 1998; 叶乃好等, 2008）。

目前应用较为广泛的 NDVI 算法可有效探测海水表面绿潮信息并且能够在一定程度上减少遥感信息受大气和云的影响（叶娜等, 2013）, 但是仍然存在易饱和及未考虑植被背景对指数的影响等缺陷（王正兴等, 2003）, 一些学者进一步提出了 EVI 及 NDVI 算法（Huete et al., 2002; Shi and Wang, 2009）。Hu（2009）基于植被在短波近红外波段（1240nm 或 1640nm）的光谱特征, 提出 FAI（floating algae index）算法, 实现了对全球范围内海洋藻类的监测和提取, 其环境适应较其他提取指数具有一定优势。Xing 等（2017）使用 DVI（difference vegetation index）算法提取黄海马尾藻, 该算法可降低太阳耀斑及薄云对提取结果的影响, 在光谱信息复杂的区域可降低分类的错误率。Son 等（2012）针对 GOCI 数据提出了浮游绿藻指数（index of floating green algae for GOCI, IGAG）, IGAG 算法选用 GOCI 数据红、绿及近红外通道, 与 NDVI、EVI 算法结果比较, IGAG 算法在处理细节信息及将浒苔信息从复杂水体中分离具有一定的优势。

微波遥感也被应用于浒苔的监测提取。由于传统的光学卫星遥感方法在云覆盖海域无法获取有效信息, Shen 等（2014）使用合成孔径雷达（SAR）Radarsat-2 数据对绿潮藻类进行提取, 其原理是根据灰度信息和后向散射系数确定数值范围, 再通过阈值分割法实现对浒苔的提取。目前利用微波遥感进行浒苔提取的研究还较少, 处于起步阶段（顾行发等, 2011）。

3. 绿潮暴发及漂移环境驱动因素

浒苔等大型绿藻的暴发性增殖形成"绿潮", 造成全球性的生态破坏和经济影响（Fletcher, 1996）。为了解绿潮全生命周期的发生发展过程, 学者针对绿潮暴发的环境影响因素及漂移驱动因素开展了大量的研究。在浒苔漂移路径及漂移驱动因素研究方面, Son 等（2015）利用拉格朗日粒子跟踪实验研究了漂浮绿藻的移动路径, 解释了影响藻类分布和平流的物理强迫因素; 杨静等（2017）根据 2011～2016 年的遥感影像数据提取黄海浒苔, 发现浒苔漂移路线以偏北和偏西为主; Qi 等（2017）利用多源遥感影像（MODIS、GOCI、Landsat-8 OLI）分析了自 2012 年出现于浙江沿岸的马尾藻，通过光谱信息差异将其与浒苔区分，根据粒子追踪方法揭示了 2017 年此藻类自浙江沿岸出现，随黑潮和台湾暖流向韩国、日本方向漂移并最终于 4 月底进入中国黄海的全过程。

在浒苔漂移定量化研究中，有学者发现，部分区域浒苔的移动类似于"刚体"，即在漂移过程中浒苔斑块在海面的覆盖形状基本保持不变，只是位置发生了变化，并且浒苔密集区的漂移速率与海流速度相对一致，约为海流速率大小的 80%（衣立等，2009）。在黄海浒苔生命周期发展的影响因素研究方面，张苏平等（2009）综合分析了风场、降水、海表面温度对浒苔生长暴发的影响，认为降水异常会影响海水营养盐含量从而引起浒苔的暴发，而水温不是影响浒苔生长的决定性因素。另外，风力的驱动一方面会使浒苔向风场辐合区聚集，另一方面海面风场对浒苔迅速繁殖形成聚集区也有重要的间接影响。当风力较弱时，海水中悬浮泥沙少、光合作用强，从而浒苔迎来生长旺盛期（张苏平等，2009）。Keesing 等（2011）分析了 2007~2009 年黄海浒苔年际及年内暴发特征，并得出了浒苔暴发与海表面温度没有显著关系，其暴发与江苏近岸的紫菜养殖有直接关系。浒苔生长过程定量化研究方面，李大秋等（2008）的文章中描述，根据浒苔生长特点，浒苔进入生长暴发期后 15~20d 开始死亡。乔方利等（2008）通过实地数据采集以及定量实验分析，测定了浒苔生长过程与海水中营养元素的关系，实验表明浒苔对 N 元素的需求相较于 P 元素更多，Fe、Mn 等元素对浒苔的生长也有推动作用。

综上所述，卫星遥感监测能有效避免实地调查困难、数据获取困难等问题。通过遥感手段已实现了黄海浒苔的有效监测提取，但现有的研究多基于 MODIS、MERIS 等数据，使用 GOCI 等数据开展短期的浒苔监测提取还鲜有所见，因此，目前对于浒苔暴发的短期内过程及特征的了解还不够具体。另外，在浒苔暴发的环境影响因素研究方面，现有研究一般局限于相对简单的环境影响因素分析，未能从长期的角度结合多环境影响因素进行综合的分析。因此，使用 GOCI 影像并结合长期的多环境影响因素共同分析，是目前所需的可以更加细致、深入地了解浒苔发生、发展一般规律及过程特征的研究内容。

1.3　研究目标与内容

1.3.1　研究目标

本书以江苏海岸带为研究区，综合长时间序列、协同低-中-高多分辨率、集成光学-雷达、白天-夜间在内的多源遥感影像，针对信息提取难（中、高空间分辨率遥感影像，LiDAR 数据等海岸带资源环境系统信息提取）、特征表征难（复杂海岸带系统空间形态的表征与分析）、过程分析难（精细时间尺度下的海岸带资源环境系统演化过程分析）等难点与关键点展开研究。按照"数据—算法—过程—机理—服务"研究流程，以中/微观遥感监测海岸带演化过程为主导，发展星空地支持下海岸带地物/地貌信息提取技术、演化过程分析技术；基于微观尺度野外调查与沉积动力参数观测，耦合沉积动力学、海洋数值模拟等技术方法，分析人类活动加剧背景下区域沿海资源环境演化时空分异规律及其对人类活动的响应，以加深人们对海岸带演化规律的科学理解，并为未来海岸建设、弹性发展等提供技术支撑。

1.3.2　研究内容

　　研究主要面向江苏沿海开发需求，协同地理信息科学、海洋沉积动力学等学科，聚焦对人类活动最敏感的盐沼、潮滩及潮沟系统等遥感信息提取，分析其演化过程、规律及对人类活动的响应，服务江苏未来海岸带建设（图 1-1）。

　　（1）海岸带潮滩开发利用遥感分析。海岸带潮滩湿地是沿海生态系统重要组成部分，滩涂资源开发对缓解人多地少的矛盾、促进沿海区域经济协调发展有重要作用。滩涂围垦作为江苏实现耕地总量动态平衡的主要途径，随着社会经济发展，潮滩围垦强度逐渐增大。本书基于多点快速行进算法，通过多源多时相遥感影像构建长时间序列的江苏垦区图谱，重建了江苏海涂围垦区年际范围和高度历史演变，并使用中等分辨率卫星图像建立季节性数字高程模型，分析了潮滩季节和年内沉积演变模式，研判了匡围高程变化趋势及开发潜力，以为今后科学合理保护和开发利用江苏滩涂资源提供科学证据。

　　（2）海岸带盐沼遥感提取及动态监测。盐沼植被是地球上最具活力和价值生态系统之一。近年来由于人为压力源增加和海平面上升，盐沼恶化和损失变得普遍。因此在发生不可逆转的变化之前，长期获取盐沼植被群落空间信息对于监测沼泽生态系统演化趋势至关重要。而以年际时间序列组织的中等分辨率图像比高光谱、高分辨率图像更适合盐沼植被大比例尺测绘，但对于长期监测目的而言，挑战依然在于基于稀疏且不均匀时间分布数据开发时间序列。因此，本书构建了 HJ 卫星 NDVI 时间序列探究各类盐沼的曲线差异性，结合互花米草与其他各类盐沼的物候区别与变量重要性分析结果，确定提取互花米草的最佳月份，构建了互花米草提取规则，基于植物物候特征在一定时期的稳定性特征，利用 $C5.0$ 决策树算法探讨分类结果准确性、时间序列压缩后分类效果，讨论了互花米草盐沼提取的可行性，为较大范围盐沼监测提取提供了新的思路。

图 1-1　本书研究技术框架

（3）海岸带潮滩地貌遥感反演与动态分析。粉砂淤泥质潮滩是地形测量的困难区域，现势性强，大范围的潮滩高程信息稀缺。在遥感、地理信息系统（GIS）、潮波数值模拟等技术的支持下，复合潮波数学模型，探讨从短时距、多时相多源遥感影像数据集中反演出潮滩高程信息的研究框架，以突破易变海岸带遥感影像几何精纠正（定位难）、潮滩水边线遥感信息提取（提取难）、卫星成像时刻瞬时海面高度模拟（模拟难）、精化潮滩高程重建（反演难）等难点，并提出低成本、大范围、长时间序列潮滩高程信息获取技术；构建近 40 年来江苏中部沿海潮滩高程模型，揭示近 40 年江苏中部沿海潮滩总体/局部冲淤沉积趋势和沙洲演化规律，为沿海开发、海涂资源利用与保护等活动提供科学依据与基础数据。

（4）海岸带潮沟系统与潮滩稳定性遥感分析。在全球变暖、海平面上升及人类活动加剧等背景下，全球海岸带潮沟/潮滩形态和动力地貌过程更加复杂、敏感、多变，明晰潮沟系统演化规律与潮滩稳定性时空分异特征及其响应，是理解海岸带系统演化的关键。本书研究了从多源多时相中、高分遥感影像、LiDAR 数据中潮沟系统的遥感提取、空间形态特征分析及演化过程分析方法，提出了多源、星–空–地遥感数据支持下典型潮滩地物/地貌精细提取方法，基于时间序列遥感数据进行多维度潮滩稳定性遥感分析，分析了该区域潮沟系统自然演化规律与潮滩稳定性时空分异及其对人类活动的响应，为沿海开发、海涂资源利用与保护等提供了科学依据，服务于沿海经济社会平稳、持续发展。

（5）南黄海浒苔提取与暴发环境因素分析。绿潮常发生在河口、潟湖、内湾、近海等富营养化程度相对较高的水域中。2008 年起黄海连续 11 年发生了大规模的绿潮，绿潮形成后，影响其他海洋植物特别是海草和浮游植物的生长，对沿海的生态环境造成极大的破坏。大量绿潮海藻生物量堆积严重破坏了沿海水产养殖业，而目前该方面研究侧重于浒苔的遥感算法提取，对浒苔暴发机制分析不够深入。因此，针对以上问题，基于水色卫星、藻类覆盖度和植被指数值，遴选初始期、暴发期和耗散期的生长阶段影响因子，依据影响浒苔暴发程度的水文气象要素条件，刻画了环境因素对浒苔暴发诱导作用的影响，以为黄海浒苔趋势性预测和控制性监测提供理论及技术手段支持。

第 2 章　研究区与数据集

2.1　研究区概况

江苏海岸北起苏鲁交界的绣针河口，南抵长江口北支寅阳角，在古长江与古黄河携带泥沙的共同堆积作用下形成，沿海地区拥有丰富的滩涂资源，岸外分布有世界罕见的大面积辐射沙脊群。北部分布着古黄河沉积三角洲、海州湾，东南方向为东海，滩涂资源十分丰富，其面积超过 5000km^2（任美锷等，1986）；海涂平坦宽阔，宽度为 4～5km，最宽处达 14km，平均坡度为 0.2%～0.5%（高抒和朱大奎，1988）。根据江苏近海海洋综合调查与评价专项调查资料，潮上带海涂面积为 307.47km^2，潮间带海涂面积 2676.67km^2，辐射状沙脊群理论最低潮面以上面积 2017.53km^2。南黄海辐射沙脊群包括出露于海面以上的沙洲及呈辐射状分布于海面以下的沙脊及沙脊间潮流通道（王珍岩，2008），位于江苏中部岸外海域，分布于自北部射阳河口至南部长江口的广阔区域，南北跨度约 200km，东西跨度140km，所占海域面积约 22470km^2，沿岸自北向南依次为射阳县、大丰区、东台市、如东县、海门市和启东市。沙脊群分布基本上以弶港为中心向四周辐射，众多潮流通道分布其间，由于分布范围广、规模庞大、水动力条件与形成过程复杂，该区域成为众多学者开展海洋沉积动力学和地貌动力学研究的热点地区。

2.1.1　海岸地貌类型

江苏海岸类型齐全，有砂质海岸、基岩海岸和粉砂淤泥质海岸三种。绝大部分属粉砂淤泥质海岸，占全省大陆海岸线长度 92.6%。具体来看：

（1）砂质海岸。砂质海岸分布于海州湾北部绣针河口至兴庄河口，岸线长30.06km。沿岸陆地属剥蚀海积平原，地势西北高、东南低，由西北边缘鲁东南花岗岩丘陵逐渐过渡到海滨平原。以柘汪为界，北部地表以剥蚀-残积物为主，南部地表以冲积-海积物为主，岸线在逐步后退。现代岸线附近多为现代滨岸沙堤，南部高潮位线附近海岸沙堤顶部高程 6.5m 左右，高出内部地面 1～2m，宽达数十米，外坡 5°，向陆坡 25°～30°，石英质粗砂。岸外 1km 为岸外沙坝，其间为砂质潮间浅滩。

（2）基岩海岸。基岩海岸分布于连云港市西墅至烧香河口，岸线长 40.25km。海州湾滨海浴场及墟沟海湾等处为砂质堆积，其余均为海蚀悬崖，崖前海滩较窄。

沿岸为锦屏、前云台山、中云台山和后云台山，均由中度变质的片麻岩层构成，岩性坚硬、层状，岩层倾向偏东 10°～30°，倾角 25°～37°，具有北陡南缓的单面山地型特点。基岩海岸外岛礁林立，基岩屿共 8 个，东西连岛长 5.5km，宽 1.5km，面积 5.6km²，为江苏最大海岛。其他有鸽岛、竹岛、秦山岛、平山岛、达山岛、车牛山岛、开山岛，面积均很小。秦山岛在波影区内发育有一条近 3km 长的陆连沙堤。

（3）粉砂淤泥质海岸。分布于兴庄河口至西墅和烧香河口以南全部海岸。海岸总长 883.56km。按其动态特征可分为稳定型、侵蚀型与堆积型三种类型。①稳定型淤泥质海岸。有南北两段，北段为小洋口至北坎尖，潮间浅滩宽 5～11km，滩面平缓。由于水动力比较活跃，滩面物质组成粗化，多为细粉砂。树杈状潮水沟发育，向下加深扩大而成港汊。平均高潮线附近物质组成稍细，主要由淤泥和细粉砂组成，往往形成宽度不等的浮泥滩。南段为蒿枝港至启东嘴，长约 55km，潮间带宽 3.5～5.5km，坡度 1.1‰～1.2‰。近堤有 1km 左右宽的互花米草或大米草，草带内物质以淤泥为主。目前这段海岸以 10m/a 左右速度缓慢淤长。②侵蚀型粉砂淤泥质海岸。有南北两段，北段为烧香河口至射阳河口，岸线长 197km，堤外滩面较窄，宽 0.5～2km。由烧香河口至废黄河口海岸走向为 ESE，废黄河口至射阳河口转为 SSE，大致与东北强风向垂直，波浪作用明显；南段为海门东灶港至启东蒿枝港，岸线长 29km，浅滩宽 2～5km，坡度 2.68%。目前该段海岸的后退已采取各种防护措施而被控制。③堆积型粉砂淤泥质海岸。分布于射阳河口至东灶港，岸线长 570.6km，占全省海岸线 60%，滩阔坡缓，滩面宽 10km以上，在沙洲并陆段甚至可达 30km，坡度约在 0.2‰。该段以斗龙港为界，南高北低，斗龙港以北地面高程在 2m 左右，斗龙港以南在 3m 以上，弶港附近达到 4.5m 左右。地表组成物质南粗北细，南部弶港附近多为粉砂，而北部泥质成分增加。梁垛河口-北凌河口岸线处于苏北辐射沙洲的根部，局部沙洲已并滩。梁垛河口以北岸线受辐射沙洲北翼掩护。海岸走向 SSE，岸线比较顺直，因泥沙向辐射沙洲中心辐聚，由北向南淤长速度逐步增加，本岸段是江苏淤长最快的岸段。弶港附近淤长速度最快，达到 200m/a 以上。滩面宽阔，地势平坦，潮间浅滩一般宽 10～15km，最宽处可达 30km，剖面坡度 0.3‰左右，具有丰富的土地资源。

2.1.2　气候气象特征

江苏沿海位于我国东南部，地处亚洲大陆东岸中纬度地带，一年四季太阳高度角的变动以及昼夜长短的变化均较适中，属东亚季风气候区，是我国亚热带气候向北方暖温带气候的过渡地带。地势平坦，一般以淮河、苏北灌溉总渠一线为界，以南广大地区属北亚热带湿润季风气候，以北地区为暖温带湿润、半湿润季风气候。在太阳辐射、大气环流以及江苏特定地理位置、地貌特征综合影响下，

气候特点是气候温和、四季分明、季风显著、冬冷夏热、春温多变、秋高气爽、
雨热同季、雨量充沛、降水集中、梅雨显著、光热充沛。

　　沿海阳光辐射资源充足，辐射量以夏季最多，冬季最少，春秋季居中，尤其是
作物生长季节能够提供充足光能。据过去 30 年分析，一年中绝对日照时数平均为
1818～2495h，≥0℃的日照时数平均为 1800～2240h，日照百分率（相对日照）介于
48%～59%。夏季日照最多，占到全年的 29.0%～32.8%，冬季最少，为全年的 20.1%～
21.3%。全年太阳辐射总量在 4245～5017MJ/m^2，分布上为北多南少。年平均气温在
13.6～16.1℃，自南向北递减，冬季平均气温为 3.0℃，1 月平均气温为–0.2～3.7℃，
极端最低气温通常出现在冬季的 1 月或 2 月；全省夏季平均气温为 25.9℃，极端最
高气温通常出现在盛夏的 7 月或 8 月，平均气温 26.3～28.4℃；春季平均气温为 14.9℃，
初春时有冷空气侵袭，但春末气温上升显著，4 月平均气温 12.9～15.7℃；秋季平均
气温为 16.4℃，春秋两季的气候相对温和。全年无霜期 199～249d，日平均气温稳定
通过 0℃以上的时段为多数农作物的生长季节，年内日平均气温≥0℃的积温除最北
部的地区以外都≥5000℃，生长季在 300d 以上。日平均气温 10℃以上的时段是喜温
作物生长期，也是越冬作物开始活跃生长的时期，全年≥10℃的积温达 4500～
5000℃。15℃是喜温作物生长活跃的温度，全年≥15℃的积温为 3803～4444℃。

　　年降水量为 705～1269mm，雨水充沛，南北差异不大，年际变化小。受季风
气候影响，全年降水季节分布特征明显，其中，夏季降水量集中，雨热同季，夏季
降水基本占全年降水量的一半左右，冬季降水量最少，占全年降水量的 1/10 左右，
春季和秋季降水量各占全年降水量的 20%左右。蒸发是水循环的重要环节，是地表
水、地下水循环的主要影响因素。平均水面蒸发量区域差异比较明显，分布趋势与
年降水量相反，自南向北、西北方向逐渐递增。月最小蒸发量一般出现在每年的 1
月，最小蒸发量仅占全年的 3%左右，月最大蒸发量一般出现在 7 月、8 月，其最
大月蒸发量占年蒸发量的 13%左右，其次是 5 月、6 月，月蒸发量约占全年的 12%。

　　风能在江苏开发利用中潜力巨大。江苏沿海是风能富裕地区，属夏季强压型，
东部沿海地区，部分地区年平均风速可达 5.0m/s 以上，年风能有效小时数可达
6000h 以上，年平均风能功率密度可达 200W/m^2；连云港－盐城－南通一线以东
为冬春季中压型，属风能可利用区，年平均有效风能功率密度为 50～80W/m^2，年
风能有效小时数为 4000～5000h；沿江（长江）、沿湖（太湖、洪泽湖、高邮湖、
骆马湖等）地区也有较大的风能开发潜能。

2.1.3　潮滩沉积组成

　　江苏拥有丰富的淤泥质海岸潮滩资源，发育有中国最宽大的粉砂质潮滩，平均
滩宽为 4～5km，最宽处位于条子泥，宽约 14km。潮滩岸外分布有黄海辐射沙脊群，

由 70 多条沙脊与潮流通道相间组成，形状为以弶港为顶点的向海辐射状，南北长约 200km，东西宽约 140km，目前仍以小于 13.3km²/a 的速度向海扩展。据统计，江苏沿海滩涂总面积约 652060hm²，占全国滩涂总面积的 1/4 左右，具有很大开发潜力。沿海滩涂主要植被类型为互花米草、碱蓬和芦苇，现有植被面积 233km²。根据 2016 年中国海洋环境状况公报，2011 年以来苏北浅滩滩涂湿地呈现亚健康状态。

沿岸潮滩表层沉积物自陆地向海呈水平分带性，依次为草滩、泥滩、泥-粉砂滩和粉砂-细砂滩，平均粒径在 2.5～7.1ϕ。沿岸潮滩剖面沉积物组成为：新洋港口南部潮滩高、中潮滩沉积物粉砂量最高，为 77%～88%，含砂量和含泥量分别为 6%～10% 和 6%～13%，低潮滩中粉砂量最高，为 54%～60%，含砂量和含泥量分别为 30%～40% 和 7%～9%；梁垛河闸北 4km 处潮滩表层沉积物中粉砂含量最高，其所占百分比按潮上带-潮间上带-潮间下带依次为 68.2%、72.5%、38.9%，含黏土量逐渐减小（17.5%、6.6%、2.1%），含砂量逐渐增加（14.3%、20.9%、59%），因此，此处潮滩沉积物类型按潮带顺序依次为粉砂型、砂质粉砂型、粉砂质砂型；条三剖面表层沉积物以粉砂为主，黏土含量低（<3%），含砂量自陆地向海增大（张忍顺和王雪瑜，1991；张正龙，2004）。辐射沙洲沉积物主要是细砂，含量在 90% 以上，表面洼地含有粉砂，潮沟内主要为粉砂、黏土质粉砂等细粒沉积物（宋召军，2006），部分侵蚀严重的潮沟内含有钙质胶结砂粒形成的结核体，含量为 29%（王颖和朱大奎，1998）。潮汐通道内段及中段沉积物主要成分为细砂，粉砂含量仅 2%～6%，外段、口门粉砂含量增多，出现粉砂质砂或砂质粉砂。从沉积相看，辐射沙洲底质主要由砂、粉砂及灰色软泥组成，砂、粉砂及黏土含量分别为 40%～85%、15%～40% 及 5%～15%。

江苏中部沿海潮滩基本以弶港为中心向四周呈辐射状分布，槽、脊相间，水深介于 0～25m，沙脊高程自顶点处向外递减。在江苏中部沿海潮滩中，与大陆岸滩相连或其间分界不十分清楚的沙洲主要有条子泥、腰沙、冷家沙、西太阳沙等；由辐射顶点向北、东和东南方向，分布有 8 条大型沙脊，由北向南分别为麻菜垯沙脊、东沙沙脊、毛竹沙沙脊、外毛竹沙沙脊、蒋家沙沙脊、太阳沙沙脊、冷家沙沙脊和腰沙-乌龙沙沙脊；分隔大型沙脊的水道从北到南依次有西洋（西洋西通道及西洋东通道）、小北槽、陈家坞槽、草米树洋、苦水洋、黄沙洋、烂沙洋（大洪及小洪）、网仓洪、大湾洪等。潮滩分布呈现出明显的南北差异，总体来看以弶港向东的方向线为分界线，分界线以北的潮滩体积较大，海域水深较浅、坡度较缓，沟槽分布较密且深度较浅，潮滩北面坡度多大于南面；分界线以南的潮滩面积较小，海域水深较深、坡度较陡，沟槽分布松散但深度较深，潮滩南面坡度多大于北面（黄易畅和王文清，1987）。

潮滩在平面和剖面上特征明显：①整个潮滩呈以条子泥为顶点，以沙脊为扇骨的辐射状扇形分布，两侧沙脊（如小阴沙和老鼠沙，位于启东市东北边）与邻近海岸走向相同，越向中部，脊线与岸线交角越大，蒋家沙大致处在这一海域的中部。各沙脊的形态一般为头尾较窄、中部较宽的长条形，多数顺直，中部几条沙脊略有弯曲。②整个潮滩的横剖面为槽脊相间分布，但在距辐射顶点不同距离的剖面上，形态特征明显不同。在辐射顶点的条子泥的剖面线平滑，仅有小型潮水通道切割；中部剖面线起伏最大，沙脊顶部高程可达数米，脊间深槽水深可达十几至几十米；距离辐射顶点 100km 附近横剖面，脊槽相对高程明显减小，宽脊与宽槽相间；再向外则逐渐成为宽槽窄脊，剖面形态趋于平缓。③总体而言，各沙脊最高部位位于其内侧，低潮时出露的沙洲集中于条子泥近岸海域，高程和面积较大的沙洲多分布于多条沙脊的汇合处。

2.1.4　海洋动力特征

江苏沿海主要受两个潮波系统的控制，以无潮点（34°30′N，121°10′E 附近）为中心的旋转潮波控制着江苏沿海的北部海区，此旋转潮波是一种前进驻波；江苏沿海南部海区受到自东海进入的前进潮波制约，这两个潮波波峰在弶港外辐合，潮波辐合区由于潮波能量集中使振幅增大，分潮振幅达 150cm，以弶港为起点，向南、北方向潮差逐渐降低，北部海区射阳河口外一带海域的振幅只有 40～60cm，南部海区在 120～130cm。在江苏北部沿海，除无潮点附近为不正规全日潮外，其余多属不正规半日潮，小部分区域是正规半日潮；南部海区受东海传来的前进潮波影响，为正规半日潮（任美锷和张忍顺，1984）。正规半日潮区与浅海分潮显著。潮差是潮汐作用强度的重要指标，研究区平均潮差在 2.5～4m（Xing et al.，2012）。弶港至小洋口岸外海域潮差最大，平均达 3.9m 以上，洋口港实测最大潮差达 9.28m。

江苏沿海受两大潮波系统影响，深槽水流呈往复流特征，外海开阔海域呈旋转流性质，涨潮流呈辐射状向沙洲顶端汇聚，落潮流则反向辐散（黄易畅和王文清，1987）。以弶港为界，其北部为强潮流区，潮汐通道潮流（平均大潮流速 1.5m/s 以上）强于南部（平均大潮流速 1.5m/s 左右）（胡炜，2012），北部潮流往复流特征也更明显，北部潮流主流方向基本平行于岸线，南部潮流主流方向为沿着潮汐通道的 WNW—ESE。辐射沙洲东沙东侧平均大潮流速 1.0m/s 左右，主流方向多为 NNE—SSW。研究区域内最大的潮汐通道是黄沙洋，由新川港向东至外海，第二大潮汐通道是西洋，位于岸线与东沙间，辐射沙脊群西北侧。在滩涂区域，潮流形式随着潮位变化：涨潮初期呈漫滩流，落潮后期为归槽流。涨潮时潮流流速大于落潮时，且潮波在浅水区的变形导致了潮时的不对称性，涨潮时仅为落潮时的 0.73（张忍顺，1986）。潮沟内潮流流速表现为深槽区内流速大于浅滩区，顺直水槽内流速大于弯曲水槽，最大流速出现在中潮位附近。

研究区波浪是风浪或风浪为主的混合浪，其变化主要受季风控制，春季为偏东向浪，夏季为偏南向浪，近岸波高小于远海，秋冬季则多为偏北向浪，由寒潮天气引起，近岸波高大于远海。辐射沙脊处海域大浪多在夏季，主要为台风浪，对南部沙脊影响较大。以新洋港为界，南北沙脊波浪存在明显差异，研究区整体全年盛行北向浪（李飞，2014），北部海域主浪向和强浪向均偏东北，南部海域主浪向偏东北，强浪向则偏西北和北向（任美锷等，1986）。

2.1.5　沿海人类活动

1. 滩涂围垦与植被引种

江苏省沿海滩涂资源较为丰富，是江苏主要的后备土地资源。同时，广阔的浅海滩涂，丰富的生物资源，为发展海水养殖业提供了良好条件，开发利用前景十分广阔。该区海洋资源综合利用指数位居全国第四，也是目前我国东部最具潜力和后发优势的宝地。因气候温润、降水适中、四季分明、光热水充足，该区适合农、林、果、蔬、草的种植以及贝、虾、蟹和紫菜的海涂养殖。除了巨大的土地开发价值，江苏海涂还蕴藏着丰富的生物资源、咸淡水资源、港口资源、旅游资源以及风能、潮汐能和波能资源。海涂资源可分为已围潮上带、未围潮上带、潮间带和辐射沙洲四部分（表 2-1）（《江苏省海洋功能区划报告（2005～2010）》）。根据江苏近海海洋综合调查与评价专项调查资料，海涂总面积 652060hm^2，约占全国海涂总面积的 1/4，接近江苏陆地面积的 1/3，而且每年还在以小于 13.3km^2 的速度向外淤长。江苏标准岸线长 954km，每千米拥有海涂面积 684hm^2，居全国首位；其中潮上带海涂面积为 259667hm^2，潮间带海涂面积为 265553hm^2，辐射状沙脊群理论最低潮面以上面积为 126840hm^2。

表 2-1　江苏省海涂面积　　　　　　　　　　　（单位：hm^2）

地区	潮上带	已围垦	潮间带	辐射沙洲	合计
全省合计	259667	196507	265553	126840	652060
南通市	38060	31267	84680	—	122740
盐城市	167707	113047	161400	—	329107
连云港市	53900	52193	19473	—	73373

1974～2014 年江苏省共开垦海涂面积为 1899km^2，围垦高峰时期在 1976～1977 年及 2008～2009 年，围垦滩涂主要集中在盐城近海岸段，即灌河口至新北凌河之间，已围滩涂的利用类型以种植、水产养殖、盐业、林业为主，兼顾工商贸、城镇、港口、旅游等，目前垦区已形成了大规模的粮棉生产基地、海淡水养殖基地、盐业生产基地以及海洋经济开发区（陈小兵等，2010）。江苏沿海滩涂资

源丰富，经历几十年的滩涂围垦开发后，不仅缓解了江苏耕地紧张的局面，而且为江苏沿海农业开发提供了多种模式。目前，江苏沿海滩涂农业景观包括农田、水产养殖塘和盐田等。渔业用海在江苏海域使用中占有较大比重，岸外辐射沙洲为海水养殖紫菜提供了天然的养殖环境，大面积的紫菜养殖筏在卫星影像上清晰可见。近些年紫菜养殖为渔民带来了一定收入，但由于养殖水体的直接排放，区域水体富营养化问题严重，导致了一系列难以治理的生态环境问题。

江苏中部沿海海涂上分布着种类众多的盐沼植被（Zhang et al.，2004；陈才俊，1991），盐沼面积 1987～2014 年先减小后增大，其中盐城市弶港以北（除新洋港至斗龙港口）盐沼面积削减显著。盐沼分布由弶港北岸多、弶港南岸少的格局逐渐转变为新洋港至斗龙港口岸段多、其余海岸少的格局，且盐沼向海一侧扩张十分迅速。滩涂围垦造成的江苏中部沿海盐沼消亡面积为 569.47km^2，占盐沼消亡总量的 85.42%，对弶港以北盐沼影响极大，1995～2000 年大范围围垦导致多种原生盐沼锐减与消失，盐沼种类趋于单一（Sun et al.，2017）。

2. 岸线变迁与开发建设

自春秋、吴、越到三国魏时期，江苏海岸线位置基本稳定在海州—阜宁—盐城—海安东一线，后折向扬州方向，入海口在扬州和镇江之间，呈喇叭口状向东展开。唐之后 500 年中，海安以南向海域推进十分明显，原如东西部海域已全部成陆，并在其南部河口处又形成了大片沙洲，即现今南通地区。北宋时期的海岸线已经推进到现在的启东附近。1128 年黄河夺淮入海，明弘治七年（1494 年）黄河北道切断，实现黄河全流夺淮入海，使江苏北部岸线进入快速淤进时期，河口迅速向外海突进，年均淤进约 300m，从而形成了北起埤子河口，南至射阳河口的黄河三角洲平原，南部的三余湾也淤成了平原。1855 年黄河北归，江苏中部沿海的物质来源几乎断绝，沉积动力环境发生巨大变化，江苏海岸带在南北两个潮波系统独特的辐合和辐散作用以及岸边地形的影响下急剧调整，形成了如今以弶港为顶点的辐射状潮滩。20 世纪 70 年代至今，江苏海岸线在海洋水动力作用下处于调整中（图 2-1）。

南黄海滨海旅游资源集中在江苏北部海州湾区域，因丰富的沿海旅游资源及长期的滨海旅游景区建设，江苏成为我国著名的海洋旅游大省，每年吸引着大量游客。江苏滨海旅游资源主要有连云港海州湾旅游度假区和东西连岛景区，后者则拥有江苏最大的优质沙滩，是江苏最大的天然优质海滨浴场。另外，江苏沿海还设立了盐城湿地珍禽国家级自然保护区、大丰麋鹿国家级自然保护区（简称麋鹿自然保护区）及海门蛎蚜山国家级海洋公园。

在海岸开发利用方面，江苏岸段除了传统农业土地围垦利用外，交通运输用海、造地工程用海等成为岸线上常见工程开发项目。值得一提的是，江苏海岸带地处中国东部沿海，风能资源储量丰富，沿海地形平坦广阔，为江苏构建海上风

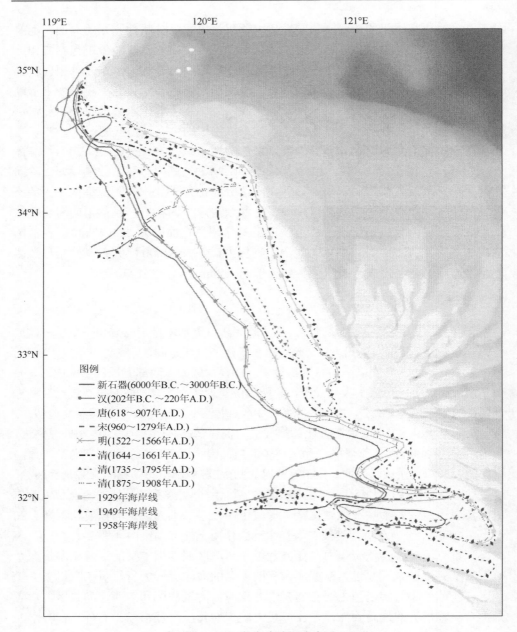

图 2-1　江苏海岸线历史变迁

电场、开发清洁能源项目提供了有利条件。目前，江苏海上风电场已有数十处建成投运。在生态环境方面，海水质量下降是南黄海海域目前面临的最为突出的问题。沿海工程污水排放虽经过处理，但仍造成南黄海海域局部地区海洋水体铬、镉等重金属含量超标，石油类污染也开始出现。另外，围海养殖直接从近海取水再排水也造成了水体富营养化的发生。2014～2016 年，南黄海海域未达到一类海水水质标准的海域面积平均达到 33000km²。江苏沿海海岸类型齐全，港口航道资源比较丰富，有着广阔的开发前景。江苏沿海气候温和，港口常年不冻；波浪较小，泊稳条件较好；受台风和海雾影响也小，大部分海岸陆域广阔，建港库场用地富足，利于建港。江苏海岸线北部有大型深水港——连云港，北部、中部和南部沿海也有不少正在开发的深水港址，其中北部侵蚀岸段，深水区离岸近的有废黄河口的中山港，中部有大丰港（王港），南部有吕四港、洋口港等，这些港口资源多处在辐射沙洲内缘，受辐射沙洲掩护，深水区离岸较远，而各沙洲间几条主要潮汐通道，由于潮流作用长期冲刷，形成了相当稳定的深水条件，这些地段只需要通过一定的治理就能成为大型优良港址。

2.2　研究数据与预处理

2.2.1　海岸带潮滩开发利用数据及处理

1. 海岸带围垦遥感分析数据及处理

本书应用遥感、地理信息系统等技术进行江苏沿海垦区提取，数据主要包括覆盖研究区 1973 年 11 月至 2013 年 3 月的多源中等分辨率遥感影像，其中，Landsat MSS/TM 共 80 景、IRS-P6 AWiFS（advanced wide-field sensor，分辨率 56m）共 4 景、HJ-1A/B CCD（charge coupled device，分辨率 30m）共 9 景，此外还有 2006 年研究区的 LiDAR DEM 数据（空间分辨率 5m）。在此基础上对遥感影像进行预处理，包括遥感影像几何精校正、研究区数据集建立、垦区边界手动提取几个步骤，得到 1974～2012 年江苏垦区分布数据，重现近 40 年来海涂围垦的时空演变过程，根据 LiDAR DEM 数据计算垦区高程，分析沿岸城市的垦区匡围高程变化趋势。选取地形图上大坝、道路交叉点、桥梁等共 28 个地面控制点对影像进行几何精校正，投影方式为"WGS1984/UTM/Zone/51N"，采用二次多项式函数进行几何精校正，用最邻近法将图像重采样成 30m 格网单元。校正均方根误差（root mean square，RMS）均控制在 0.5 个像元以内。最后对影像进行拼接和裁剪。

2. 紫菜养殖遥感分析数据及预处理

包括卫星遥感影像数据、潮位数据和辅助数据。①卫星遥感影像数据。收集了研究区 1999～2013 年 662 景卫星遥感影像，传感器包括 Landsat TM、Landsat ETM +、HJ-1A/B CCD、CBERS CCD、IRS-P6 AWiFS、IRS-P6 LISS（linear imaging self-scanning sensor）、BJ-1 CCD，空间分辨率为 10～80m。其中，选取了 48 景影像（1999～2013 年）用于确定紫菜养殖区的位置（表 2-2），160 景（2008 年 12月至 2010 年 8 月）用于建立季节 DEM。此外还收集了 2009 年 Jason-1 卫星的测高数据。②潮位数据。包括大丰港、烂沙洋、小洋口及新洋港潮位持续观测记录，以及江苏沿海潮汐预报站潮位预报资料（射阳港、陈家坞槽、弶港、吕四），用以验证潮位模拟结果。③辅助数据。江苏沿海陆地一侧（盐城、南通、扬州及泰兴4 市）1∶5 万数字栅格图（DRG）用于卫星遥感影像的几何精校正。因研究数据收集实际和本书写作周期的差异，本节有关围垦和紫菜养殖的遥感分析研究时段有所不一致，较近时期的相关研究在进一步进行。

表 2-2　提取紫菜养殖区影像

序号	获取时间 [a] yy-mm-dd hh：mm	传感器	潮位 [b] /cm	序号	获取时间 [a] yy-mm-dd hh：mm	传感器	潮位 [b] /cm
1	1999-02-19 02:10	Landsat5 TM	−1.89	25	2005-03-30 02:40	Cebrs CCD	−1.62
2	1999-12-12 02:06	Landsat7 ETM +	−1.59	26	2005-04-14 02:51	IRS-P6 LISS3	−1.91
3	1999-12-20 02:05	Landsat5 TM	2.13	27	2005-12-15 02:36	Cebrs CCD	1.09
4	2000-02-22 02:04	Landsat5 TM	−1.17	28	2006-03-29 02:33	Cebrs CCD	0.40
5	2000-03-01 02:23	Landsat7 ETM +	0.87	29	2007-01-08 02:25	Landsat5 TM	−1.78
6	2000-03-09 02:04	Landsat5 TM	−1.89	30	2007-01-09 02:25	Cebrs CCD	−1.62
7	2001-01-15 02:21	Landsat7 ETM +	−1.24	31	2008-01-02 02:56	IRS-P6 AWIFS	0.04
8	2001-02-08 02:10	Landsat5 TM	−0.56	32	2008-02-10 02:44	IRS-P6 LISS3	−1.93
9	2001-03-12 02:10	Landsat5 TM	−1.92	33	2008-02-17 02:51	CEBRS CCD	1.28
10	2001-04-13 02:10	Landsat5 TM	−1.64	34	2008-02-28 02:21	Landsat5 TM	−1.38
11	2001-11-23 02:10	Landsat5 TM	−0.32	35	2009-01-13 02:15	Landsat5 TM	−1.96
12	2002-01-02 02:19	Landsat7 ETM +	−1.60	36	2009-01-28 02:49	HJ-1A CCD	−1.35
13	2002-02-19 02:19	Landsat7 ETM +	−1.16	37	2009-03-06 02:53	HJ-1B CCD	0.49
14	2002-04-08 02:19	Landsat7 ETM +	1.43	38	2010-02-21 02:54	HJ-1A CCD	−1.69
15	2003-01-05 02:19	Landsat7 ETM +	−1.52	39	2010-03-10 02:43	HJ-1B CCD	0.55
16	2003-01-13 02:02	Landsat5 TM	0.89	40	2011-03-07 02:52	HJ-1A CCD	−1.86
17	2003-01-21 02:19	Landsat7 ETM +	−1.81	41	2012-03-26 02:41	HJ-1B CCD	−1.98
18	2003-01-29 02:03	Landsat5 TM	1.82	42	2012-03-28 02:42	HJ-1A CCD	−0.79
19	2003-02-06 02:19	Landsat7 ETM +	−1.75	43	2012-03-31 02:23	HJ-1A CCD	0.13
20	2003-03-18 02:04	Landsat5 TM	−1.03	44	2012-04-23 02:38	HJ-1A CCD	0.68
21	2003-03-26 02:19	Landsat5 TM	0.16	45	2013-01-30 02:17	HJ-1A CCD	−1.74
22	2004-01-13 02:41	Cebrs CCD	−2.64	46	2013-03-03 02:04	HJ-1B CCD	0.21
23	2004-02-08 02:41	Cebrs CCD	−0.90	47	2013-04-10 02:01	HJ-1B CCD	1.05
24	2004-03-04 02:09	Landsat5 TM	0.86	48	2013-05-11 02:11	HJ-1B CCD	−0.98

a 获取时间为格林尼治标准时（Greenwich mean time，GMT）；b 潮位来源于弶港潮位站。

2.2.2 海岸带盐沼遥感监测数据及处理

本书使用数据包括遥感影像和野外样方调查数据。遥感影像数据主要用于时间序列构建，野外样方调查数据主要用于分类模型构建与分类结果验证。

1. 遥感影像数据

本书以环境与灾害监测预报小卫星（简称"环境一号"，代号 HJ-1）搭载CCD 相机为主要数据源。环境卫星是中国自主研发的专门用于环境与灾害监测预报的小卫星系列，由两颗光学小卫星（HJ-1A、HJ-1B）和一颗合成孔径雷达小卫星（HJ-1C）组成，具备中等空间分辨率、高时间分辨率、高光谱分辨率和宽观测带宽等特性，能广泛收集可见光、红外以及微波等光谱范围信息，可以对环境变化实施大范围动态监测，从而满足环境遥感业务化运行实际需要，主要参数如表 2-3 所示。

表 2-3　HJ-1A/B 卫星主要载荷参数

平台（卫星）	有效载荷	波段	光谱范围/μm	空间分辨率/m	幅宽/km	重访时间/d
HJ-1A	CCD 相机	1	0.43~0.52	30	360（单台），700（两台）	4
		2	0.52~0.60	30		
		3	0.63~0.69	30		
		4	0.76~0.90	30		
	高光谱成像仪（HSI）	—	0.45~0.95（110~128 个谱段）	100	50	4
HJ-1B	CCD 相机	1	0.43~0.52	30	360（单台），700（两台）	4
		2	0.52~0.60	30		
		3	0.63~0.69	30		
		4	0.76~0.90	30		
	红外多光谱相机（IRS）	5	0.75~1.10	150（近红外）	720	4
		6	1.55~1.75			
		7	3.50~3.90			
		8	10.5~12.5	300		

资料来源：中国资源卫星应用中心。

处于同一轨道中相位相差180°的HJ-1A和HJ-1B两颗卫星，在同一轨道面内组网后具备对观测对象两天的快速重访能力，满足兼具高时间分辨率与中等空间分辨率（30m）的要求，成为构建时间序列影像的新型数据源，其数据产品可在中国资源卫星应用中心免费下载（http://www.cresda.com）。本书选取2013年1～12月每月研究区云覆盖量最少、成像质量最佳的一景影像参与NDVI时间序列的构建，影像详细信息如表2-4所示。为了便于后续分析，将影像按月依次编号（即1月影像编号为M1，以此类推）。

表 2-4 本书采用的环境一号卫星遥感影像数据信息

影像编号	卫星	传感器	行列号	日期
M1	HJ-1A	CCD2	449/76	2013-01-18
M2	HJ-1A	CCD1	452/76	2013-02-22
M3	HJ-1B	CCD2	451/76	2012-03-03
M4	HJ-1B	CCD2	451/76	2013-04-10
M5	HJ-1A	CCD2	449/76	2013-05-12
M6	HJ-1B	CCD1	451/76	2013-06-03
M7	HJ-1B	CCD1	449/76	2013-07-11
M8	HJ-1B	CCD2	451/76	2013-08-18
M9	HJ-1A	CCD1	449/75	2013-09-16
M10	HJ-1A	CCD1	450/76	2013-10-13
M11	HJ-1B	CCD1	452/76	2013-11-19
M12	HJ-1A	CCD2	452/76	2013-12-29

本书对HJ卫星遥感影像进行了几何校正、辐射定标、Flaash大气校正、NDVI时间序列构建等一系列预处理，主要步骤如下。

（1）几何校正。时间序列方法是针对像素单元的变化检测，需要做到影像亚像素级别的精确配准。目前从中国资源卫星应用中心下载的经过系统几何校正的HJ-1A/1B CCD影像2A级数据的几何精度仍然较低，部分影像甚至存在数千米的偏移。考虑本书中用于构建时间序列的影像数目较多，因此采用Forstner算子对各影像进行高精度的快速自动匹配达到几何精校正的目的。Forstner算子由于计算速度快、匹配精度高，被广泛用于遥感影像匹配中（单小军等，2014）。其主要通过计算图像各个像元的罗伯特（Robert's）梯度和以该像素为中心的一个窗口内的灰度协方差矩阵，寻找尽可能小的误差以最接近圆的椭圆点为特征点，具体原理参见Forstner（1986）的文献。本书利用ENVI 5.0的Image Registration

模块实现 Forstner 算法匹配。近红外波段相比可见光波段能够更明显地体现海岸带各地物差异，纹理也更加清晰。因此，本书选取近红外波段，通过调整 Forstner 算子匹配时的连接点匹配度最小阈值、连接点数、搜索窗口等参数，获取大量高精度的控制点，并删除自动选取的均方根误差较大的控制点，实现影像的自动匹配校正。本书首先以 2013 年 12 月 10 日 Landsat8 OLI 影像（投影为 WGS84 UTM 51N）为基准，将 2013 年 3 月 3 日 HJ-1B CCD 影像采用 Forstner 算子自动匹配。之后以 3 月 3 日 HJ 影像为基准，采用同样方法对其余 11 景 HJ 遥感影像进行几何精校正。

（2）辐射定标。传感器自身原因使影像光谱差异较大，辐射定标是通过辐射转换模型将原始影像 DN 值转换为大气表观反射辐亮度或反射率的过程。转换模型如式（2.1）所示：

$$\rho = \frac{\pi \cdot (\text{gain} \cdot \text{DN} + \text{offset}) \cdot d^2}{\text{ESUN} \cdot \cos\theta} \tag{2.1}$$

式中，ρ 为表观反射率；gain 为绝对定标系数增益；offset 为绝对定标系数偏移；d 为日地距离；ESUN 为太阳平均辐射强度；θ 为太阳天顶角。各参数主要从原始影像头文件中获取。

（3）Flaash 大气校正。大气校正是在辐射定标基础上将大气表观反射率转换为地物表面反射率的过程。研究选取较为成熟的适用大气辐射传输模型的 Flaash 大气校正模型进行 HJ 卫星遥感影像的大气校正，由式（2.2）表示：

$$L = \left(\frac{A\rho}{1 - \rho_e S}\right) + \left(\frac{B\rho_e}{1 - \rho_e S}\right) + L_a \tag{2.2}$$

式中，L 为遥感器接收的总辐射；ρ 为像元的反射率；ρ_e 为周围区域的平均反射率；S 为大气向下的半球反照率；L_a 为大气程辐射；A 和 B 为依赖于大气和几何状况的系数，通过 MODTRAN 模拟得到（郝建亭等，2008）。

本书采用 ENVI 5.0 Flaash 大气校正模块从原始影像读取相应参数，从中国资源卫星应用中心下载 HJ 卫星 4 种波谱响应函数（分别对应 HJ-1A CCD1、HJ-1A CCD2、HJ-1B CCD1 和 HJ-1B CCD2），根据影像成像时间选用相应的大气模型参数和气溶胶模型进行大气校正。

（4）NDVI 时间序列构建。NDVI 不仅能有效地反映植被的生长状态，而且通过波段相比所得的比值可以进一步减弱卫星观测、云、地形、大气条件等造成的误差。将经过几何校正、辐射定标和 Flaash 大气校正后的每景 HJ 卫星遥感影像进行 NDVI 计算，公式如下：

$$\text{NDVI} = \frac{B_{\text{NIR}} - B_{\text{RED}}}{B_{\text{NIR}} + B_{\text{RED}}} \tag{2.3}$$

式中，B_{NIR} 为近红外波段的光谱反射率；B_{RED} 为红光波段的光谱反射率。

NDVI 时间序列是指按时间顺序排列的 NDVI 影像的集合。如果用 d 代表时间序列 t 时刻的 NDVI 值，通过提取图像中 (i, j) 处的像元值，则可生成一个连续的时间序列 (t_i, d_i)，$i = 1, 2, \cdots, N$。本书将 2013 年 12 景经过上述预处理的 HJ 卫星 NDVI 影像进行叠合，构建 HJ NDVI 时间序列（图 2-2）。

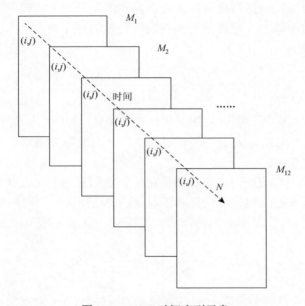

图 2-2　NDVI 时间序列示意

2. 野外样方调查及样方数据处理

野外实地样方采集工作开展于 2013 年 11 月至 2014 年 10 月，每月在盐城丹顶鹤自然保护区和麋鹿自然保护区进行一次盐沼样方采样工作。每次采集 30 个左右样方，植被种类主要包括互花米草、碱蓬、芦苇和茅草。样方选择盐沼种类单一且覆盖度超过 60m×60m（对应 HJ-1 A/B CCD 影像 4 个像元）的区域。同时，使用 GPS 手持机记录样方各角点坐标，确定样方位置，并且记录样方内盐沼植被种类、生长状态、植株高度与植株密度等信息。经过 12 次采样，共获得实地调查样方 377 块。

将获得的样方数据导入 ArcGIS，并投影至 NDVI 时间序列下，共获得盐沼采样像元 6347 个。为保证分类模型与精度评价的正确性，本书将所有采样像元按种类分层抽样，确保各类别像元个数大致相等，最终选取采样像元 4216 个，其中互花米草 1096 个，碱蓬 1044 个，芦苇 1008 个，茅草 1068 个。同时由于研究区内存在着盐沼农田混合的状况，本书基于影像经验手工选取农田像元 988 个。最终共计 5204 个采样像元作为盐沼植被、农田等分类，提取训练样本和验证数据。经实地调查，研究区内光滩主要分布在潮间带先锋植物互花米草的外围，且随着成像时刻潮高不同，其分布与面积都发生着显著的变化，故本书并没有将其作为分类对象。本书以海堤外各时期影像 NDVI 值均大于 0 的部分为掩膜，以此划定盐沼分布范围。掩膜后 HJ NDVI 时间序列的每个像元都具有一条随时间变化的曲线，这个序列代表了一年间所有地面类型的覆盖物随时间的变化趋势。

2.2.3　海岸带潮滩地貌遥感反演数据及处理

1. 卫星图像遥感数据

单个卫星传感器观测频率有限，并且存在数据不连续的风险（如仪器故障），甚至美国国家航空航天局也通过购买外国数据来填补其 Landsat 数据中的空白（Goetz，2007）。因此，本书选择了 1973～2016 年从多颗卫星拍摄的，覆盖研究区域的高质量图像（几乎没有云覆盖或没有清晰的水线）（共 874 个场景，表 2-5）。这些图像是通过以下传感器获取的：①Landsat-1/2/3 多光谱扫描仪系统（MSS），Landsat-4/5 主题映射器（TM），Landsat-7 增强主题映射器（ETM＋），Landsat-8 OLI 和 EO-1 高级陆地成像仪（ALI）。②日本海洋观测卫星（MOS-1/1B）多光谱电子自扫描辐射计（MESSR），日本地球资源卫星（JERS-1）合成孔径雷达，先进的地球观测卫星（ADEOS-1），先进的可见和近红外辐射仪（AVNIR）。③欧洲遥感卫星（ERS-2）SAR，SPOT-1/2 高分辨率可见光扫描仪（HRV）。④印度遥感卫星（IRS），线性成像自扫描传感器（LISS）和高级宽视场传感器（AWiFS）。⑤中国的 CBERS-1/2/02B 电荷耦合器件（CCD），BJ-1 CCD、HJ-1A/B CCD 和 GF-1WFV1/2/3/4，这些图像包含了可用于研究区域的大多数高质量中分辨率卫星图像，其空间分辨率为 16～80m。所有图像均使用 WGS-84 基准，在通用横轴墨卡托北 51 区投影系统中进行了几何校正，并重新采样为 30m 像元大小。为了提高位置精度，每个场景使用了 20 多个地面控制点（GCP）进行校正，每个图像的均方根误差（RMSE）均小于 0.5 像素。

表 2-5　　本节使用的中等分辨率卫星遥感数据

卫星传感器	分辨率/m	时间	景数	卫星传感器	分辨率/m	时间	景数
Landsat-1/2/3MSS	80	1973 年 11 月	96	IRS-P6 LISS	23	2005 年 4 月	9
Landsat-4/5TM	30	1983 年 3 月	117	IRS-P6 AWiFS	56	2005 年 4 月	40
MOS-1/1B MESSR	50	1987 年 9 月	46	ERS-2 SAR	30	2006 年 1 月	35
JERS-1SAR	18	1992 年 10 月	44	BJ-1 CCD	30	2006 年 4 月	9
SPOT-1/2HRV	20	1996 年 4 月	3	EO-1ALI	30	2007 年 7 月	6
ADEOS-1AVNIR	16	1996 年 12 月	1	HJ-1A/B CCD	20	2008 年 10 月	304
Landsat-7 ETM +	30	1999 年 8 月	35	Landsat-8 OLI	30	2014 年 1 月	39
CBERS-1/2/02B CCD	20	2000 年 9 日	36	GF-1WFV1/2/3/4	16	2014 年 1 月	54

受传感器相对于地球的位置、姿态和运动速度变化、地球表面曲率、地形起伏、地球自转及大气折射的影响，遥感影像会发生几何畸变。几何校正就是为了改正原始影像的几何畸变，产生符合某种地图投影或图形表达要求的影像。对不同成像时间、不同光谱范围、不同传感方式的同一地域复合影像数据进行几何校正，保证不同影像间的几何一致性，以便制作满足本书需要的遥感专题图，对图像信息进行各种分析等。几何校正一般包括几何粗校正和几何精校正（董芳，2003）。前者主要根据传感器、遥感平台、地球等各种参数进行处理。地面接收站基本上都会完成此步骤，但处理后的影像仍存在几何变形，需要用户做进一步的几何精校正。几何精校正是在几何粗校正的基础上利用地面控制点的大地测量参数，对原始影像进行处理，主要包括校正函数的选择、地面控制点的选取、坐标变换、像元重采样等步骤。常用的影像校正算法有多项式、直接线性变换、空间投影法等。由于多项式校正法原理直观、计算简单、精度较好，多被采用。对于一般遥感影像，二次多项式可以达到转换误差要求。因此，本书采用二次多项式函数进行几何精校正，采用最邻近法对图像进行重采样。由于沙脊滩面上无法布设控制点，控制点全部布设在海岸的陆地一侧，主要选取道路交叉口等易于准确定位的地物符号。为了保证后续水边线提取的水平精度，几何精校正时必须严格控制校正质量，校正的均方根误差均控制在 1 个像元以内。

水边线是水面与陆地的分界线，两者在遥感影像上则呈现为不同的纹理特性和色调差别，这也是水边线遥感解译识别的物理依据。在水边线提取方面现已发展出多种方法，如密度分割法、边缘检测算法、水体指数法等，分别适用于不同类型的遥感影像数据，而由于本书所使用遥感影像来源丰富，既有单波段的 SAR 影像，也有多光谱影像，且空间分辨率、成像质量各不相同，无法采用一种统一有效的方法进行水边线自动提取，因此，本书水边线提取采用半自动方式，即首先针对遥感影像本身的特点使用相应的提取方法得到初始提取结果，在此基础上通过目视解译发现其中存在的问题并予以手动更正。为保证水边线提取精度，人工检查及解译 MODIS 影像时所用比例尺大于 1∶250000，中等分辨率影像大于 1∶20000。

2. 水边线数据处理

水边线提取方法有人工解译、半自动解译和自动解译三类，常用解译方法主要是目视解译、密度分割、分类、边缘检测、主动轮廓模型、水平集等，这些方法都有其适用的特定影像及区域，但没有能够通用的水边线自动提取方法。特别是，本书使用了多源的遥感影像，既有光学影像，也有 SAR 影像，不同源影像各波段不同，同源影像的成像质量也各不相同，无法完成水边线的全自动提取。在对影像进行分析的基础上，本书采用半自动的水边线解译方法，首先针对不同的影像选择不同的方法对水边线进行初步提取，然后通过人工目视解译进行修改与提取。为保证水边线提取精度，人工检查及解译时所用比例尺大于 1∶20000。

由于研究区面积较大，成像时刻的水面并非平面，因此不能将水边线看成一条等值线而仅赋值一个高程。本书将线性的水边线离散成点，将不同区域的海面高程赋值给水边线离散点，从而实现对每条水边线高程的更精确赋值。本书采用等距离离散对水边线进行处理，即沿着水边线每隔一定距离设定一个离散点，在此基础上保留了原水边线的节点，以保证水边线形态和信息的完整，因此，最终离散点由原始节点和等距离散点两部分组成。本书中使用的离散化距离为 30m。

3. 潮位数据处理

首先对江苏中部沿海 6 个潮位站的每日高低潮数据进行数字化录入。为了方便地进行数据管理及后续研究，本书使用 Access2003 数据库存储 6 个潮位站的信息及潮位预报数据，存储字段有 9 个，包括：唯一标识码"ID"，潮位站坐标"X"和"Y"，潮位记录时间及对应潮高"年""月""日""时""分""潮高"。其中，潮位站坐标为"WGS_1984_UTM_Zone_51N"下的投影坐标，记录潮高的高程基准为当地平均海平面，记录时间为 GMT + 8。为了得到任意时刻的潮位站潮高信息，需要进一步对以上数据进行时间内插。由于南黄海地区为半日潮，潮汐时间变化可近似表示为 cos 曲线，任意时刻的潮位高度可由以下两式内插得出，若潮位站处于涨潮阶段，采用式（2.4），若处于落潮阶段，则采用式（2.5）：

$$H = H_{low} + A \cdot \left[1 - \cos\left(\frac{t}{T} \cdot 180° \right) \right] \Big/ 2 \tag{2.4}$$

$$H = H_{hi} - A \cdot \left[1 - \cos\left(\frac{t}{T} \cdot 180° \right) \right] \Big/ 2 \tag{2.5}$$

式中，H 为待内插时刻潮位；H_{low} 为邻近低潮位；H_{hi} 为邻近高潮位；T 为高低潮位之间的时间间隔；A 为高低潮位之差，即潮位波动范围；t 为高低潮位之间的待插时刻。这里以 1h 为间隔，采用上述公式对 2006 年全年 6 个潮位站的潮位数据进行内插，即可得到潮位变化曲线。

在 WDM 中，潮滩高程信息最终来自于成像时刻水面高度，即将水面作为高度计看待。对于小范围区域，甚至可以直接将水面看作平面，以某一个潮位站的观测数据作为区域海面高度，从而将水边线作为等高线处理。由于江苏辐射沙脊群覆盖面积近 5000km²，东沙及亮月沙外接矩形也有近 1500km²，且潮汐动力环境复杂，在如此大的空间范围内，不仅无法将海面看作一平面，而且难以通过周边少量几个潮位站的潮位信息确定成像时刻水面高度分布。因此，在研究区所处的环境下，需要更加深入地考虑潮位的空间变化。本书采用海洋水动力模型解决这一问题，可实现研究区的潮位分布实时模拟，模型以 Delft 3D 软件为基础。Delft 3D 软件包含若干模块，能够在复杂的沿海地形环境下提供关于潮流、潮波、水质、生态、沉积搬运以及水底地形等的三维分布图。本书以 Delft 3D 为基础构建了一个二维数学模型用于整个南黄海地区的成像时刻潮位模拟。模型采用交替方向隐式有限差分法对浅水的深度平均二方程进行求解。在空间上，构建了一个包含 171×202 个网格曲线扇形格网。外海一侧格网尺寸约为 5km×5km，近岸一侧约为 200m×200m。在东沙及亮月沙附近，格网尺寸约为 1.5km×1.5km。模型所需的水深地形图根据 1979 年海图由手工数字化得到，每个曲线网格的水深由三角插值法得到。

模型边界分为开边界和闭合边界两种，闭合边界位于水陆之间，假设其满足无流体出入[$\vec{U}_H \cdot \vec{n} = 0$，$\vec{U}_H = (\vec{U}_\lambda, \vec{U}_\phi)$ 为水平速率，$\vec{n}$ 为边界标准矢量]，开边界由调和常数驱动。开边界上网格的调和常数来源于日本周边的区域模型（NAO.99Jb），使用双线性内插法逐点计算得到。模型适用于短期的区域海域的潮汐模拟，考虑 8 个主要分潮（M2、S2、K1、O1、N2、K2、P1、Q1），较之其他潮位模型，如 CSR4.0 和 GOT99.2b，该模型在浅水区域能够得到更好的效果（Matsumoto et al., 2000）。水流模块的控制方程在水平方向上采用深度平均连续方程和深度平均动量方程。下垫面剪切黏性应力由二次摩擦力定律和空间常量杰氏阻力系数计算得到，雷诺应力由涡黏性概念确定（就本书而言，水平涡流黏度接近于 1m²/s），波浪诱导力由辐射压力张量的空间梯度决定，并应用于离岸的网格边界上。

考虑地球表面曲率以及科氏力，潮位传播方程中使用二维球面坐标。连续性方程为式（2.6）～式（2.8）：

$$\frac{\partial \zeta}{\partial t} + \frac{1}{R\cos\varphi}\left[\frac{\partial}{\partial \lambda}(HU) + \frac{\partial}{\partial \phi}(HV\cos\varphi)\right] = 0 \qquad (2.6)$$

λ 方向的动量方程为

$$\frac{\partial U}{\partial t} + \frac{U}{R\cos\varphi}\frac{\partial U}{\partial \lambda} + \frac{V}{R}\frac{\partial U}{\partial \phi} - \frac{UV}{R}\tan\varphi = fV - \frac{g}{R\cos\varphi}\frac{\partial \zeta}{\partial \lambda}$$
$$+ \frac{A_H}{R^2\cos\varphi}\left[\frac{1}{\cos\varphi}\frac{\partial^2 U}{\partial \lambda^2} + \frac{\partial}{\partial \phi}\left(\cos\varphi\frac{\partial U}{\partial \phi}\right)\right] - \frac{k_b U\sqrt{U^2+V^2}}{H} \tag{2.7}$$

ϕ方向的动量方程为

$$\frac{\partial V}{\partial t} + \frac{U}{R\cos\varphi}\frac{\partial V}{\partial \lambda} + \frac{V}{R}\frac{\partial V}{\partial \phi} + \frac{U^2}{R}\tan\varphi = -fU - \frac{g}{R}\frac{\partial \zeta}{\partial \phi}$$
$$+ \frac{A_H}{R^2\cos\varphi}\left[\frac{1}{\cos\varphi}\frac{\partial^2 V}{\partial \lambda^2} + \frac{\partial}{\partial \phi}\left(\cos\varphi\frac{\partial V}{\partial \phi}\right)\right] - \frac{k_b V\sqrt{U^2+V^2}}{H} \tag{2.8}$$

式中，t 为时间；λ 和 ϕ 分别为东经和北纬；U 和 V 分别为 λ 和 ϕ 方向的深度平均速度；$H = h + \zeta$ 为平衡潮潮高，h 为静水水位；ζ 为相对于静水水位的涨落值；f 为科氏力，其计算公式为 $f = 2\omega\sin\varphi$；φ 为地球自转角速度；R 为地球半径；g 为重力加速度；A_H 为水平涡流黏度系数；k_b 为运动阻力系数，计算公式为 $k_b = g / C^2$，$C = D^{1/6} / n$，其中，C 为谢才系数，n 为曼宁阻力系数。

在整个研究时间段，即 2006 年内，以 5min 为间隔对南黄海地区进行了潮位模拟。使用潮位站预报潮位可对潮位模拟结果进行校正和验证，然而，由于江苏沿岸的大多数潮位站位于河口闸坝附近，所记录的潮位高度经常受水下沙坝影响，尤其是在低潮位时，潮位失真现象十分严重。本书选取了三个具有代表性的潮位站用于水动力学模型验证，自北向南依次为射阳河口、陈家坞和吕四。其中，陈家坞潮位站位于研究区中部，处于水深较大的潮流通道——陈家坞槽内，2006年预报潮位与模拟潮位的平均差距为 34.5cm，同样处于深水区的吕四潮位站平均误差为 28.1cm。模型在模拟时会体现出水下沙坝的影响，对于射阳河口，由于其位于射阳河河口闸坝外，这种现象十分明显。由于潮位站预报潮位是基于20 世纪中期的潮位记录做出的，当时水下沙坝还未发育，且射阳河口位于模型网格的北部，距离研究区较远，因此预报潮位与模拟潮位有较大偏差，达到61.1cm，显著高于其他潮位站。

4. 验证数据处理

地面实测数据：结合舰载回波测深和 RTK（real-time kinematic）实时动态载波相位差分技术，在高水位测量了 6 个样带，以 15μm 作为采样间隔，其中三个样例是在 2008 年 4 月和 5 月测量的，而其他三个样例是在 2008 年 10 月测量的，它们都被用作地面测量数据，以验证相应时间段内 DEM 的准确性。机载真实数据：机载光检测和测距数据（分别于 2006 年 4 月和 5 月测量）用于验证相应时间段内 DEM 的准确性。提供给研究团队的 LiDAR DEM 被重新采样到 5m×5m 的网格中，垂直精度小于 15cm。Liu 等（2013a）给出了有关地面和真实数据的更多详细信息。其他数据：收集了地形图（1∶50000）以促进卫星图像的地理校正；使用南黄海（1∶100000）和东中国海（1∶250000）的测深图来促进水位模拟；为分析潮滩和沙洲演变趋势，分析了中国长江（1973～2015 年）大通站的年排水量（从长江沉积物公报获得）和年平均海平面，还收集了 1973～2016 年两个测量站（吕四站和连云港）的水位。

本书高程反演中所使用的高程信息来自潮波模拟模型，高程起算点为平均海面，沿海各潮位站所记录潮高的起算面为当地潮高基准面，位于当地多年统计最低潮位以下，经换算可得到相对于当地平均海面的潮位高度。本书所使用的验证数据（基于 LiDAR 的 DEM、剖面数据）所采用的高程均基于 1985 国家高程基准，因此，有必要对验证数据的高程基准换算至平均海面，以统一高程基准，便于验证分析。由于纬度、构造运动、地表径流、地形等因素的共同作用，平均海面与国家高程基准间实际存在一定的偏差（余兆康等，1989）。我国大陆沿海平均海面总体上呈现出南高北低的态势，例如，广西北海与辽宁大连间的平均海面高程值差可达 70cm（沈宏远，1993），且沿海海面地形等高线走向与纬线基本平行（赵明才和韩晓宏，1990）。从沈宏远等提供的沿海各潮位站平均海面与 1985 国家高程基准的关系可以明显地看出这一趋势。

由于相对于平均海面变化尺度，研究区跨度较小，采用平行于纬线的等值线对研究区平均海面高于 1985 国家高程基准的值进行内插，得到栅格图层，记为 M，对于基于 LiDAR 的验证 DEM 上的任一点 L_i，其在 M 上所对应的值为 M_i，则换算至平均海面后的栅格值 $CL_i = L_i - M_i$，据此对 LiDAR DEM 校正，得到基于平均海面的验证 DEM。

2.2.4　潮沟系统与潮滩稳定性遥感分析数据及处理

本书中采用的数据主要包括遥感影像数据、潮位站数据、气象数据和江苏基础数据。考虑研究区内各平台、各传感器所提供影像数据的可用性，从不同数据来源网站上统计了自有影像数据覆盖研究区以来，不同平台、不同传感器所提供的江苏中部沿海中/高分辨率遥感影像的数量及质量。自 1972 年美国 NASA 成功发射第一颗 Landsat 卫星以来，覆盖研究区的遥感影像达 2000 多余景，但受云覆盖和海水淹没的影响，可用作研究区内潮沟系统提取及特征分析的影像数据有限。兼顾影像数据质量及研究工作强度，本书最终选取了 2009～2019 年云量覆盖少且潮位低的共 153 景高质量遥感影像用于潮沟系统的提取及后续特征分析，研究所使用遥感影像数据统计如表 2-6 所示。

表 2-6 研究所使用遥感影像数据统计

卫星平台	传感器	时间范围	数据量	数据质量（空间分辨率）	来源
环境一号	CCD	2009~2013 年	79 景	30m	CRESDA
高分一号	WFV	2013~2018 年	28 景	16m	CRESDA
Landsat-8	OLI	2014~2018 年	26 景	15m、30m	USGS
Sentinel-2A		2014~2019 年	19 景	10m	USGS
Landsat-5	TM	2009 年	1 景	30m	USGS

1. LiDAR DEM 数据及预处理

机载激光雷达是一种主动式航空传感器，通过集成定位定姿系统（positioning and orientation system，POS）和激光测距仪直接获取观测点的三维地理坐标。20 世纪 80 年代有学者初次尝试借助机载 LiDAR 建立数字地形模型（Krabill et al.，1984），随着技术不断地发展、产品不断地推广，地形测量机载 LiDAR 正广泛应用于三维城市建模、地形地貌监测、生态学建模等研究中（Kar et al.，2015a；Zald et al.，2016），其在高精度三维地形数据快速准确获取方面，具有传统手段不可替代的独特优势，尤其是对于一些测量困难区的高精度 DEM 数据的获取，如植被覆盖区、海岸带、岛礁区、沙漠区等，具有获取能力力强、抗干扰能力力强等优点。研究使用的 LiDAR DEM 数据采集于 2014 年 12 月至 2015 年 5 月，空间分辨率为 2m，覆盖包括射阳河口至掘苴口的沿岸潮滩及辐射沙洲（弶港口至小洋口区间中低潮滩数据部分缺失）。本书采用的所有 LiDAR DEM 数据均为低潮时刻获取。本书采用的 2014 年数据产品是未拼接的 DEM 产品，因此首先对数据进行拼接与研究区裁剪。然后基于此 LiDAR DEM 数据，使用基于剖面形态特征的潮沟提取算法对江苏中部沿海潮沟进行提取，算法流程包括基于多窗口邻域分析的局部潮滩高程趋势面均衡、基于多方向多尺度高斯匹配滤波的潮沟增强、基于两轮自适应阈值分割潮沟提取及多轮潮沟提取结果融合（周旻曦，2016）。由于潮沟系统提取过程与精度验证已在前期研究成果中展现，本节不再赘述（Liu et al.，2015）。

2. 环境一号卫星影像数据

环境一号（HJ-1）卫星是中国首个专用于环境与灾害监测预报的卫星，包括两颗光学卫星（HJ-1A 和 HJ-1B）以及一颗合成孔径雷达卫星（HJ-1C）。HJ-1A/B 星在 2008 年 9 月 6 日成功发射，A/B 星都搭载了 CCD 相机。此外，HJ-1A 上还装载有一台超光谱成像仪（hyper spectral imager，HSI），HJ-1B 上装有一台红外相机（infrared camera）。两台 CCD 相机组网后重访周期仅为 2d。

HJ-1C 卫星在 2012 年 11 月 19 日成功发射，搭载有 S 波段合成孔径雷达。环境一号卫星轨道参数及影像数据详见表 2-7 和表 2-8。本书从中国资源卫星应用中心网站收集了 2009～2018 年江苏中部沿海 HJ-1A/B/C 共 79 景遥感影像数据用于研究区内潮沟系统的提取及沿岸围垦区、盐沼区的提取。

表 2-7　HJ-1A/B/C 卫星轨道参数

参数	HJ-1A/B	HJ-1C
轨道类型	太阳同步回归轨道	太阳同步回归轨道
轨道高度	649.093km	499.26km
轨道倾角	97.9486°	97.3671°
回归周期	31d	31d
降交点地方时	10：30AM±30min	6：00AM

表 2-8　研究所用 HJ-1A/B 影像数据

序号	传感器	分辨率/m	影像日期	序号	传感器	分辨率/m	影像日期
1	CCD	30	2009-01-18	23	CCD	30	2010-04-07
2	CCD	30	2009-02-12	24	CCD	30	2010-05-02
3	CCD	30	2009-03-14	25	CCD	30	2010-05-19
4	CCD	30	2009-03-15	26	CCD	30	2010-07-31
5	CCD	30	2009-03-17	27	CCD	30	2010-08-01
6	CCD	30	2009-03-20	28	CCD	30	2010-08-15
7	CCD	30	2009-04-17	29	CCD	30	2010-11-27
8	CCD	30	2009-04-18	30	CCD	30	2010-12-11
9	CCD	30	2009-04-29	31	CCD	30	2010-12-28
10	CCD	30	2009-05-01	32	CCD	30	2011-01-11
11	CCD	30	2009-05-13	33	CCD	30	2011-03-07
12	CCD	30	2009-08-26	34	CCD	30	2011-03-11
13	CCD	30	2009-11-21	35	CCD	30	2011-03-26
14	CCD	30	2009-11-23	36	CCD	30	2011-04-25
15	CCD	30	2009-12-19	37	CCD	30	2011-05-24
16	CCD	30	2009-12-20	38	CCD	30	2011-07-09
17	CCD	30	2009-12-21	39	CCD	30	2011-10-15
18	CCD	30	2009-12-22	40	CCD	30	2011-12-14
19	CCD	30	2010-01-18	41	CCD	30	2012-01-25
20	CCD	30	2010-01-24	42	CCD	30	2012-01-27
21	CCD	30	2010-02-05	43	CCD	30	2012-01-29
22	CCD	30	2010-02-21	44	CCD	30	2012-01-31

序号	传感器	分辨率/m	影像日期	序号	传感器	分辨率/m	影像日期
45	CCD	30	2012-03-13	63	CCD	30	2013-01-30
46	CCD	30	2012-03-14	64	CCD	30	2013-03-03
47	CCD	30	2012-03-26	65	CCD	30	2013-04-14
48	CCD	30	2012-03-28	66	CCD	30	2013-05-01
49	CCD	30	2012-03-31	67	CCD	30	2013-05-12
50	CCD	30	2012-04-28	68	CCD	30	2013-07-11
51	CCD	30	2012-04-12	69	CCD	30	2013-07-12
52	CCD	30	2012-04-23	70	CCD	30	2013-08-09
53	CCD	30	2012-04-26	71	CCD	30	2013-08-11
54	CCD	30	2012-05-28	72	CCD	30	2013-08-12
55	CCD	30	2012-09-06	73	CCD	30	2013-10-09
56	CCD	30	2012-09-19	74	CCD	30	2013-10-11
57	CCD	30	2012-10-07	75	CCD	30	2013-10-22
58	CCD	30	2012-10-18	76	CCD	30	2013-11-08
59	CCD	30	2012-11-06	77	CCD	30	2013-11-20
60	CCD	30	2013-01-01	78	CCD	30	2013-11-26
61	CCD	30	2013-01-02	79	CCD	30	2013-12-19
62	CCD	30	2013-01-18				

3. 高分一号卫星影像数据

高分一号（GF-1）卫星在 2013 年 4 月 26 日成功发射，是国家科技重大专项高分辨率对地观测系统专项的首发卫星。GF-1 搭载了 2 台全色多光谱相机（PMS）和 4 台宽幅多光谱相机（WFV）。PMS 全色影像光谱范围为 0.45～0.9μm，空间分辨率为 2m，多光谱影像空间分辨率为 8m，2 台相机组合的幅宽为 60km，重访周期为 4d；WFV 影像空间分辨率为 16m，4 台相机组合的幅宽为 800km，重访周期为 4d。本书从中国资源卫星应用中心网站收集了 2013～2018 年江苏中部沿海（GF-1）共 28 景遥感影像数据（表 2-9）。

表 2-9　研究所用 GF-1 数据

序号	传感器	分辨率/m	影像日期	序号	传感器	分辨率/m	影像日期
1	WFV1	16	2013-12-24	6	WFV4	16	2014-05-21
2	WFV3	16	2014-01-18	7	WFV2	16	2015-01-09
3	WFV3	16	2014-01-22	8	WFV3	16	2015-02-11
4	WFV4	16	2014-02-20	9	WFV3	16	2015-03-24
5	WFV4	16	2014-04-06	10	WFV4	16	2015-04-10

续表

序号	传感器	分辨率/m	影像日期	序号	传感器	分辨率/m	影像日期
11	WFV2	16	2015-05-12	20	WFV4	16	2017-11-08
12	WFV2	16	2015-08-06	21	WFV3	16	2017-11-24
13	WFV1	16	2015-10-02	22	WFV1	16	2017-12-26
14	WFV4	16	2015-12-16	23	WFV2	16	2018-02-05
15	WFV3	16	2016-01-01	24	WFV4	16	2018-02-23
16	WFV2	16	2016-02-27	25	WFV2	16	2018-04-20
17	WFV3	16	2016-07-24	26	WFV3	16	2018-05-23
18	WFV2	16	2017-03-02	27	WFV4	16	2018-07-20
19	WFV1	16	2017-04-03	28	WFV3	16	2018-10-30

4. Sentinel 影像数据

Sentinel 系列是欧洲全球环境与安全监测系统项目"哥白尼计划"成员。目前共有 7 颗卫星在轨（Sentinel-1A/B、Sentinel-2A/B、Sentinel-3A/B、Sentinel-5P），最新一颗 Sentinel-3B 于北京时间 2018 年 4 月 26 日发射升空。Sentinel-1 卫星是 SAR 操作应用的延续。首个 Sentinel-1A 卫星于 2014 年 4 月 3 日发射。Sentinel-2 单星重访周期为 10d，A/B 双星重访周期为 5d。主要有效载荷是多光谱成像仪（MSI），共有 13 个波段，光谱范围在 0.4～2.4μm，涵盖了可见光、近红外和短波红外。幅宽 290km，空间分辨率分别为 10m（4 个波段）、20m（6 个波段）、60m（3 个波段）（表 2-10）。研究从 USGS（美国地质调查局）网站收集了 2015～2018 年江苏中部沿海 Sentinel-2A 共 19 景遥感影像用于潮沟系统的提取及分析。

表 2-10　研究所用影像

序号	影像日期	所用波段	分辨率/m	序号	影像日期	所用波段	分辨率/m
1	2015-12-26	8/4/3/2	10	11	2018-01-09	8/4/3/2	10
2	2016-01-25	8/4/3/2	10	12	2018-02-08	8/4/3/2	10
3	2017-02-28	8/4/3/2	10	13	2018-02-23	8/4/3/2	10
4	2017-04-29	8/4/3/2	10	14	2018-04-09	8/4/3/2	10
5	2017-06-08	8/4/3/2	10	15	2018-05-04	8/4/3/2	10
6	2017-09-16	8/4/3/2	10	16	2018-06-03	8/4/3/2	10
7	2017-10-06	8/4/3/2	10	17	2018-10-01	8/4/3/2	10
8	2017-12-10	8/4/3/2	10	18	2018-11-10	8/4/3/2	10
9	2017-12-20	8/4/3/2	10	19	2019-01-24	8/4/3/2	10
10	2017-12-25	8/4/3/2	10				

5. Landsat 影像数据及预处理

Landsat 是美国 NASA 的陆地卫星计划（1975 年前称"地球资源技术卫星——ERTS"）。美国 NASA 于 2013 年发射了该系列最新卫星 Landsat 8，Landsat 8 上携带 OLI 陆地成像仪和 TIRS 热红外传感器，Landsat 8 的 OLI 陆地成像仪包括 9 个波段，提供了 8 个空间分辨率为 30m 的光学波段和一个空间分辨率为 15m 的全色波段。TIRS 包括 2 个单独的热红外波段。相对于 Landsat 7 的 ETM + 传感器，OLI 对波段进行了重新调整，增加了一个蓝色波段和一个短波红外波段，排除了 0.825μm 处的水汽吸收特征。作者从 USGS 网站收集了 2014～2018 年江苏中部沿海 Landsat 8 OLI 共 26 景遥感影像数据用于潮沟系统的提取（表 2-11）。此外，还收集了一景 Landsat 5 TM 影像（2009-01-13）用于环境一号卫星数据和高分一号卫星数据的几何精校正工作。

表 2-11　研究所用 Landsat 8 OLI 影像

轨道号	影像日期	轨道号	影像日期	轨道号	影像日期
119/37	2014-01-27	119/37	2016-01-01	119/37	2018-01-22
119/37	2014-04-01	119/37	2016-02-18	119/37	2018-02-07
119/37	2014-04-25	119/37	2016-03-21	119/37	2018-02-23
119/37	2014-10-26	119/37	2016-04-22	119/37	2018-03-27
119/37	2014-12-29	119/37	2016-08-12	119/37	2018-04-28
119/37	2015-08-26	119/37	2016-08-28	119/37	2018-10-21
119/37	2015-10-13	119/37	2017-03-08	119/37	2018-11-22
119/37	2015-11-30	119/37	2017-12-05	119/37	2018-12-24
119/37	2015-12-16	119/37	2017-12-21		

遥感影像成像时，受地球自转、卫星姿态变化、定位精度等影响，影像易发生几何畸变，尽管卫星数据获取部门已经处理了卫星参数、传感器参数等数据，但系统提供的几何校正产品仍需做几何精校正以满足用户需求（易予晴，2015）。以 LiDAR DEM 数据为底图，由于滩涂及海域无法布设控制点，因此在每一景遥感影像海岸带陆地部分选择 20 个地面控制点（道路交叉点、垦区拐点等），采用二次多项式校正，并将误差控制在 1 个像元以内，将几何精校正后的影像统一裁剪为研究区大小。为划分潮间高程带，本书提取了一景影像的水边线，将其作为成像时刻瞬时潮位线辅助划分高程带。提取水边线选择人工数字化的方式，使水边线连续且几何精度控制在 1 个像元内。需要注意的是，由于水边线的作用是划分整个潮滩的高程带，在沟口较宽的潮沟处以沟口两点连线

勾画水边线，以保证其与围垦区外边界所包围的是不含潮沟的完整潮滩。另外，本书对沿岸围垦区进行了数字化，便于后期结合围垦情况分析潮沟形态特征。

　　辐射定标与大气校正。研究所收集的 Landsat OLI 遥感影像数据均为 L1T 级产品，是辐射校正数据使用地面控制点和数字高程模型数据进行精确校正后的数据，可直接使用。研究所获取的 Sentinel-2A 影像数据均为 1C 级产品，是经正射校正和亚像元级几何精校正后的产品，也可直接使用。但由于研究的后续工作需要对潮沟系统提取结果进行时间序列分析，因此有必要对所采集的遥感影像数据进行辐射定标和基本的大气校正处理。在处理过程中，本书采用欧空局提供的 SNAP 软件对 Sentinel-2 数据进行大气校正，采用 ENVI 5.3 对 GF-1、HJ-1A/B CCD 和 Landsat 8 OLI 数据进行辐射校正和大气校正。

　　围垦区提取及研究区沙洲范围确定。为了方便后期结合围垦活动对潮沟系统动态变化特征进行分析，本书利用所收集的遥感影像数据将 2009～2018 年江苏中部沿海各年垦区范围提取出来。由于沿海围垦区形状规整，在遥感影像上轮廓清晰、易于识别，故本书采用人工数字化的方式得到垦区分布数据。此外，受海水淹没及沙洲自身重心移动影响，每景影像中沙洲范围不固定，为方便后期潮沟动态特征变化分析，确定一个固定的研究范围。为此，本书分别选出 2009～2018 年每年潮位最低、沙洲出露面积最大的一景遥感影像，分别提取出其沙洲范围，取各沙洲范围的并集得出一个最大的沙洲范围作为潮沟研究的固定沙洲范围。最终沙洲范围确定如图 2-3 所示。在确定好沙洲范围后，以该范围作为掩膜，对所有经过几何精校正后的影像进行裁剪。

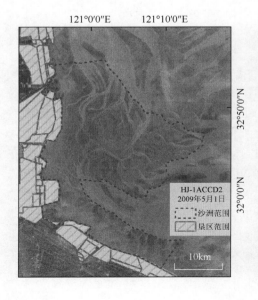
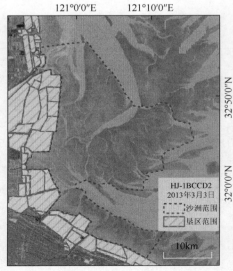

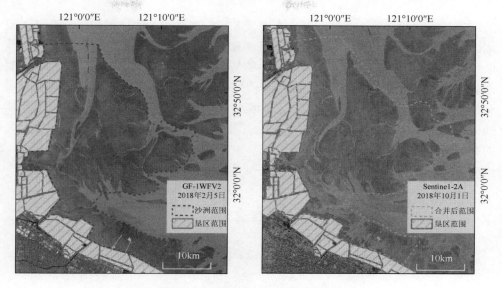

图 2-3　研究区最大沙洲范围示意图

6. 辅助数据

（1）潮位站数据：研究区内潮沟系统形态特征受潮位影响明显，基于光学遥感影像的潮沟提取效果与潮位高低有直接关联。本书收集了 2009～2014 年弶港和小洋港两个潮位站的潮位数据，用于辅助遥感影像的选择。

（2）江苏气象站数据：主要是降水量数据与风速数据，用于分析研究区内自然环境概况，把握研究区总体情况。

（3）野外调查数据：主要包括航拍影像、垦区数据和盐沼区数据，用于辅助目标潮沟识别及后期人类活动分析。

2.2.5　浒苔提取与暴发因素分析数据及处理

1. GOCI 影像数据及预处理

韩国航空宇宙研究院（简称韩国航空局）于 2010 年 6 月成功发射的通信、海洋与气象学卫星（com-munication，ocean and meteorological satellite，COMS），是全世界第一个专门用于水色遥感研究的地球静止轨道海洋水色卫星。其上搭载的海洋水色成像仪，可以每日固定扫描以朝鲜半岛为中心（130°E，36°N）、覆盖面积为 2500km×2500km 的地表范围，并且获取空间分辨率为 500m 的遥感影像。GOCI 数据从可见光到近红外区间（400～900nm）共设置了 8 个波段，其中 5、6 波段为红光波段，7、8 波段为近红外波段（表 2-12）。由于通过卫星影像实现对绿潮的遥感监测主要是基于绿潮和海水在红光和近红外波段的光谱差异这一原理，因此，该波段设置对于目前常见的绿潮监测算法适用性很强。GOCI 影像波段参数信息可见表 2-12。GOCI 数据最为突出的特点是它的高时间分辨率，其重访周期为 1h，每日从北京时间上午 8 时至下午 15 时（金惠淑等，2013），可以连续获得 8 景影像。由于 GOCI 数据覆盖了我国渤海、黄海、东海海域，能实现每天连续 8h 监测，对于绿潮、赤潮及其他海洋环境问题的监测防范与治理实施均具有重大的意义。

表 2-12　GOCI 影像波段参数信息

波段	中心波长/nm	波宽/nm	类型	应用领域
波段 1	412	20		黄色物质、浊度
波段 2	443	20		叶绿素吸收
波段 3	490	20		叶绿素、其他色素
波段 4	555	20	可见光	浊度、悬浮沉积物
波段 5	660	20		荧光、叶绿素、悬浮沉积物
波段 6	680	10		大气校正、荧光
波段 7	745	20	近红外	大气校正、荧光
波段 8	865	40		气溶胶、植被、海面水蒸气

　　GOCI 数据由韩国海洋卫星中心（Korea Ocean Satellite Center，KOSC）发布，2010 年 7 月 13 日获取了第一景影像。GOCI 数据可以在韩国航空局官方网站下载。GOCI 提供多级数据产品，通过对 Level 1B（L1B）数据的处理可以进一步获得可用于海洋环境要素分析的 Level 2 数据产品（L2A、L2B、L2C、L2P）（Ryu et al.，2012），包括离水辐亮度（Lw）、归一化离水辐亮度（nLw）、有色可溶性有机物（CDOM）、瑞利散射校正反射率（Rrc）等。本书选取 2007～2017 年浒苔暴发期（5～7 月）经过瑞利散射校正的 GOCI-L2C 数据进行黄海浒苔的遥感监测提取。KOSC 为方便 GOCI 数据的使用，开发了一款数据处理软件 GDPS（GOCI data processing system），该软件可以用于 GOCI 数据的处理分析及格式转换输出等。GOCI 数据的预处理步骤为：①格式转换。通过 GDPS 软件首先对 GOCI 数据进行格式转换，输出为可由 ENVI 软件读取的.img 格式。②图像裁剪及掩膜。通过程序对 2011～2017 年的 GOCI 数据进行批处理，由于本书研究区分布在长江入海口以北至山东半岛南岸之间的近海区域范围内，为了避免陆地植被信息对海上浒苔提取过程的干扰，需要进行相应的陆地掩膜处理，本书选用陆地边界矢量数据，将陆地区域影像信息进行了掩膜。③大气校正。为了消除大气对

地物光谱信息的干扰，获得更为准确的地表反射，需要对 GOCI 数据进行大气校正处理，本书选用 ENVI 软件自带的快速大气校正模块 QUAC（Quick Atmosphere Correction）进行快速处理（江彬彬等，2015）。

2. 辅助数据

（1）月降水数据。本书所使用的月降水数据为 TRMM（tropical rainfall measuring mission）卫星月度平均降水产品（TRMM_3B43.7），数据获取于官方网站（https://mirador.gsfc.nasa.gov/），本书共获取了 2011～2016 年每年 3～7 月的月平均降水数据，数据空间分辨率为 0.25°×0.25°。

（2）风场数据。本书选用欧空局 MetOp-A/B 气象卫星上搭载的 ASCAT 散射仪所获取的风场数据进行浒苔暴发区域海面风速及风向的分析，数据获取于美国遥感系统（remote sensing system）网站（http://www.remss.com/register/），共收集了 2007～2016 年每年 5～7 月的月度平均风场数据。本书使用的是分辨率为 25km 的数据（沈春等，2013；张增海等，2014）。

（3）海表面温度、光合有效辐射数据。本书使用的海表面温度 SST（sea surface temperature）数据和光合有效辐射 PAR（photosynthetically active radiation）数据获取于 NASA Giovanni 数据中心（https://oceandata.sci.gsfc.nasa. gov/）。共收集了 2007～2016 年每年 3～7 月的月平均 SST 数据以及月平均 PAR 数据，数据空间分辨率为 4km。通过 SeaDAS 软件读取 SST 数据及 PAR 数据。并进行影像的裁剪，输出为 GeoTIFF 格式后在 ArcGIS 软件中进行栅格计算转换为真实值［式（2.9）和式（2.10）］，之后将各月月平均数据累加再进行平均，作为进一步距平分析的基准。针对浒苔暴发过程中分布区域的不断迁移，通过掩膜工具提取对应于分布位置的 SST 及 PAR 并计算区域均值以实现更准确的分析。

（4）其他数据：本书所使用的行政区划边界数据来源于全球行政区划网站（http://www.gadm.org）；栅格水深数据来源于英国海洋数据中心 BODC（British Oceanographic Data Centre，https://www.bodc.ac.uk/），分辨率为 30″×30″。

$$SST = value \cdot 0.005 \tag{2.9}$$

$$PAR = value \cdot 0.002 + 65.5 \tag{2.10}$$

第3章 海岸带潮滩开发利用遥感分析

潮滩是介于平均高潮和平均低潮之间的广阔区域（Chen et al.，2008），是海洋开发最具潜力的区域，为渔业、农业用地和港口建设提供了发展空间，也为海岸生态环境功能提供了服务（Ramesh et al.，2015；Liu et al.，2013a，2013b）。早在黄帝时就有诸侯夙沙氏在青州"以海水煮乳煎成盐"，夏禹时已开拓盐田，西周到战国时期，沿海诸侯国就把开发利用海涂作为富国强民的重要决策之一，开发以渔盐为主并延续到清朝。江苏海涂开发与海岸演变密切相关。黄河夺淮期间（1128~1855 年），江苏海岸淤长迅速，使唐宋时修建范公堤已远离海岸 30~50km；1855 年黄河北归后，废黄河三角洲转为侵蚀后退，江苏中部岸段仍继续淤长。淮南盐业，因岸滩淤长，潮汐不至，产盐日薄，迫使淮盐北迁；与此同时，淮南沿海大面积草荡，土壤逐渐脱盐熟化，适宜农垦。明末始有灶民零星私垦，效益 10 倍于煎盐，故有废灶兴垦之议。直到 1914 年张謇任北洋军阀政府农林工商总长时，财政部专设淮南垦务局，1935 年淮南各盐垦、农垦公司经营面积达 430 多万亩[1]，实际垦殖 120 多万亩，年产棉花 60 余万担，所建条田化工程，至今仍发挥着良好功能。由张謇开始直到中华人民共和国成立前，江苏淮南开发形成了单一的植棉体系。1950~1969 年，江苏沿海加强水利建设的同时，扩大了围垦面积。50 年代起治水兴垦，为创办农场、盐场阶段。20 世纪 60 年代末，老海堤两侧已逐步形成了今日沿海十大国有农场、淮北八大盐场和四个劳改农场及县属三大林场，这一阶段江苏新围垦滩涂 165 万亩，平均每年 8 万多亩。之后随着社会经济发展，滩涂围垦强度逐渐加强。因此，有必要刻画开垦区的历史时空演化特征，以评估当下情况并确定未来海岸带弹性发展潜力。

3.1 江苏沿海潮滩围垦遥感分析

已有江苏滩涂开垦的研究主要集中在围垦区的现状和围垦过程的影响上，有关围填海区域长期的空间分布和演化模式的研究较少。因此，本节应用遥感和地理信息系统等技术就此进行分析。首先，收集覆盖研究区范围的 1974~2013 年的中等分辨率遥感影像（Landsat TM、IRS-P6 AWiFS、HJ-1A/B CCD 等，空间分辨

---

[1] 1 亩≈666.67m^2

率 30~78m)、2006 年研究区 LiDAR DEM 数据（空间分辨率 100m）。在此基础上，对遥感影像进行预处理，包括遥感影像几何精校正、数据集建立、垦区边界半自动提取等步骤，得到江苏垦区的历史分布数据，以重建 1974~2013 年潮滩围垦的时空演变过程，并根据 LiDAR DEM 数据计算垦区高程，分析沿岸垦区匡围高程变化趋势。

3.1.1　垦区提取与高程计算方法

（1）影像预处理。选取地形图上大坝、道路交叉点、桥梁等共 28 个地面控制点对影像进行几何精校正。投影方式为"WGS_1984_UTM_Zone_51N"，采用二次多项式函数进行几何精校正，采用最邻近法将图像重采样成 30m 格网单元。校正的均方根误差均控制在 0.5 个像元以内，最后对影像进行拼接和裁剪。

（2）垦区提取。江苏沿海垦区可分为盐场、农场、养殖场等类别。这些垦区形状规则，光谱特征明显。在标准假彩色合成遥感影像中，农场主要呈现红色；养殖场主要呈现深蓝色；盐场主要呈现亮白色，垦区外围由人工建造的规则堤坝围筑建成，易于识别。本书主要经过人机交互目视解译，进行逐年影像对比，将新增地块作为当年开发的垦区，提取 1974~2013 年江苏沿海垦区。

（3）垦区高程计算。由于江苏沿海岸线长，地势高低不平，本书以垦区为单位逐年统计各县垦区匡围高程。结合 LiDAR DEM 数据进行栅格计算，统计单位内每个垦区的平均高程，以面积为权重计算年平均围垦高程。

$$H = \frac{\sum\limits_{i=1}^{N} S_i h_i}{S} \qquad (3.1)$$

式中，H 为年平均围垦高程；S_i、h_i 分别为当年围垦的第 i 块垦区的面积、平均高程；S 为当年围垦垦区面积总和；N 为当年垦区数量。

3.1.2　垦区时空演变总体特征

此节通过 Google Earth 历史快视图目视解译方式监测了江苏沿海 1974~2013 年垦区时空分布变化过程［由于人工数字化存在误差，本节与 3.1.3 节来源于《江苏沿海垦区》（江苏省农业资源开发局，1999）的数据存在少许差异］，对所提取的垦区按市、县进行了面积统计（表 3-1），1974~2013 年 40 年江苏省共开垦 185183.19hm² 海涂，围垦范围涉及除连云港灌南县以外的三市 13 个县市区。其中，盐城市围垦量达到 128099.19hm²，占全省总围垦量的 69.17%，是海涂围垦开展的重点区域。南通和连云港围垦面积分别为 47808.68hm² 和 9275.32hm²，各占总量的

25.82%和 5.01%。就县级区域而言，大丰、如东、东台和射阳的总量超过 $14×10^4hm^2$，其中仅大丰就达到 54618.84hm^2，围垦总量接近整个南通和连云港市之和，是围垦面积最大的县级区域；如东垦区面积占整个南通已围面积约 2/3，达到 3.08 万 hm^2；海门、通州、海安由于临海岸线较短，沿海资源有限，相应围垦面积较少。

表 3-1   江苏沿海县市区 1974～2013 年围垦面积   （单位：hm^2）

地区	县市区	合计
连云港	赣榆	3483.73
	灌云	5430.43
	连云	361.16
盐城	响水	11354.31
	滨海	2286.44
	射阳	29604.24
	大丰	54618.84
	东台	30235.36
南通	海安	3559.24
	如东	30822.06
	通州	1968.17
	海门	1922.21
	启东	9537
江苏		185183.19

1974～2013 年江苏垦区发展呈现波动性，主要经历了 4 个发展时期（图 3-1）：①1974～1983 年，江苏沿海进行了大规模的围垦开发活动，共匡围滩涂面积达 $6.60×10^4hm^2$，占总围垦面积的 33.23%；其中 1976 年和 1977 年围垦量达到高峰，分别为 $1.59×10^4hm^2$ 和 $1.20×10^4hm^2$。北段主要集中在灌河口—中山河口；中段主要集中在扁担河口—射阳河口以及斗龙港—新北凌河口；南段则主要集中在掘茸口—遥望港口。②1984～1993 年，与前一阶段相比，此阶段新增围垦面积大大减少，仅为 $1.89×10^4hm^2$，其间只有沿海养殖业的兴起带动一些小型对虾场开垦，集中在北段的灌河口—中山河口与中段的射阳河口—斗龙港。③1994～2003 年，其间新增围垦面积达到 $5.37×10^4hm^2$，形成一个围垦高峰期。"九五"期间江苏提出建设"海上苏东"，沿海进入"四沿"（沿江、沿沪宁线、沿东陇海线、沿海）的发展布局，开发层次与力度不断升级。此外，引入大规模新型机械化的围垦技术，降低了人工围垦难度，使这一期间围垦速度加快，效率提高，成为 1974～

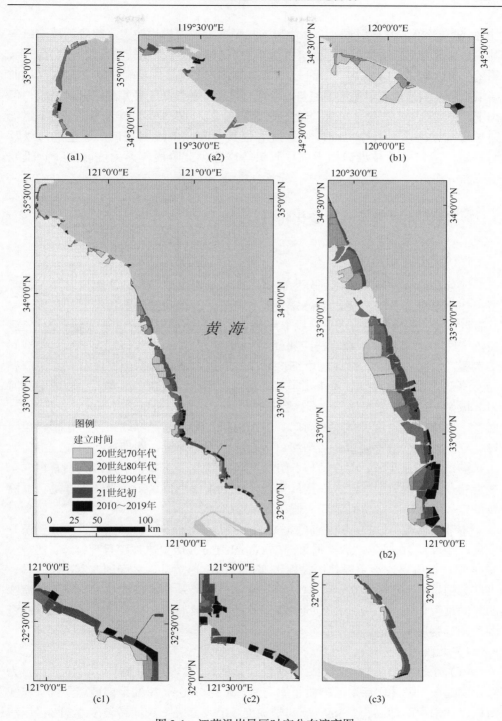

图 3-1　江苏沿岸垦区时空分布演变图

2013 年海涂开发高效时期。全体中段河口垦区发展规模均较大，南段蒿枝港口—圆陀角垦区开垦较前期大有增加。④2004～2013 年，围垦面积较前一阶段稍有减少，围垦总量达 $4.66 \times 10^4 \mathrm{hm}^2$。"十一五"期间新的沿海滩涂围垦规划促使 2008 年以前新增围垦面积呈现逐年递增的趋势，以配合港口、旅游等工业用地的开发需求，但由于岸外海涂资源有限，2008 年之后则逐年递减，以保护岸外滩涂资源平衡，进行科学可持续围垦。其中，北段垦区发展极其有限，中段掘苴口—遥望港口以及南段遥望港口—蒿枝港口由于港口码头等修建，此阶段围垦力度较前一阶段翻了三番。

3.1.3　垦区各岸段及高程变化特征

1. 各岸段围垦概况

江苏海岸按物质组分可划分为砂质海岸、基岩海岸和粉砂淤泥质海岸三种类型；按冲淤类型及动态变化趋势分为基本稳定、侵蚀和淤积三种类型。江苏海岸具有以下 6 个基本特点：①90%以上岸线为粉砂淤泥质海岸；②海岸线较为平直，曲折率约 0.47（海岸两端直线距离/海岸总长度）；③沿岸陆地较为平坦；④潮间带宽缓，坡度较小；⑤组成物质细；⑥岸外有巨大的辐射沙洲。江苏入海河流有 60 余条，为沿岸滩涂发展带来了丰富的泥沙。沿岸河口众多，本节选取的监测河口区域如下：①江苏海岸线北段，包括绣针河口、枳汪河口、兴庄河口、临洪口、西墅、烧香河口、埒子口、灌河口、中山河口；②江苏海岸线中段，包括扁担河口、双洋河口、运粮河口、射阳河口、新洋港、斗龙港、四卯酉河口、王港口、川东港口、东台河口、梁垛河口、方塘河口、新北凌河口、小洋口、掘苴口、东凌港口、遥望港口；③江苏海岸线南段，包括遥望港口、东灶港、大洋港口、蒿枝港口、塘芦港口、协兴港口、圆陀角。

本节垦区数据 2003 年之前数据来源于《江苏沿海垦区》（江苏省农业资源开发局，1999），2003 年之后数据来源于 Google Earth 历史快视图目视解译。1974～2013 年江苏围垦滩涂主要集中在扁担河口以南至遥望港口之间的江苏中部岸段，占江苏围垦总面积的 80.26%，这是由于这部分岸段是在古长江与古黄河携带泥沙的共同堆积作用下形成的宽广的淤积型粉砂淤泥质海岸，拥有极其丰富的滩涂资源，围垦强度较大。

1）北段

（1）绣针河口—兴庄河口。该岸段包括绣针河口—枳汪河口—兴庄河口，为海州湾北段，是冲刷后退的砂质平原海岸，长约 27km，岸线呈南西南走向。枳汪河口以北沿岸陆地高程＞5m，潮间带宽度 2.0～3.0km，潮间带坡度 0.24%；枳汪河口—兴庄河口沿岸陆地高程 4.0~5.0m，潮间带宽度 2.0~0.5km，潮间带坡度 0.6%~0.15%，为侵蚀岸段，岸线平直，走向南北。沿岸有沙坝、浅滩及岸外沙坝等，海滩、沙坝及岸外浅滩由于长期受冲刷，岸线逐步后退。绣针河口—兴庄河口 1974~2013 年共围垦滩涂 2338.39hm²，以养殖场和混合农场为主，占该岸段总围垦面积的 59.33%和 21.29%，以少量盐场和码头为辅。垦区主要为 20 世纪 70 年代中期至 80 年代后期开发的，年平均围垦量为 64hm²，90 年代后期有适量围垦，年平均围垦量达到 168.5hm²，2000 年以后围垦量较少。此外，该岸段垦区发展表现为由北及南的空间演变轨迹：70 年代围垦类型以盐场为主，并集中分布在绣针河口岸段；80 年代垦区利用类型以混合垦区为主，并集中分布在枳汪河口；垦区匡围活动集中在 90 年代后期，以养殖场为主，并伴有部分码头修建（表 3-2）。

表 3-2　绣针河口—兴庄河口垦区利用类型历史发展统计　　　（单位：hm²）

类型	1974~1983 年	1984~1993 年	1994~2003 年	2004~2013 年
码头	—	—	205.56	—
盐场	247.68			
养殖场	—	526.63	860.66	—
盐场、养殖场混合	497.86	—	—	—

注："—"代表无数据。

（2）兴庄河口—西墅。该岸段包括兴庄河口—临洪口—西墅，为基本稳定的粉砂淤泥质平原海岸，长约 26km，沿岸为海积平原，入海河流大多经人工开挖改造，流经黄土区，带来细粒沉积。沿岸陆地高程 2.0m，潮间带宽度为 3.0~4.0km，潮间带坡度 1.0%~2.0%，潮沟系统不发育。兴庄河口—西墅 1974~2013 年共围垦滩涂 2799.72hm²，垦区利用类型较为单一，以养殖场为主，占总面积的 93.23%，伴有少量盐场开垦（表 3-3）。垦区主要为 20 世纪 80~90 年代开发，年平均围垦量达到 81.1hm²，呈现先增后减的开发模式，并在 1984 年达到顶峰。另外，1999 年以及 2011 年围垦量相当可观。

表 3-3　兴庄河口—西墅垦区利用类型历史发展统计　　　（单位：hm²）

类型	1974~1983 年	1984~1993 年	1994~2003 年	2004~2013 年
养殖场	437.03	841.69	924.19	407.22
盐场	—	—	189.59	—

注："—"代表无数据。

（3）西墅—烧香河口。西墅—烧香河口为稳定的基岩海岸，长约 44km。岸线曲折，海滩狭窄，主要为中细沙海滩，间或有淤泥质海滩，滩涂发展较少。南端的连云港一带，泥沙回淤量随风而异。西墅—烧香河口 1974～2013 年共围垦滩涂2740.23hm²，垦区利用类型分为码头、盐场、养殖场三类，分别占 36.78%、35.08%、28.14%（表 3-4）。该岸段垦区开发主要分两个阶段：第一阶段为 1984～1987 年，其间有少量开垦，其中 1985 年开垦量达到 0.06×10⁴hm²；第二阶段为 2000 年后，呈现逐年增加趋势，2008 年达到顶峰，之后略有减少，年平均围垦量为 179hm²。盐场主要集中分布在西墅河口，养殖场则分布于烧香河口，码头主要分布在连云港及东西连岛海域之间。

表 3-4　西墅—烧香河口垦区利用类型历史发展统计　　　（单位：hm²）

类型	1974～1983 年	1984～1993 年	1994～2003 年	2004～2013 年
养殖场	—	771.04		—
盐场	—			961.23
码头				1007.96

注："—"代表无数据。

（4）烧香河口—埒子口。烧香河口—埒子口为侵蚀型的粉砂淤泥质海岸，该岸段属废黄河三角洲及其北翼海湾平原海岸，岸线平直，潮间带海滩较窄，宽 0.5～5.0km。沿岸陆地高程 2.5～1.3m，潮间带坡度 0.6%～0.25%。烧香河口—埒子口1974～2013 年共围垦滩涂 1708.54hm²，垦区利用类型主要为养殖场和码头，分别占 61.91%和 38.09%（表 3-5）。养殖场为 20 世纪 90 年代之前开垦，主要分布在埒子口；码头为 2010～2011 年新修建，发展港口产业。

表 3-5　烧香河口—埒子口垦区利用类型历史发展统计　　　（单位：hm²）

类型	1974～1983 年	1984～1993 年	1994～2003 年	2004～2013 年
码头	—	—	—	650.73
养殖场	619.64	97.35	340.82	—

注："—"代表无数据。

（5）灌河口—中山河口。灌河口—中山河口为侵蚀型的粉砂淤泥质海岸，岸线平直，潮间带较窄，潮滩宽 3km 左右。沿岸陆地高程 2.5～1.3m，潮间带坡度0.6%～0.25%。滩面平坦，只有少量的小潮水沟，剖面形态为微下凹形，目前侵蚀量较大的是 2km 以外的潮滩。这个区域除盐场有少量的块石护坡外，基本属于自然侵蚀。灌河口—中山河口 1974～2013 年共围垦滩涂面积达到 11361.94hm²，垦区利用类型主要为养殖场，面积达到 7577hm²；辅以部分盐场开垦，占总面积的 26.5%，并伴有少量农场以及加工厂（表 3-6）。垦区开发主要集中在 20 世纪 70 年代，平均年围垦面积达到 569.4hm²，以盐场、农场开垦为主；80 年代后围垦量较少，仅有少量养殖场，以开发渔业为主；90 年代后期加工厂开始出现，工业经济开发模式崭露头角。

表 3-6　灌河口—中山河口垦区利用类型历史发展统计　　　（单位：hm²）

类型	1974～1983 年	1984～1993 年	1994～2003 年	2004～2013 年
盐场	3015.32	—	—	—
养殖场	2209.69	4743.29	624.02	—
农场	469.19			
加工厂	—	—	300.43	—

注："—"代表无数据。

2）中段

（1）扁担河口—射阳河口。该岸段包括扁担河口—双洋河口—运粮河口—射阳河口，为侵蚀型的粉砂淤泥质海岸。海岸自北向南岸滩宽度逐渐增加，沿海潮滩宽度约 4km，面向开敞外海，岸线较平直；剖面高程逐渐增加，滩面坡度越来越缓，平均坡度为 0.04%～0.05%。入海河流较多，有淮河入海水道、苏北灌溉总渠及射阳河等。扁担河口—射阳河口 1974～2013 年围垦滩涂总面积达到 14310.16hm²，垦区主要利用类型包括农场、养殖场以及养种兼具的混合垦区，分别占该岸段总围垦面积的 12.96%、29.92%以及 57.12%，主要分布在双洋河口以南岸段，射阳河口垦区分布最为密集（表 3-7）。垦区开垦过程中，"九五"前期除 1982 年匡围量达到最高峰，垦区面积为 0.69×10⁴hm²，其余年份围垦面积相对较少，但垦区斑块平均面积较大；"九五"后期尤其是"十五"期间围垦年度连续性较强，年平均围垦面积达到 552.49hm²，但垦区斑块平均面积较小，呈现细长型沿岸分布。

表 3-7　扁担河口—射阳河口垦区利用类型历史发展统计　　　（单位：hm²）

类型	1974～1983 年	1984～1993 年	1994～2003 年	2004～2013 年
农场	—		1855.26	
养殖场	711.62	1173.45	2186.36	209.93
养殖场、农场混合	6938.94	1234.60	—	—

注："—"代表无数据。

（2）射阳河口—斗龙港。射阳河口—新洋港—斗龙港岸段为堆积型的粉砂淤泥质海岸，该段海岸自北向南岸滩宽度逐渐增加，潮间带浅滩宽 10～13km，剖面高程逐渐增加，滩面坡度越来越缓，平均坡度为 0.02%～0.04%。岸段间沿海面向开敞外海，岸线较平直。射阳河口—斗龙港是江苏省具有最宽岸滩的岸段之一，滩涂发育较为良好，1974～2013 年共围垦滩涂面积达到 17706.22hm²，垦区利用类型主要为盐场，3394.33hm²；养殖场，7437.88hm²；农场，6874.01hm²（表 3-8）。其中，1978 年开垦的盐场，目前已整改成以渔业养殖为主要经济收益的发展模式；1986 年开垦了一个大型农场，以芦苇、水稻为主要经济作物；"九五"后期垦区开发力度较前期加大，主要为养殖场，年平均围垦面积达到 953hm²，分布着丹顶鹤国家自然保护核心区，为围垦禁止开发区，区内只有少数人工鹤园生活馆，在保护丹顶鹤生存的基础上，开发旅游业。

表 3-8　射阳河口—斗龙港垦区利用类型历史发展统计 （单位：hm²）

类型	1974～1983 年	1984～1993 年	1994～2003 年	2004～2013 年
盐场	3394.33	—		
养殖场	—	—	5602.70	1835.18
农场	—	4267.60	2606.41	

注："—"代表无数据。

（3）斗龙港—王港口。该岸段包括斗龙港—四卯酉河口—王港口，为堆积型的粉砂淤泥质海岸。海岸自北向南岸滩逐渐加宽，潮滩宽阔，达 8～15km，剖面高程逐渐增加，滩面坡度越来越缓，为 0.04%～0.05%，沿海潮滩隔西洋水道与岸外东沙沙脊群相望，潮沟渐密集。斗龙港—王港口 1974～2013 年共围垦滩涂 39939.56hm²，围垦量居各岸段之首，该岸段垦区利用类型较为丰富，以养殖场以及种、养混合垦区为主，面积分别占岸段总面积的 35.06%以及54.24%，另外还开发有少量盐场、码头以及加工厂（表 3-9）。"九五"之前，该岸段开垦活动年份较少，但由于 1976 年以及 1977 年开垦的海丰垦区以及王港垦区，面积达到 2.17×10⁴hm²，占该岸段总面积的 54.33%，因此前期围垦量相当可观，1985 年后种植互花米草，促进栽种米草的潮滩淤积，平均高潮线随着米草的快速繁殖不断向海推进；而年际连续开发主要从"九五"后期开始，年平均围垦面积达到 1424hm²，部分码头以及加工厂开始兴建，其中大丰港交通运输十分便捷，集疏运条件具备，为江苏沿海中部及周边地区与国际市场接轨提供了便利。

表 3-9　斗龙港—王港口垦区利用类型历史发展统计　　　（单位：hm^2）

类型	1974~1983 年	1984~1993 年	1994~2003 年	2004~2013 年
码头	—	—	641.55	1290.56
盐场			1035.09	
养殖场	—	1857.21	9427.98	2716.78
农场、养殖场混合	21662.85			
加工厂				1307.54

注："—"代表无数据。

（4）王港口—梁垛河口。该岸段包括王港口—川东港口—东台河口—梁垛河口，为堆积型的粉砂淤泥质海岸。入海河流较多，南部为发育成熟的辐射沙洲根部，附近岸滩淤涨速度最快，潮滩宽阔达 8.0~15.0km，沿岸陆地高程 3.0~5.0m，潮间带坡度 0.02%左右（表 3-10）。王港口—梁垛河口 1974~2013 年共围垦滩涂25049.37hm^2，其中养殖场 10316.94hm^2，农场 12462.68hm^2，另外还有少量混合垦区及码头（主要是大丰港区）围建，占 7.74%及 1.32%。20 世纪 90 年代初期及之前垦区开发活动开展较少，除 1981 年开垦量达到 0.48×10^{4}hm^2 外，直到"九五"之前，围垦活动开发均有限，"海上苏东"战略提出之后，该岸段围垦活动活跃，年平均围垦面积达 1306hm^2。该岸段分布着国家级麋鹿自然保护区，属于围垦重点保护区。

表 3-10　王港口—梁垛河口垦区利用类型历史发展统计　　　（单位：hm^2）

类型	1974~1983 年	1984~1993 年	1994~2003 年	2004~2013 年
码头	—	—	—	331.79
养殖场	74.67	—	3659.24	6583.03
农场	4751.96	—	7710.72	—
养殖场、农场混合		1937.96		

注："—"代表无数据。

（5）梁垛河口—新北凌河口。梁垛河口—新北凌河口 1974~2013 年共围垦滩涂面积达 22509.83hm^2，以混合垦区为主，占 55.65%；养殖场和农场面积分别为4643.8hm^2 和 5205.71hm^2，另外伴有少量盐场开发（表 3-11）。垦区开发主要分三个阶段：前期主要集中在 1976~1984 年，年平均围垦面积达 1084hm^2；中期除1997 年匡围了三仓片垦区面积达 0.41×10^{4}hm^2 外，1985~2004 年这 20 年间围垦活动发展缓慢，后期 2005 年至今围垦开发力度加大，年平均围垦面积达 1102hm^2，主要集中在梁垛河口—方塘河口。

表 3-11　　梁垛河口—新北凌河口垦区利用类型历史发展统计　　（单位：hm²）

类型	1974～1983 年	1984～1993 年	1994～2003 年	2004～2013 年
盐场	—	—	134.06	—
养殖场	—	—	251.78	4392.02
农场	1705.60	98.56	678.96	2722.59
养殖场、农场混合	5627.76	1343.21	3724.10	1831.19

注："—"代表无数据。

（6）新北凌河口—掘苴口。该岸段包括新北凌河口—小洋口—掘苴口，为堆积型的粉砂淤泥质海岸。处于辐射沙洲根部的南部区域，潮滩长期处于淤涨状态。岸线平直，沿岸边滩较宽，达 7.0～10.0km，坡度较缓，滩面自然坡降大于 0.1%，潮沟数量较多。新北凌河口—掘苴口 1974～2013 年共围垦滩涂 8820.76hm²，以养殖场为主，达 5635.91hm²。此外，还有养、种混合垦区 1945.5hm²，加工厂 946.05hm²，农场 293.3hm²（表 3-12）。该岸段在 1996 年之前基本没有围垦开发，沿海岸线一直保持稳定；1996～2009 年，围垦开发得到极大重视，年平均围垦面积达到 620hm²，2000 年在洋口港附近进行围垦，兴建化工园区以及风电厂等以发展工业，随海岸滩涂围垦需求增加，围垦速度 2005 年之后剧增。

表 3-12　　新北凌河口—掘苴口垦区利用类型历史发展统计　　（单位：hm²）

类型	1974～1983 年	1984～1993 年	1994～2003 年	2004～2013 年
养殖场	20.03	—	821.96	4793.92
农场	97.65	—	195.65	—
加工厂			946.05	
养殖场、农场混合	—	—	1945.50	—

注："—"代表无数据。

（7）掘苴口—遥望港口。该岸段包括掘苴口—东凌港口—遥望港口，为堆积型的粉砂淤泥质海岸。沿岸边滩较宽，坡度较缓，滩面自然坡降大于 0.1%，潮沟数量较多。长期以来，该区域滩面处于逐渐淤涨状态，但是受潮滩外侧黄沙洋、烂沙洋等与岸平行的潮汐水道控制，向海淤涨空间有限。掘苴口—遥望港口 1974～2013 年共围垦滩涂面积 20225.28hm²，滩涂利用类型较为丰富，其中包括：养殖场 6521.06hm²，农场 5203.8hm²，混合垦区 3430.58hm²，码头 3589.41hm²，盐场 1480.43hm²（表 3-13）。该岸段前期开发围垦活动较为分散，几乎每 10 年才进行一次围垦：1974 年开垦了新北坎垦区以及王家潭垦区，1982 年开垦了东凌垦区，以及 1993 年完成如东新盐场；"九五"末期开始，围垦活动开始集中显现，尤其是"十五"和"十一五"期间该岸段围垦活动密集，围垦量呈现逐年增加趋势，年平均围垦面积达到 983hm^2。后期开发以建设码头等临港产业为主，洋口港位于此岸段。

表 3-13　掘苴口—遥望港口垦区利用类型历史发展统计　　（单位：hm^2）

类型	1974~1983 年	1984~1993 年	1994~2003 年	2004~2013 年
码头	—	—	—	3589.41
盐场	—	1260.11	220.32	—
养殖场	—	—	638.96	5882.10
农场	3146.55	—	301.45	1755.80
养殖场、农场混合	3430.58	—	—	—

注："—"代表无数据。

3）南段

（1）遥望港口—蒿枝港口。该岸段包括遥望港口—东灶港—大洋港口—蒿枝港口，为侵蚀型的粉砂淤泥质海岸，沿岸潮滩宽度较窄，滩面剖面呈斜坡形，坡度为 0.07%~0.12%，大部分潮滩处于稳定或微冲状态。遥望港口—蒿枝港口 1974~2013 年共围垦滩涂面积 7010.74hm^2，是以加工厂和码头为主导产业，养殖场为副业的岸段，其中加工厂 3359.6hm^2，码头 2811.72hm^2，养殖场 839.42hm^2（表 3-14）。2000 年之前沿岸垦区零星开发，面积较小，2000 年之后受海洋渔业经济发展的刺激，垦区呈现逐年增加趋势，年平均围垦面积达到 549hm^2。为大力实施沿海开发战略，大洋港口外形成海洋经济开发区，港口建设推动围垦力度不断加大，以满足码头等临港产业用地需求；东灶港外发展了机电、制造业、加工业等多功能复合工业园区，掀起了"改造老垦区，修建新垦区"的热潮。

表 3-14　遥望港口—蒿枝港口垦区利用类型历史发展统计　　（单位：hm^2）

类型	1974~1983 年	1984~1993 年	1994~2003 年	2004~2013 年
码头	—	—	—	2811.72
养殖场	144.82	189.39	505.21	—
加工厂	—	—	184.23	3175.37

注："—"代表无数据。

（2）蒿枝港口—圆陀角。该岸段包括蒿枝港口—塘芦港口—协兴港口—圆陀角，沿岸潮滩为基本稳定型的粉砂淤泥质海岸。该区域沿岸陆地高程 3.0～2.0m，潮滩宽度较窄，滩面剖面呈斜坡形，坡度为 0.07%～0.12%，因有长江泥沙补充，大部分潮滩处于稳定或微冲状态。蒿枝港口—圆陀角 1974～2013 年共围垦滩涂面积达 7943.14hm^2，利用类型以养殖场为主，占总面积的 64.09%，并伴有少量盐场、农场以及加工厂围建。该岸段围垦开发历史较为长久，除 20 世纪 80 年代只有零星围垦外，其余年份均有不同程度垦区开发，但集中开发主要从 2000 年之后开始，连续围垦力度较大，2000～2010 年年平均围垦面积达到 472hm^2。岸外垦区主要沿岸线呈狭长形开垦，而垦区利用类型随着经济利益的驱使也经历了"盐场—农场—养殖场—加工厂"等一系列演变（表 3-15）。

表 3-15　蒿枝港口—圆陀角垦区利用类型历史发展统计　　（单位：hm^2）

类型	1974～1983 年	1984～1993 年	1994～2003 年	2004～2013 年
盐场	706.08	—	—	—
养殖场	855.64	838.31	1709.97	1687.23
农场	—	—	1007.49	127.37
加工厂	—	—	—	1011.05

注："—"代表无数据。

2. 高程变化特征

结合 LiDAR DEM 数据，计算射阳南部至如东岸段四个县市区的年平均匡围高程（图 3-2），包括射阳南部岸段、大丰岸段、东台岸段、如东岸段，该岸段是江苏最为典型的淤长型岸段。结果表明江苏围垦高程综合拟合曲线斜率均为负［图 3-2（a）］，说明 1974～2013 年海涂围垦高程历经下降趋势。其中，大丰、东台和如东拟合曲线斜率更小，降幅较大，均达到 1.4m 左右。大丰由 20 世纪 70 年代的 3.4m 降至 2013 年的 2m［图 3-2（c）］；东台由 20 世纪 80 年代的 4.5m 降至 2013 年的 3.1m［图 3-2（d）］；如东由 20 世纪 70 年代的 4.2m 降至 2013 年的 2.8m［图 3-2（e）］。射阳南部因本身地势较低，匡围高程降幅较小，接近 0.5m［图 3-2（b）］。20 世纪 90 年代以来，东台匡围高程较之前呈现加速下降趋势：80～90 年代高程缓慢下降了 0.2m，90 年代之后的 20 年高程下降 1.2m，主要是由于 90 年代以前东台前期围垦数量较少，沿海滩涂资源储备丰富，尚可满足需求，围垦速度及高度受自然条件约束较大，而改革开放之后十年形成的城市化快速发展局面，人口膨胀及经济发展带来的耕地压力逐渐显现，东台向海开发的脚步开始逐渐加快，面对有限的滩涂资源，围垦目标只能不断由高潮位向低潮位进发，导致围垦高程加速下降。

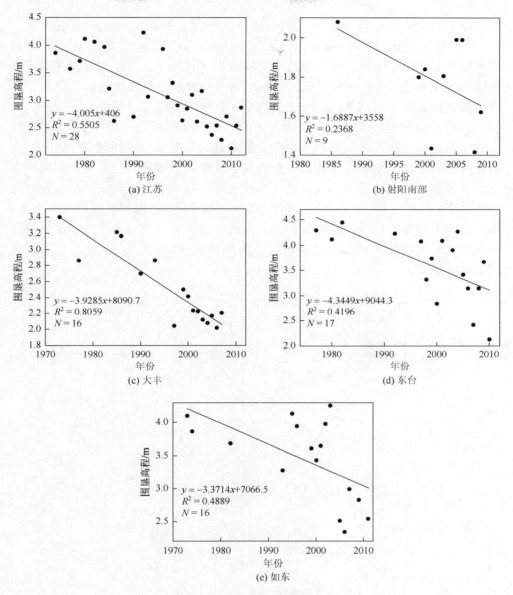

图 3-2　围垦高程演变趋势

　　根据匡围高程演变趋势可知，2013 年垦区匡围高程最低已接近 2m，海岸滩涂是指潮间带及其邻近水下浅滩。因此，本书根据 LiDAR DEM 数据分别统计沿岸 2m 以上至 2012 年已围海堤 0～2m、−2～0m 以及辐射沙洲等不同区间的未围海涂面积（图 3-3）。截至 2012 年，江苏沿海−2m 等深线以上未围海涂总面积为

21.03×10^{4}hm^2（含辐射沙洲），其中 2m 以上至现有海堤为 0.95×10^{4}hm^2，0～2m 为 5.89×10^{4}hm^2，–2～0m 为 2.81×10^{4}hm^2。高程 2m 的海堤区间内 2012 年未围海涂已十分有限，盐城市目前尚有 0.77×10^{4}hm^2，占江苏省该区间海涂的总未围垦量的 80.57%，主要分布在江苏岸外辐射沙洲根部的东台市内；南通市目前拥有 0.17×10^{4}hm^2，而连云港岸外目前可围海涂已稀缺。0～2m 内盐城市和南通市未围海涂储备分别达到 3.10×10^{4}hm^2 和 2.75×10^{4}hm^2，主要分布在射阳南部至如东岸外狭长的海岸带。射阳河口以南部分地段还以 10km^2/a 多的速度向海延伸，随着匡围技术不断提高，低潮围垦逐渐得以实现，该区间内海涂开发潜力巨大，是未来几年内江苏围垦重心发展区域。–2～0m 主要分布在南通市，目前拥有 2.53×10^{4}hm^2，分布在如东岸外；盐城岸外也有少量分布，集中在大丰和东台岸外，是辐射沙洲与陆地的交界处。另外，江苏中部沿海岸外发育成熟的辐射沙洲–2m 等深线以上面积达到 11.38×10^{4}hm^2，是江苏潜在的土地储备地。

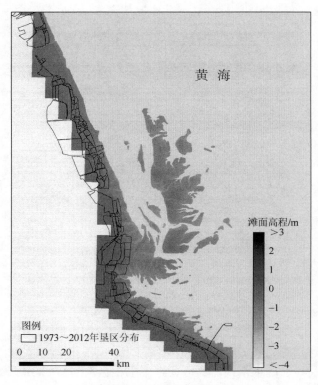

图 3-3　江苏沿岸高程分布

3.2　江苏沿海紫菜养殖区遥感提取

　　江苏中部沿海的新洋港口至小洋口，岸外发育有规模巨大、形态特殊的辐射沙脊群，潮滩面积超过 5000km^2，是典型的粉砂淤泥质潮滩分布区，为大规模潮滩养殖业提供了天然场所，是我国重要的海产品养殖基地，其中紫菜养殖发展最快。紫菜养殖始于 20 世纪 70 年代初，1999 年开始在遥感影像上显现。由于紫菜养殖需要选择潮流畅通、稍有风浪且位于小潮高潮线下的海区，紫菜养殖区多分布于沙脊向海一侧。潮水退去，沙脊出露时，从影像上可以清晰地看到规则排列的长条形滩面地物，潮水上涨，覆没沙脊时，也依然清晰可见，延伸方向多与潮水涨落方向一致。从养殖时间角度看，紫菜养殖下苗具体时间视水温及气温而定，养殖期多为冬春季，因此在成像时间为春季和冬季的遥感影像上可见，在秋季和夏季则没有。

　　由于自然因素和人类活动日益加剧，潮滩受到动态影响并面临严峻挑战（Pendleton et al.，2012；Kirby J R and Kirby R，2008）。由于沉积物供应减少，全球许多三角洲正在遭受侵蚀（Xu，2008；Syvitski et al.，2009；Blum and Roberts，2009；Rao et al.，2010；Yang et al.，2011）。自然因素如夏季和冬季的风暴潮，通过季节性地冲刷潮滩影响潮滩的稳定性（Ren et al.，1983；Shi and Chen，1996）。同时，人类活动也极大地改变了沿海沉积环境平衡状态，对生态系统和潮滩地貌演化产生了重大影响。因此，了解潮滩地形变化可以为环境管理、滩涂保护、沿海开发和经济开发提供基础信息和科学依据（Fagherazzi et al.，2009）。潮滩表面演变检测方法主要利用 SAR 和 LiDAR 数据，分别用于分类（Wang et al.，2016；Jung et al.，2015；Wang and Gade，2017）、提取（Adolph et al.，2017；Geng et al.，2016）、监测（Mason and Davenport，1996；Al Fugura et al.，2011）和光谱分析（Manzo et al.，2015；Adolph et al.，2017）。光学遥感影像具有重复观测、周期短、范围广等特点（Brockmann and Stelzer，2008；Valentini et al.，2015）。

　　从新洋港到小洋口是典型滩涂区，有最大的潮汐沙脊即南黄海放射状沙脊，位于近海，占地超过 5000km^2（Liu et al.，2012a，2012b）。潮汐模式特征是不规则半日潮，平均潮高范围为 2.5～4.0m（Xing et al.，2012）。沉积物主要由粉砂和砂组成，平均粒径范围为 2.5～7.1ϕ（Wang et al.，2012a，2012b）。四季分明（春季，3～5 月；夏季，6～8 月；秋季，9～11 月；冬季，12 月～次年 2 月）。作为典型潮汐动力区域，丰富的沿海湿地提供了适宜大规模水产养殖的自然资源，该地区已被确立为沿海水产养殖的产业带，是中国极为重要的海产品养殖区。紫菜（*Porphyra yezoensis*）养殖作为江苏水产养殖业的典型代表，是长江以北种植的主要藻类。1999 年以来卫星图像上就出现了水产养殖区域，分布在潮滩下部和沙脊海域 [图 3-4（b）]。当潮汐从沙脊中消失时，可以从遥感影像观察到

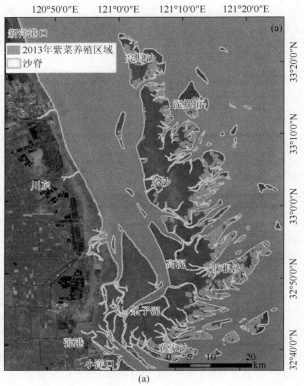

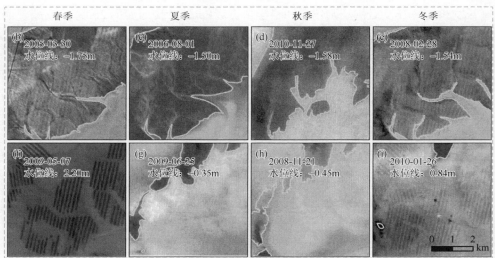

图 3-4　江苏中部沿海地区紫菜养殖区位置和分布

（a）2013 年紫菜养殖区域标准假彩色光学图像；（b）～（i）从 Google Earth 和田野调查中观察到的紫菜水产养殖区域的春季、夏季、秋季和冬季低水位和高水位光学图像；水位基准是平均海平面

规则分布的长条状表面特征［图 3-4（e）］，当潮汐上升并覆盖沙脊时，该特征仍然可见，其延伸方向几乎与潮汐波动方向一致。紫菜生长期主要在冬季和春季，而播种时间取决于水温和气温，在冬季和春季获得的卫星图像中可以观察到紫菜水产养殖区域。本章采用卫星遥感图像时间序列策略，以江苏中部沿海为研究区域，在遥感、地理信息系统和数值模拟技术支持下，采用水边线法构建了江苏中部沿海数字高程模型，并基于时间序列遥感影像绘制了紫菜养殖区域的空间分布图。

3.2.1　潮滩 DEM 构建与紫菜养殖提取

1. 潮滩 DEM 构建

本书以中高空间分辨率遥感影像为输入，通过滤波、增强、几何精校正、分割等方法对影像进行预处理，提取潮滩二值栅格图像，构建矢量水边线，并以 30m 为间隔将所有水边线离散成点，建立江苏中部沿海精细网格潮波数学模型，通过时空插值转换为小尺度模型并进行数值计算、潮位站（大丰港、新洋港等）观测数据及卫星测高数据（Jason-1）验证，反演卫星成像时刻江苏中部沿海的潮位空间分布，并由此插值获得每个水边线离散点的高程值（Liu et al.，2012a，2012b），再利用克里金插值建立 60m×60m 江苏中部沿海潮滩 DEM。

基于多时相遥感影像的水边线复合技术建立了 7 个季节性尺度 DEM，分别为 2008 年 12 月～2009 年 2 月、2009 年 3～5 月、2009 年 6～8 月、2009 年 9～11 月、2009 年 12 月～2010 年 2 月、2010 年 3～5 月和 2010 年 6～8 月，分别代表 2008 年冬季、2009 年春季、2009 年夏季、2009 年秋季、2009 年冬季、2010 年春季和 2010 年夏季。DEM 精度已在先前研究中得到验证，平均误差为 45.13cm（Liu et al.，2013a），潮滩 DEM 主要误差来源是水边线覆盖度、插值方法等（Liu et al.，2013b）。

2. 紫菜养殖区提取

由于紫菜养殖期多为冬春季，因此选择每年 1～5 月及 11～12 月成像清晰、云量较少的遥感影像。当潮位升高潮滩被浸没时，养殖区因支架高度仍然出露于海面之上，在影像特定的波段组合及拉伸方式变换后，养殖区与海水对比明显，区分度更大，因此从中挑选潮位较高、沙洲出露较少的遥感影像，在 ArcGIS 中数字化养殖区位置，得到养殖区线状矢量数据，并用该时期内其余影像（部分区域云遮挡或潮位较低，沙洲出露面积大）验证。由该线状数据建立 150m 缓冲区并合并，建立 1999～2013 年每年的养殖区面状矢量数据，计算其面积属性，分析空间扩张及面积增长规律。

3.2.2　沿海海洋养殖区扩张

　　紫菜养殖起初仅分布于蒋家沙及南部沿岸（1999 年），养殖面积仅 11.99km²。随着养殖技术不断发展，养殖区逐渐向沙洲北部及外围扩张，至 2006 年养殖区几乎都分布在沙洲向海一侧，2007 年起沙洲向岸一侧开始有养殖区建立，2011年后该区域养殖区趋于分散，数量也逐渐减少。至 2013 年亮月沙外围、东沙向海一侧、高泥向海一侧、竹根沙及蒋家沙已成为养殖密集区 [图 3-5（a～e）]。

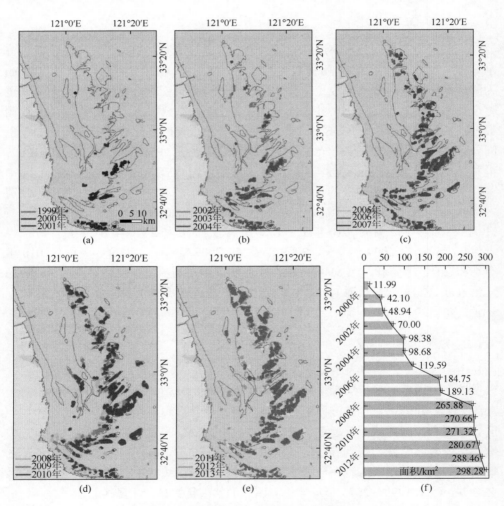

图 3-5　紫菜养殖区空间扩张及面积增长

（a）～（e）紫菜养殖区域空间分布；（f）增长曲线

养殖区面积自 1999 年起逐年增大，至 2013 年养殖区面积已达到 298.28km²。其中，1999～2008 年面积增速较快，达到平均 28.21km²/a，2007～2008 年增长最为迅速，一年内增量达到 76.75km²。2008 年后进入增长平缓期，增速仅 6.48km²/a[图 3-5（f）]。

3.3　本章小结

　　本章以 1974～2013 年多源多时相遥感影像为主要数据源，提取了江苏省 1974～2013 年 40 年的沿海垦区分布信息，并对其进行了高程计算和潜力分析，研究了紫菜种植区的演变特征。海岸带潮滩围垦遥感分析的主要结论如下：①40 年间，江苏海涂围垦的总面积为 18.52×10⁴hm²，其中盐城市 12.81×10⁴hm²，南通和连云港围垦面积分别为 4.78×10⁴hm² 和 0.93×10⁴hm²。县级区域中大丰、如东、东台以及射阳的围垦量较大，其中，大丰达到 5.46×10⁴hm²。②人工围垦过程中，江苏海涂匡围高程呈现出较为明显下降趋势，40 年降幅达到 1.4m 左右（除了射阳南部降幅接近 0.5m），而人口膨胀及经济发展带来的耕地压力导致 20 世纪 90 年代后东台市加快了向海开发脚步，匡围高程呈现加速下降现象。③截至 2013 年，江苏沿海−2m 等深线以上未围海涂总面积为 21.03×10⁴hm²（含辐射沙洲），其中 2m 以上至现有海堤未围海涂面积为 0.95×10⁴hm²，主要分布在盐城岸外；0～2m 未围海涂面积为 5.89×10⁴hm²，主要分布在南通岸外。

　　江苏中部沿海地区海洋养殖业快速发展等人类活动对潮滩形态有明显影响，针对这一问题研究使用中等分辨率 160 幅卫星图像建立了季节性数字高程模型（DEM），从 48 个时间序列卫星图像中提取了紫菜养殖区，计算面积并分析这些区域的空间分布和扩展。江苏沿海近岸紫菜养殖起初仅分布于蒋家沙及辐射沙脊南部沿岸（1999 年），而后逐渐向北部及向海一侧扩张，至 2013 年，亮月沙外围、东沙向海一侧、高泥向海一侧、竹根沙及蒋家沙已成为养殖密集区，养殖区面积由 11.99km² 增至 298.28km²。

　　综上，海涂资源经济价值高，开发过程中应同时考虑其对生态环境的影响，做到科学开发，合理利用，注重保护盐城湿地珍禽国家级自然保护区和大丰麋鹿国家级自然保护区两个国家级滩涂湿地自然保护区。根据江苏海岸不同岸段淤蚀状况，今后垦区开发利用应考虑江苏沿海地区经济发展状况、对新增土地需求迫切程度、垦后利用方式、不同岸段淤蚀状况和对围垦活动承受能力差异。特别是，围垦活动强度应当同时综合考虑围垦后经济和社会效益与围滩涂所在岸段自然淤蚀状况；通过滩涂围垦实现耕地总量动态平衡，应以滩涂总量动态平衡为前提；近年来围垦活动的起围高程均有所降低，围垦活动在各岸段已经不同程度地超出了滩涂自然淤长所能承受的强度。因此，应加强滩涂围垦管理，严格控制起围高程；大型土地利用项目应适当向中部沿海滩涂自然淤长速率较快的区域转移；在围垦后岸段实施必要的促淤工程，以缩短滩涂总量动态平衡条件下的围垦周期。

第4章　海岸带盐沼遥感提取及动态监测

盐沼是分布在海岸带的受海洋潮汐周期性或间歇性影响，覆盖有耐盐草本植物的咸水或淡咸水淤泥质滩涂（Silvestri and Marani，2004；王卿等，2012）。盐沼具有促淤护岸、废污净化、营养循环、食物供给等多种生态价值，被认为是海岸带上最有价值、最具活力的生态系统之一（Costanza et al.，1997）。然而，近百年来大范围的人类活动加快改变了盐沼的分布和组成，导致其生态价值日趋下降（Gedan et al.，2009）。因此，如何有效获取盐沼分布、演替、恢复等方面的信息并深入分析其对人类活动的响应越来越受到国内外学者们的关注（Baily and Pearson，2007；王爱军和高抒，2005；许艳和濮励杰，2014；钦佩，2006；Xie et al.，2011；Li et al.，2010）。

江苏中部沿海为粉砂淤泥质海岸，是江苏海岸淤积强度最大，潮间带堆积滩面最宽的地带，也是太平洋西岸、亚洲大陆边缘地带面积最大、自然状态良好的淤泥质滨海湿地。近百年来江苏中部沿海潮滩以 50~100m/a 的平均速度向海淤长。该区域海堤以外分布为滨海盐土类，堤内的垦区主要为潮土类，潮间带主要分布为滨海盐土，由陆到海依次分为沼泽滨海盐土、草甸滨海盐土和潮滩盐土 3 个亚类，其中，潮滩盐土土壤含盐量为 0.6%~2.0%，土壤有机质含量一般小于 0.5%；草甸海滨盐土土壤含盐量为 0.1%~0.6%，土壤有机质含量平均为 1.5%；沼泽海滨盐土土壤含盐量在 0.2%~0.8%，有机质含量在 1.0%以上，最高达到 4.0%以上，适宜发育成片的盐沼植物（戴科伟，2007）。沿海 90%以上为平原型淤泥质海岸，有大量细颗粒泥沙淤积，潮滩面积宽广，坡度平缓。潮间带宽度 3~6km，最宽达 10~30km，平均坡度 0.18%~0.19%，水下岸坡平缓，波浪消能显著。本区为暖温带向北亚热带过渡气候区，温度适宜。辽阔的淤泥质潮滩、低波能的环境、适宜的气候，为盐沼植被的形成和发育提供了有利条件，发育有大面积海岸盐沼（coastal saltmarsh）。海岸盐沼是位于潮间带高处，从平均高潮位至大潮高潮位，有规律地被海水淹没，生长着一片耐盐植物的泥质新生陆地。20 世纪 80 年代以来主要盐沼类型为原生盐沼（茅草、芦苇、盐蒿等）和人工盐沼（大米草和互花米草等）（图 4-1）。江苏省海涂资源丰富，面积居全国首位，辽阔的海涂上盐沼植被密布（Zhang et al.，2004）。为解决突出的人地资源矛盾，江苏沿海在中华人民共和国成立以来开展了多次大规模的滩涂围垦活动，导致盐沼的分布发生了巨大的变化（陆丽云，2002）。及时准确掌握盐沼分布格局的时空演变并深入分析其与滩涂围垦的关系，有助于充分评估海涂资源开发利用近状，促进形成兼顾经济与生态效益的江苏海涂开发机制。然而，目前对江苏海岸盐沼的研究多集中在外来盐沼（互花米草 *Spartina alterniflora*、大米草 *Spartina anglica* 等）的分布、扩张、促淤等方面（Li et al.，2010；Zhang et al.，2004；陈洪全等，2006；Wan et al.，2009；Qin et al.，1997；张忍顺等，2005；沈永明等，2002；刘永学等，2004c），较少涉及盐沼整体分布格局的演变，也很少探讨盐沼对滩涂围垦的响应。因此，本书以盐沼分布密集且围垦活动频发的江苏中部沿海为研究区，充分把握围垦活动下盐沼分

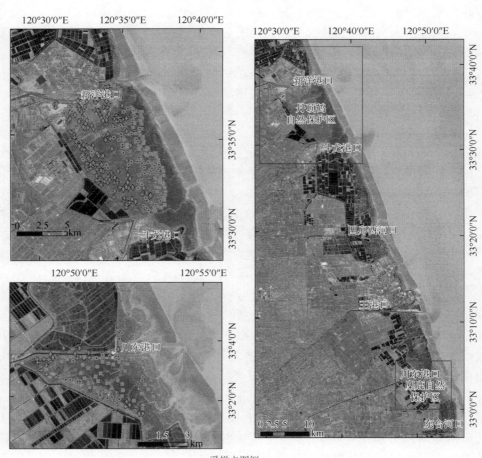

采样点图例

■ 互花米草　◇ 芦苇　╬ 白茅　◎ 碱蓬　△ 农田

图 4-1　研究区地理区位及观测采样位置

布与扩张规律,以为滩涂资源开发和环境保护提供决策支持。及时准确掌握盐沼分布时空演变并深入分析其与滩涂围垦的关系,有助于形成兼顾经济与生态效益的滩涂开发利用机制,实现滩涂资源的可持续利用。

4.1　时间序列重建与盐沼分类方法

利用 NDVI 时间序列进行盐沼分类,主要受到输入数据准确性和分类模型稳定性两大因素影响。首先,NDVI 数据采集与处理过程中,经常受太阳高度角、观测角度、云、水汽以及气溶胶等各种因素干扰,造成 NDVI 曲线变化趋势和物候表征指示并不明显(那晓东等,2007)。对于 MODIS 等传统低分辨率影像构建的长时序、短时序时间序列而言,通常采用序列重建技术进行滤波去噪处理,但对于本书所构建的中等分辨率影像、短时序、长间隔时间序列,使用滤波对本时间序列改进并探讨其必要性。其次,研究需要分类结果能反映输入特征变量与各地物类别判别关系,除了在分类时选择一个稳健的分类模型外,还要突显参与分类的各特征变量信息包含量。因此,选取 C5.0 决策树作为本书盐沼分类模型。以下主要介绍时间序列滤波方法和决策树分类模型。

4.1.1　江苏海岸带盐沼概况

1. 盐沼演变历史

江苏中部沿海原生盐沼植被由白茅(*Imperata cylindrica*)、獐茅(*Aeluropus littoralis*)、大穗结缕草(*Zoysia macrostachya*)、芦苇(*Phragmites australis*)、碱蓬(*Suaeda glauca*)等组成(张忍顺等,2005)。20 世纪开始外来物种不断被人为引入,造成盐沼种类随之发生演替变化。1963 年仲崇信等学者在中国大陆沿海滩涂试种大米草(*Spartina anglica*)获得成功。1979 年他们又从美国引进互花米草(*Spartina alterniflora*),并于 1982 年在江苏省沿海滩涂试种成功(张忍顺等,2002)。由于互花米草比大米草耐淹程度高,促淤能力也更强,因此互花米草逐渐取代了大米草而成为先锋物种(李婧等,2006)。1993 年以前互花米草盐沼面积较小,然而江苏沿海滩涂底质、气候以及近海潮汐动力等自然条件,非常适于互花米草生长繁殖,使其不断向海促淤生长,同时人工围垦等使得茅草和碱蓬盐沼大量减少,从而使得互花米草逐渐成为江苏中部沿海主要的滩涂植被群落。1996~2010 年,互花米草以 14.36%的年平均增长率惊人增长,其中 2002 年以前的增长率达到 16.59%(侯明行等,2014)。

大规模的人工围垦活动也是盐沼演替的重要原因。调查发现,1974~2012 年江苏沿海共开垦海涂面积 1986km² (Zhao et al., 2015), 主要分布在江苏中部沿海地区。2000 年以前, 江苏中部沿海的滩涂围垦活动主要集中在原生盐沼分布密集的潮上带和潮间带; 2000 年以后随着围垦技术的提高, 匡围高程逐步降低, 围垦活动不断向互花米草盐沼区域进发。有研究表明, 江苏中部沿海 1987 年盐沼面积为 324.40km², 1995 年面积达到最大值 391.11km², 随后面积不断减少, 至 2009 年留存面积为 316.64km², 其中, 85%的盐沼总消亡面积被开发利用转变为垦区 (孙超等, 2015)。如今新洋港口至斗龙港口间的丹顶鹤自然保护区和川东港口的麋鹿自然保护区成为江苏中部沿海盐沼种类较多且分布最密集的区域, 而斗龙港口至川东港口间的大部分盐沼已被水塘、养殖场取代, 仅在海堤外覆盖数百米的盐沼带。

2. 主要植被类型及生长分布特征

外来物种入侵与围垦活动的共同作用, 使江苏中部沿海覆盖的原生盐沼植被类型及其演替序列受到了很大的影响。目前盐沼滩涂上分布的植被类型主要包括互花米草、碱蓬、芦苇及部分茅草等, 向海一侧盐沼外缘由光滩与海间隔, 向陆一侧盐沼内缘则与人类开垦的农田、林地、养殖场等相邻; 受土壤盐度的限制, 各盐沼生态位不尽相同 (图 4-2)。诸多学者的研究表明, 盐沼植物的分布受到物理性胁迫 (如潮汐作用、土壤盐分含量、营养元素等) 和种间竞争等多种因素影响 (Crain et al., 2004; Ewanchuk and Bertness, 2004; Pennings et al., 2005), 因此物种多样性较低。另外围垦进度不同, 导致部分垦区内盐沼植被和农作物并存, 因此本书主要介绍白茅、芦苇、碱蓬、互花米草与农田这 5 类植被的特征。

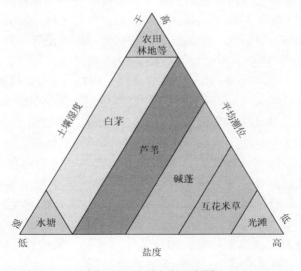

图 4-2　盐沼分布示意图

（1）白茅（*Imperata cylindrica*）。白茅平均株高 30～80cm，植株密度 64～88 株/m²。通常分布在土壤已完全脱盐或基本脱盐的极大高潮位附近或以上，被称为盐沼发育的最后阶段产物，基本可以用于开垦利用。野外实地调查显示白茅 3～4 月开始生长，7 月成熟，10 月开始枯萎（图 4-3）。

(a) 5月　　　　　　　　　(b) 7月　　　　　　　　　(c) 10月

图 4-3　白茅生长季节变化实地调查图

（2）芦苇（*Phragmites australis*）。株高 1.5～2.5m，最高可达到 4m，植株密度 64～88 株/m²。分布于大潮高潮位以上，春季芦苇群落较其他盐沼植被开始生长的时间早，9 月已开始枯萎，11 月则彻底衰亡（图 4-4）。

(a) 6月　　　　　　　　　(b) 9月　　　　　　　　　(c) 11月

图 4-4　芦苇生长季节变化实地调查图

（3）碱蓬（*Suaeda glauca*）。碱蓬是一年生多枝的广盐性盐生植物，株高 30～40cm，植株密度仅为 6～20 株/m²，分布于平均高潮位至大潮高潮位，4 月开始生长，植株高度和生物量在 7 月达到最大，10 月开始枯萎（图 4-5）。

(a) 4月　　　　　　　　　(b) 7月　　　　　　　　　(c) 11月

图 4-5　碱蓬生长季节变化实地调查图

（4）互花米草（*Spartina alterniflora*）。株高 1.5～2.5m，植株密度在 72～116 株/m²，隶属于禾本科米草属，是多年生草本植物，为江苏沿海的外来物种，原产美国大西洋沿岸，在江苏沿海主要分布于小潮高潮位至平均高潮位。互花米草在 4 月开始生长，生物量一般在 9～10 月达到最大，11 月进入生长后期，部分叶片或者植株开始枯黄，逐步枯萎衰亡（图 4-6）。

(a) 4月　　　　　　　　　(b) 9月　　　　　　　　　(c) 11月

图 4-6　互花米草生长季节变化实地调查图

（5）农田。江苏农田耕种的农作物以水稻、小麦、棉花为主，同时有玉米、大豆、花生以及各类蔬菜、瓜果等。为了提高农田利用率，通常采用以小麦-水稻、小麦-玉米/花生为主的一年两熟的耕作制度。通常在 10 月下旬播种冬小麦，来年 5 月中上旬收割，而在 5 月中下旬左右开始播种水稻、玉米、花生等作物，形成一年两熟的耕作模式（图 4-7）。

(a) 1月　　　　　　　　　(b) 3月　　　　　　　　　(c) 7月

图 4-7　农田生长季节变化实地调查图

4.1.2　时间序列滤波与结果评价方法

1. 常规滤波技术

目前，国内外学者相继研究出了多种时间序列数据集重建方法，大致归纳为三类：阈值法、曲线拟合法和基于滤波函数的平滑法。阈值法包括最佳指数斜率提取法（the best index slope extraction，BISE）、最大值合成法（maximum value composite，MVC）等；曲线拟合法主要包括非对称高斯（asymmetric Gaussian）函数拟合、Double Logistic 函数拟合法等；基于滤波的平滑方法主要包括 Savitzky-Golay 滤波法、时间窗口线性内插法（temporal window operation）、傅里叶变换法（Fourier transform）等（Hird and McDermid，2009；李天祺等，2015；李杭燕，2010）。研究选取 Savitzky-Golay 滤波、asymmetric Gaussian 函数拟合、double logistic 函数拟合法以及时间序列谐波分析（harmonic analysis of time series，HANTS）这 4 种典型的、运用最广的方法进行 NDVI 时间序列重建。

　　Savitzky-Golay 滤波（S-G 滤波）。Savitzky-Golay 滤波最初由 Savitzky 和 Golay 于 1964 年提出，是一种利用移动窗口内最小二乘卷积运算进行多项式拟合的方法（Savitzky and Golay，1964）。通过用一条曲线来拟合真实的 NDVI 时间序列，假设这条曲线为 $y = a_0 + a_1 x + a_2 x^2 + \cdots + a_n x^n$，将每个时刻代入这个曲线方程后，所得值与该时刻 NDVI 值之差平方和最小时，曲线拟合度最高，从而确定多项式系数 $a_i (i = 0, 1, 2, \cdots, n)$。最后通过式（4.1）计算出滤波后的新 NDVI 时间序列曲线：

$$Y_j^* = \frac{\sum_{i=-m}^{i=m} a_i Y_{j+i}}{N} \tag{4.1}$$

式中，Y_{j+i} 为原始 NDVI 时间序列；Y_j^* 为平滑滤波后 NDVI 时间序列；N 为滤波器长度，数值等于 $(2m+1)$，即滑动窗口长度；a_i 为第 i 个 NDVI 值权值系数。

　　因此，S-G 滤波通常需要手工设定两个参数，即滑动窗口长度 m 和多项式拟合的阶数 n。m 值越大结果越平滑，峰谷值相应会降低或升高；多项式拟合阶数 n 一般在 2～4，阶数越低结果越平滑，但容易引起误差。

　　Asymmetric Gaussian 函数拟合（A-G 滤波）。非对称高斯（AG）函数拟合由 Jonsson 和 Eklundh 于 2002 年提出，是基于不对称高斯函数的分段最小二乘拟合算法（Jonsson and Eklundh，2002），拟合函数基本形式为

$$f(t) = f(t; c_1, c_2, a_1, \cdots, a_5) = c_1 + c_2 g(t; a_1, \cdots, a_5) \tag{4.2}$$

式中，$g(t; a_1, \cdots, a_5)$ 为高斯函数：

$$g(t; a_1, \cdots, a_5) = \begin{cases} \exp\left[-\left(\dfrac{t - a_1}{a_2} \right)^{a_3} \right], \text{if } t > a_1 \\[3mm] \exp\left[-\left(\dfrac{a_1 - t}{a_4} \right)^{a_5} \right], \text{if } t < a_1 \end{cases} \tag{4.3}$$

式中，c_1 和 c_2 为控制模型函数曲线基准和幅度；a_1 决定了曲线波峰（波谷）位置；

a_2 和 a_3 决定了高斯函数左半部分曲线宽度和峰度；a_4 和 a_5 决定了高斯函数右半部分曲线宽度和峰度。

Double logistic 函数拟合法（D-L 滤波）。Double logistic 拟合法是 Beck 等（2006）提出的一种新算法，拟合函数的基本形式与非对称高斯函数拟合相似，属于分段拟合，具有相同的基本公式，不同的是

$$g(t;a_1,\cdots,a_4) = \dfrac{1}{1+\exp\left(\dfrac{a_1-t}{a_2}\right)} - \dfrac{1}{1+\exp\left(\dfrac{a_3-t}{a_4}\right)} \tag{4.4}$$

其中，a_1、a_3 决定曲线发生弯曲变化点；a_2、a_4 决定变化速率。

时间序列谐波分析（HANTS）。时间序列谐波分析是对傅里叶变换的一种改进，将时间序列表示为平均值和不同频率、幅度和相位的正弦函数组合（Roerink et al.，2000），其表达式为

$$y_i = A_0 + \sum_{j=1}^{m} A_j \sin(\omega_j i + \theta_j),\ i = 0,1,\cdots,N \tag{4.5}$$

式中，A_0 为谐波余项，等于时间序列平均值；A_j 为各谐波振幅；$\omega_j = 2j\pi/N$，为各谐波频率；N 为时间序列长度；θ_j 为各谐波初始相位；m 为谐波个数，$m = N-1$。

2. 时间序列重建判别指标

通过计算 Jeffries-Matusita 距离（JMD）将 5 类植被类型在 NDVI 时间序列上的差异进行量化，并探讨其可分性，评判各类重建时间序列对可分性改进效果。J-M 距离是描述两类别间特征子集可分性的统计量，因其对输入数据分布形式要求低，通用性较好，广泛用于度量地物间光谱可分性，如式（4.6）所示（Feilhauer et al.，2013）：

$$JMD = 2(1-e^{-B}) \tag{4.6}$$

$$B = \frac{1}{8} \times (m_i - m_j)^t \left\{ \frac{\sum i + \sum j}{2} \right\}^{-1} (m_i - m_j) + \frac{1}{2} \times \ln\left\{ \frac{\left| \left(\sum i + \sum j\right)/2 \right|}{\left|\sum i\right|^{1/2} \left|\sum j\right|^{1/2}} \right\} \tag{4.7}$$

式中，B 为两类地物 i 和 j 的巴氏距离（Bhattacharyya distance）（式 4.7）；m_i 和 m_j 为地物平均反射率；$\sum i$ 和 $\sum j$ 为协方差矩阵。JMD 取值在 0~2，值越大对应类间可分性越好，一般认为大于 1.9 时分离性良好；1.4~1.9 时分离一般；小于 1.4 时相似性较高分离困难。

为比较不同滤波方法对原始 NDVI 时间序列各类植被类间可分离性改进程度，研究引入一个总体改进率指标：

$$Y^* = \frac{\sum_{i=1}^{N}(Y_i^2 - X_i^2)}{N} \qquad (4.8)$$

式中，Y^* 为总体改进率；N 为植被类对总数；Y_i 为滤波后 NDVI 时间序列的植被类对 J-M 距离；X_i 为原始 NDVI 时间序列植被类对 J-M 距离。

4.1.3　海岸带盐沼分类方法

采用决策树分类模型能够直观建立分类规则，与常规监督分类以及非监督分类等方法相比，更能直观地挖掘特征变量与目标变量的关联性，便于与实际物候相联系。因此，本书选取基于信息增益率 C5.0 决策树模型，进行盐沼分类提取规则建立。与随机森林相比，C5.0 决策树更易于建立直观的分类规则，因而在遥感分类领域有着广泛的应用（De Colstoun and Walthall，2006；Funkenberg et al.，2014；Huth et al.，2012）。

1. C5.0 决策树构建

Quinlan 于 1979 年提出了决策树的鼻祖算法 ID3，后经不断演变改善逐渐形成了 C4.5 算法、C5.0 算法。C5.0 算法是在 C4.5 算法基础上进行改进而成的，分类依据主要是信息增益（information gain），选取信息增益率最大的特征变量对样本数据进行分类，它根据修剪严重性和叶节点最小样本数量，采用后向剪枝法对原始决策树进行修剪，以避免决策树"过度拟合"现象（柯新利和边馥苓，2010）。信息增益可表示为如下：将训练样本中参与分类的属性称为特征变量 A，样本最终归属类别称为目标变量 I，每一个特征变量都有其值 value。首先计算特征变量的信息熵（entropy），也是信息量数学期望，是指平均不确定性，公式如下：

$$\text{Entropy}(I) = -\sum_{i=1}^{m} p_i \log_2(p_i) \qquad (4.9)$$

式中，m 为目标变量 I 中的类别数，这些目标变量中的值（$I_1, I_2, \cdots, I_m$）的概率 $p_i = I_i/|I|$，$|I|$ 为训练样本集中的元组数量。则信息增益为

$$\text{Gain}(I, A) = \text{Entropy}(I) - \sum_{v \in \text{value}(A)} \frac{|I_v|}{I} \text{Entropy}(I_v) \qquad (4.10)$$

式中，v 为特征变量 A 中的值；I_v 为 I 中特征变量 $A = v$ 的子集。

为了减少信息增益，把数据集划分为更小的子集时产生的变量偏差，引入了分离信息（split information），公式如下：

$$SplitInformation(I, A) = -\sum_{i=1}^{m} \frac{|I_i|}{I} \log_2 \frac{|I_i|}{I} \qquad (4.11)$$

从而可以得到信息增益率（information gain ratio）：

$$GainRatio(I, A) = \frac{Gain(I, A)}{SplitInformation(I, A)} \qquad (4.12)$$

2. 决策树使用模式

出于不同研究目的的需要，本书基于 C5.0 决策树构建了三种模式，分别用于盐沼分类、时间序列压缩以及互花米草提取，模式如下。

模式一：盐沼分类提取。为提高盐沼分类精度，分类过程中增加了 Boosting 算法。Boosting 算法是指依次建立一系列决策树（后建立的决策树主要考虑之前被错分和漏分的数据），通过不同决策树间的投票来决定最终分类结果，最后生成更准确的决策树（温兴平等，2007）。因此，在 C5.0 决策树构建过程中设置的经验参数基础上，采用 Boosting 算法提高易混分盐沼分类精度，构建模式一，如下：采用随机抽样方式将筛选后的采样像元 50%作为 C5.0 决策树分类模型训练样本，剩余 50%采样像元用于模型精度验证样本。参数设置中，使用所有月份 NDVI 作为输入变量，修剪严重性取 0.25，叶节点最小样本数量取训练样本的 1%。同时，运用 Boosting 算法构建 10 棵决策树，通过投票最终决定每个像元的类别归属。

模式二：时间序列压缩。当时间序列运用在某些易变区域时，像元代表的区域会因为实际地物变化而发生变化，从而导致曲线的时间特征无法代表同一地物而造成分类误差。研究试图通过统计各月份 NDVI 对决策树构建的信息量贡献，对各变量进行重要性评价，从而确定盐沼分类的最佳时期，实现时间序列的压缩，以抑制易变区域的分类误差。变量重要性（importance rate of variable，IRV）评价是对参与决策树构建的各个特征变量重要性进行定量评估，综合考虑了决策树构建过程中各特征变量提供的信息增益率和变量使用率。假设决策树构建过程中有 n 个特征变量 A（$A_1, A_2, \cdots, A_n$）参与建树，则利用变量 A_i 进行分类的总训练样本数 $numA_i$ 为

$$numA_i = \sum_{j=1}^{m} splitnum(j) \qquad (4.13)$$

式中，m 为变量 A_i 参与分类次数；$splitnum(j)$ 为决策树第 j 次使用变量 A_i 进行分类时落入的训练样本数量。则变量 A_i 重要性比率计算公式为

$$IRV(A_i) = \frac{numA_i}{\sum_{i=1}^{n} numA_i} \qquad (4.14)$$

　　以图 4-8 为例，变量 A_1 在决策树中共出现两次，一次在树的根节点，此时落入全部训练样本数为 1000；另一次在树的中间过程，落入训练样本数为 400，总样本数为 1400。同理，其余各节点落入总训练样本数依次为 A_2 800、A_3 650 和 A_4 300，则计算 A_1 的变量重要性为 1400/(1400 + 800 + 650 + 300) = 44.4%，依次类推，可得其他变量重要性。因此，研究在模式一经验参数基础上，利用变量重要性评价方法构建模式二，如下：为保证输入月份变量重要性评价无偏性，模型构建中不使用 Boosting 算法。在参数设置中，使用所有月份 NDVI 作为输入变量，修剪严重性取 0.25，叶节点最小样本数量取训练样本的 1%。根据变量重要性大小筛选特征月份，进行时间序列压缩。

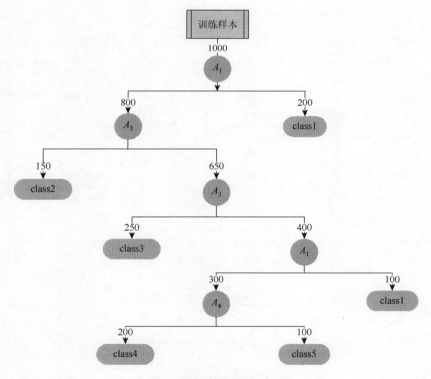

图 4-8　变量重要性示意图

　　模式三：互花米草提取。针对特定物种如互花米草等研究目标快速监测需求，获取准确且易于理解的提取规则。研究通过确定最少输入变量进行决策树构建。确定阈值的灵活性较大，当阈值设定较高时，生产者精度较高，相应造成的互花米草漏提较多；设定的阈值较低时，使用者精度较高，互花米草中容易混入一些其他类别盐沼，相应易造成错分现象。选取稳定阈值对互花米草提取至关重要。

因此，统计多次随机样本实验进行阈值确定，研究构建模式三，如下：将互花米草设为一类，其他各类盐沼植被以及农田归并为其他类，并选择模式二评判出的最佳月份 NDVI 作为输入变量，模型构建中不使用 Boosting 算法。在参数设置中，使用所有月份 NDVI 作为输入变量，修剪严重性取 0.25，叶节点最小样本数量取训练样本的 1%，最终选取划分最稳定的阈值进行互花米草提取。三种模式具体步骤如图 4-9 所示。

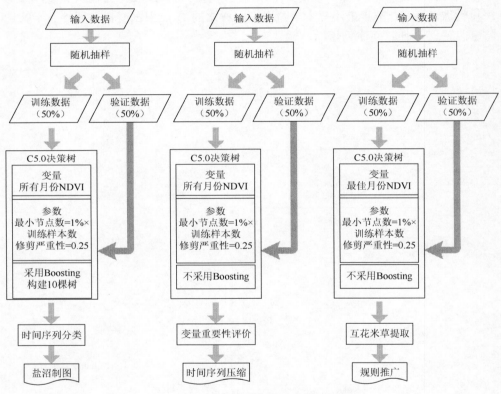

图 4-9　C5.0 决策树三种使用模式示意图

4.2　盐沼 NDVI 时间序列分析

滤波重建后的 NDVI 时间序列，需要确定最合适的结果作为决策树输入数据。研究对重建的时间序列曲线进行评价，选取最大程度保留原始信息的时间序列作为后续盐沼分类提取输入数据。同时分析各类盐沼在时间序列曲线上表现的差异，结合野外调查特征，为后续盐沼分类积累先验知识。本书将 Savitzky-Golay 滤波、asymmetric Gaussian 函数拟合、double logistic 函数拟合以及时间序列谐波分析等常规时间序列滤波方法，运用于所构建的月际 NDVI 时间序列，重建后曲线变化较小，部分特征点被平滑，各类盐沼地物的类间可分性（J-M 距离）的总体改进率下降，降低了各类差异信息，不利于后续分类。所构建的时间序列滤波方法，不适用于时间序列跨度长、研究范围广的特定情况，因此选取原始 NDVI 时间序列作为后续研究的输入数据。

通过对盐沼及农田 NDVI 时间序列进行分析，结合野外实地调查发现，各类盐沼以及农田因物候、覆盖度等条件不同，在 NDVI 时间序列上呈现较为明显的差异：农田因"一年双耕"制呈现明显的双峰现象，与盐沼时间序列曲线差异较大；碱蓬因植株密度低，受裸土影响其 NDVI 在整个生长季都低于其他盐沼；互花米草由于其相对滞后的物候期，11 月其他盐沼处于枯萎休眠期时仍具有较高的NDVI 值，为其提取提供了可能。

4.2.1　时间序列滤波结果与判别分析

1. 时间序列滤波结果

由于时间序列首尾数据缺失无法进行滤波拟合，本书通过首尾各连接 1 次时间序列形成长度为 36 的序列，使得中间部分头尾时间序列均能得到有效滤波拟合数据。构建后时间序列坐标依次标记为 1，2，3，…，36（图 4-10），滤波后截取刻度为 13～24 作为最后的时间序列分析提取输入数据。

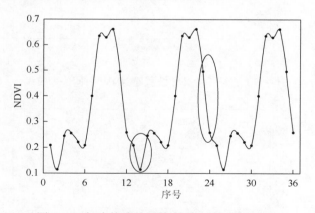

图 4-10　初步构建的原始 NDVI 时间序列曲线

由于 S-G 滤波、A-G 滤波、D-L 滤波以及 HANTS 这 4 种方法参数不同，代表意义也不同。针对研究区互花米草、碱蓬、芦苇、白茅以及农田 5 类不同植被，为了获得各类地物最佳时间序列重建效果，通过 TIMESAT 与 HANTS 软件经过多次参数试验（其中 S-G 滤波、A-G 滤波、D-L 滤波基于 TIMESAT 3.1.1，时间序列谐波分析基于 HANTS 软件），最终选取表 4-1 中参数，进行时间序列重建。

表 4-1　时间序列滤波方法参数设定

方法	参数	
S-G 滤波	滑动窗口，5	多项式拟合阶数，2
A-G 滤波	周期数，3	Spike 剔除，2；迭代次数，2；
D-L 滤波		上包络线拟合强度，2
HANTS 滤波	拟合周期，36；周期长度，6；频域个数，6；	
	有效值，[−1, 1]；拟合误差，0.05	

　　本书通过上述 4 种 NDVI 时间序列重构方法，对研究区 NDVI 时间序列影像进行滤波重建，最后统计 5 类地物的时间序列滤波后平均 NDVI 值曲线，结果如图 4-11～图 4-15 所示。

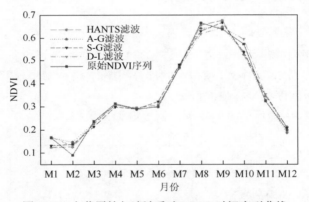

图 4-11　白茅原始与滤波重建 NDVI 时间序列曲线

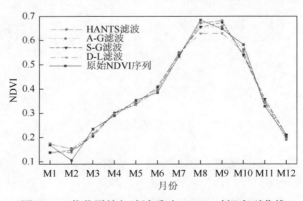

图 4-12　芦苇原始与滤波重建 NDVI 时间序列曲线

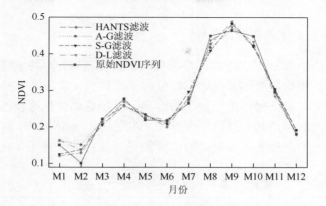

图 4-13　碱蓬原始与滤波重建 NDVI 时间序列曲线

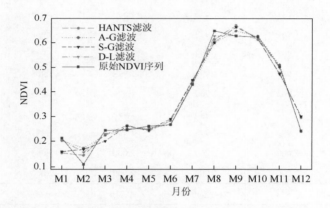

图 4-14　互花米草原始与滤波重建 NDVI 时间序列曲线

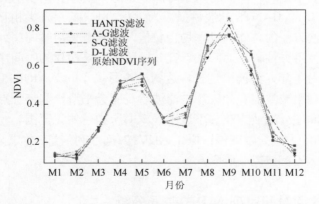

图 4-15　农田原始与滤波重建 NDVI 时间序列曲线

2. 时间序列重建结果判别分析

从各类盐沼、农田 NDVI 时间序列曲线上直观观察，4 种重建方法与原始时间序列相比区别不大，整体都在达到峰值的 9 月前后（农田是 5 月和 9 月）滤波的波动差异较大，部分峰值区域被平滑。为了更加直观定量比较各类植被运用不同滤波方法后的时间序列曲线信息可分性，本书统计原始 NDVI 时间序列与四类滤波重建后的时间序列各植被类对的 J-M 距离以及总体改进率（表 4-2）。

表 4-2　基于 J-M 距离各类植被可分性评价

植被类对	原始	S-G 滤波	A-G 滤波	D-L 滤波	HANTS 滤波
白茅芦苇	1.520	1.362	1.535	1.570	1.182
白茅碱蓬	1.955	1.939	1.907	1.927	1.855
白茅米草	1.961	1.972	1.963	1.962	1.905
芦苇米草	1.993	1.999	1.994	1.993	1.982
芦苇碱蓬	1.989	1.994	1.993	1.968	1.967
碱蓬米草	1.902	1.900	1.904	1.899	1.843
农田芦苇	1.991	1.995	1.993	1.984	1.970
农田白茅	1.993	1.998	1.994	1.991	1.974
农田碱蓬	2.000	2.000	2.000	2.000	1.999
农田米草	2.000	2.000	2.000	2.000	2.000
总体改进率	—	−0.040	−0.010	−0.009	−0.203

统计结果显示，4 种滤波与原始时间序列除了白茅和芦苇两类地物的可分性较低，在 1.5 左右，HANTS 滤波最低，为 1.182 外，其余几类相互可分性良好。然而，4 种滤波方法的总体改进率均为负值，意味着采用时间序列滤波以后，没有提高类间总体可分性，反而降低。究其原因主要是构建的时间序列的时间整体跨度不长，仅为 1 年，而间隔过长，达到 1 个月，不同于 MODIS 等构建的高频次时间序列，利用滤波能有效去噪，滤波后反而会平滑一些特征点，造成可分性下降，说明时间序列滤波方法并不适用于本书所构建的大范围、短时序、长间隔时间序列。因此，为最大限度保留原始 NDVI 时间序列信息，本书采用原始 NDVI 时间序列进行盐沼植被提取研究。

4.2.2　各类盐沼时间序列 NDVI 差异分析

NDVI 与植物冠层结构、水分含量、色素浓度等因素密切相关，这些因素往往又与植物物候特征紧密关联。本书按类别分别统计了各类盐沼与农田采样像元时间序列上的 NDVI 平均值与标准差（图 4-16），通过结合实地调查获得物候信息，关联分析各类盐沼植被、农田 NDVI 时间序列差异特征。

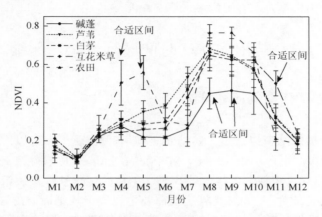

图 4-16　各类盐沼植被、农田采样像元平均 NDVI 时间序列变化曲线

从图 4-16 可以看出，农田因其特殊的"一年双熟"制呈现明显双峰现象，4 月、5 月农作物（主要是小麦和油菜）开始成熟，NDVI 值达到峰值，而此时各类盐沼植被大多处于新生期，NDVI 值较低。4 月、5 月农田与其余盐沼植被差异明显，可作为区分农田的特征物候期；8 月、9 月、10 月轮换耕作物（水稻等）达到成熟，NDVI 重新回到峰值。

除农田外 4 类盐沼植被长势总体相似：一年中前期长势缓慢，各类盐沼差异并不明显；6 月之后处于快速生长阶段，NDVI 值呈现陡峭的上升趋势，8 月、9 月达到成熟期后，NDVI 也达到峰值；随后开始进入枯萎阶段，曲线开始下降，直至 2 月降到最低。在 4 类盐沼植被中，碱蓬在各个时期的 NDVI 值都要低于其他盐沼，主要是由于其较低的植株密度，经常受裸土影响，而裸土在近红外波段的吸收作用强、反射作用弱。这种差异在其他植被生物量最大的成熟期，8 月、9 月时达到最大。因此，考虑在 8 月、9 月辨别碱蓬较为适宜。互花米草与芦苇生长趋势较为相似，唯一不同的是互花米草在 NDVI 达到峰值后下降趋势较为平缓，而芦苇与其他盐沼快速下降，这使得互花米草在 11 月的 NDVI 明显高于其他盐沼，NDVI 的波动区间与其他盐沼无重合区域，这为互花米草与其他盐沼的分离提供了可能。芦苇和白茅的 NDVI 时间序列较为相似，5 月、6 月芦苇稍高于白茅。

实地调查与上述结果相符。在每月的盐沼实地调查中发现，外来物种互花米草的物候滞后于原生盐沼（芦苇、白茅、碱蓬），具体表现在：4 月下旬，原生盐沼已开始生长［图 4-3（a）和图 4-5（a）］，而大多数互花米草仍然处于休眠期[图 4-6（a）]，只有少部分开始生长；到 11 月下旬，原生盐沼都已完全枯萎进入休眠期[图 4-4（c）和图 4-5（c）]，而互花米草刚刚开始枯萎[图 4-6（c）]。因此，互花米草的物候滞后性为其与原生盐沼的辨别提供了有利条件，可以利用 11 月前后 NDVI 从各类盐沼中快速提取互花米草。

4.3　盐沼 NDVI 时间序列分类与压缩

4.3.1　盐沼 NDVI 时间序列分类

C5.0 决策树算法可以通过 C、Matlab 等编程实现，也可以通过已经集成的数据挖掘商业软件平台，如 See5.0、SPSS clementine、R 软件等直接实现。本书通过 R 软件 C5.0 包实现。R 是一种开源、免费的优秀软件，决策树主要使用其 Rpart 包实现，R 软件中的 C5.0 算法不需要生成决策规则后，在 ENVI 等遥感图像处理软件中进行决策树构建对影像分类，而是通过对训练样本数据计算自动生成规则，从而直接对输入的预测数据运用规则进行分类判别，大大提高了分类的效率。

1. 分类结果及精度验证

采用 4.1.3 节中所述的模式一对构建的 HJ NDVI 时间序列进行决策树分类，图 4-17（a）为江苏中部沿海的整体盐沼分类结果，图 4-17（b）为盐城丹顶鹤自然保护区的盐沼分类结果，保护区内盐沼种类较丰富、面积较广，图 4-17（c）为麋鹿自然保护区盐沼分类结果，主要盐沼类型为互花米草。从盐沼分布结果图中可以看出，整个江苏沿海盐沼带呈现狭长条带状绵延分布，丹顶鹤自然保护区与麋鹿自然保护区盐沼保护较为完整，主要是由于人类开发围垦活动受到禁止。因此，保护区内部盐沼自然生长，较少受到破坏。丹顶鹤自然保护区保留盐沼类型较为丰富，靠海堤一侧分布着大量芦苇，混生少量白茅，再向海一侧逐渐生长成片碱蓬，最外侧则为互花米草，通过光滩与海相隔，保护区内整个盐沼带最宽处达到 9.2km；川东港口至东台河口之间的麋鹿自然保护区主要盐沼植被为互花米草，伴随少量碱蓬生长，海堤边上分布着少量芦苇与茅草。除了两个自然保护区，江苏中部沿海其余岸段，主要是斗龙港口至川东港口沿岸分布着狭长的盐沼带，面积较小，宽度较窄，最宽处不到 2km，且种类较为单一，以互花米草为主。可见，江苏中部沿海岸带景观由 20 世纪 80 年代白茅、芦苇、碱蓬、米草等组成的混合盐沼群落，已经转变为现如今大量单一的互花米草盐沼覆盖，一定程度上造成了生物多样性的降低和生态系统稳定性的下降。

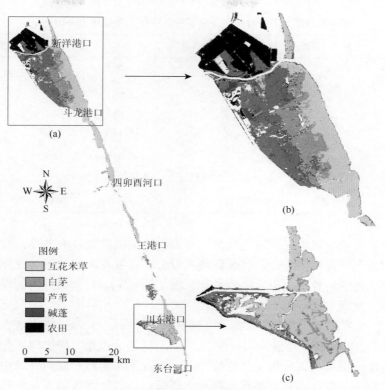

图 4-17　HJ NDVI 时间序列决策树分类结果

表 4-3 是利用混淆矩阵对盐沼分类精度评价，分类总体精度为 91.47%，Kappa 系数为 0.896。表 4-4 为不使用 Boosting 算法获得盐沼分类精度评价，分类总体精度为 88.55%，Kappa 系数为 0.861。可见，采用模式一运用 Boosting 算法，使得在时间序列上趋势相近的芦苇和白茅的分类精度有了较为明显的提高，从而保证了 5 种地物的用户精度与生产者精度在 85%以上。

表 4-3　HJ NDVI 时间序列分类精度评价（使用 Boosting）

	互花米草	碱蓬	芦苇	白茅	农田	使用者精度
互花米草	510	34	0	4	0	93.07%
碱蓬	24	484	0	8	6	92.72%
芦苇	6	8	450	36	4	89.29%
白茅	18	24	28	460	4	86.14%
农田	6	2	10	0	476	96.36%
生产者精度	90.43%	87.68%	92.21%	90.55%	97.14%	
	总体精度	91.47%		Kappa 系数	0.896	

表 4-4　HJ NDVI 时间序列分类精度评价（不使用 Boosting）

	互花米草	碱蓬	芦苇	白茅	农田	使用者精度
互花米草	490	58	0	0	0	89.42%
碱蓬	6	488	2	26	0	93.49%
芦苇	18	4	420	40	22	83.33%
白茅	46	14	60	412	2	77.15%
农田	0	0	0	0	494	100%
生产者精度	87.5%	86.52%	87.14%	86.19%	95.37%	
	总体精度	88.55%		Kappa 系数	0.861	

　　从分类结果可以看出，各类盐沼以及农田分类的结果较为准确，与实地调查过程中的分布状况较为吻合，错分现象主要分布在互花米草盐沼与光滩的交界、盐沼群落演替的边界以及部分潮滩易变区域（潮沟等）。对盐沼分类的误差来源进行了分析，发现主要有以下 3 点原因。

　　（1）互花米草与光滩交界。实地调查中碱蓬分布最为稀疏，植株密度仅为 6～20 株/m^2，植株间的裸地较为明显（图 4-5），这造成碱蓬对应影像像元的反射率综合了碱蓬冠层以及部分裸土光谱特性。而互花米草向海一侧的外缘由于扩张模式存在着新生的互花米草，并且植株密度较低，造成边缘处的互花米草与海水或光滩混合，形成的混合像元 NDVI 值偏低。由于本书没有将裸土（光滩）单独分为一类，造成了同时具有裸土混合的新生互花米草与碱蓬的混分现象，分类结果显示主要是将这些区域的互花米草外缘错分成了碱蓬。

　　（2）盐沼群落演替边界。实地调查中发现，由于互花米草与碱蓬的生态位较为接近，秋季后期部分互花米草种子落入碱蓬群落中，并在次年的春季陆续发芽生长。新生的互花米草的植株高度和植株密度较低，在 NDVI 时间序列上此段 NDVI 值偏低，分类中易与碱蓬群落混淆。另外，部分被转化为农田的新增垦区也是盐沼更替变化的多发区。人工修建的海堤阻断了潮汐作用，致使堤内滩涂干涸，在雨水等作用下底质脱盐，潮间带植被逐步向潮上带植被转变，造成垦区内盐沼混生，因此分类结果较为混杂。

　　（3）潮滩易变区域。潮沟系统频繁摆动、切滩截弯、旁向侵蚀、溯源侵蚀等活动导致了潮沟及附近滩面极不稳定。这一时期的滩面为盐沼，而在下一时期很有可能转变为光滩或被海水淹没，同时原来是泥滩的滩面可能会新生长出盐沼。另外，潮沟周围大多为盐沼、泥滩、海水组成的混合像元，导致潮沟附近区域成为时间序列分类的困难区域。由于麋鹿自然保护区潮沟系统发达，盐沼分类结果并不十分理想，潮沟周边的互花米草错分现象较为严重。

2. 分类结果与常规方法比较

为了与常规分类进行对比试验，研究使用相同的训练样本与验证样本分别对
12 个月的 HJ CCD 影像（经过几何校正、辐射定标与大气校正的 4 个原始波段）
进行单时相输入的决策树分类，分类方法同模式一，并进行精度评价，各单时相
月份分类精度与 Kappa 系数如图 4-18 所示。从精度评价结果来看，单时相影像分
类精度基本维持在 60%～80%，平均总体精度为 72.49%；Kappa 系数维持在 0.55～
0.75，平均为 0.679。与常规方法单时相分类方式相比，本书所构建的月际 NDVI
时间序列盐沼分类方法，其总体精度提高 18.98%，Kappa 系数提升 0.217，对于
盐沼分类改进效果显著。

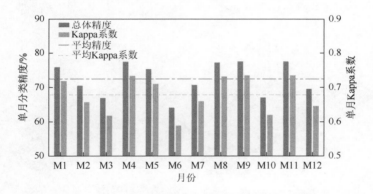

图 4-18　单月 HJ CCD 影像波段分类结果精度评价

选取图 4-18 中分类精度最高的 2 个月——11 月（总体精度 77.56%）和 4 月
（总体精度 77.48%）分别进行盐沼分布制图，通过与时间序列盐沼分类制图进行
差值运算比较分类结果，探讨时间序列分类的优势，如图 4-19 和图 4-20 所示。
从 11 月单时相分类结果来看，互花米草分类较为准确，漏分较少；芦苇漏分严重，
主要被误分成为白茅，芦苇和白茅长势相近，光谱极为相似；碱蓬漏分主要分布
在与互花米草、芦苇交界的边缘处；白茅漏分较少，主要是错分目标；农田与互
花米草存在一定程度的错分，但数量较少。

从 4 月单时相分类结果来看，互花米草出现漏分，丹顶鹤自然保护区内特别
明显；碱蓬漏分现象与 11 月类似，主要存在混合生长的边界以及潮沟边缘区域；
芦苇漏分现象较 11 月有所好转，但仍然较为严重；白茅出现少量漏分，主要分布
在海堤边上；农田也存在部分漏分现象。

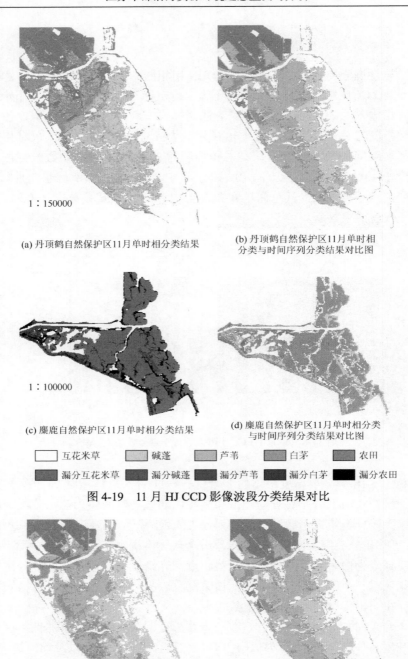

1 : 150000

(a) 丹顶鹤自然保护区11月单时相分类结果

(b) 丹顶鹤自然保护区11月单时相
分类与时间序列分类结果对比图

1 : 100000

(c) 麋鹿自然保护区11月单时相分类结果

(d) 麋鹿自然保护区11月单时相分类
与时间序列分类结果对比图

| 互花米草 | 碱蓬 | 芦苇 | 白茅 | 农田 |
| 漏分互花米草 | 漏分碱蓬 | 漏分芦苇 | 漏分白茅 | 漏分农田 |

图 4-19　11 月 HJ CCD 影像波段分类结果对比

1 : 150000

(a) 丹顶鹤自然保护区4月单时相分类结果

(b) 丹顶鹤自然保护区4月单时相
分类与时间序列分类结果对比图

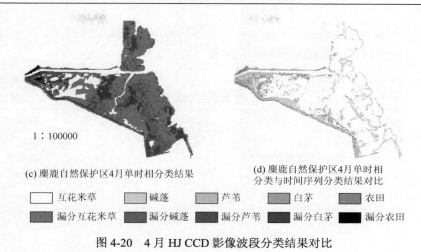

1 : 100000

(c) 麋鹿自然保护区4月单时相分类结果　　(d) 麋鹿自然保护区4月单时相
　　　　　　　　　　　　　　　　　分类与时间序列分类结果对比

☐ 互花米草　　■ 碱蓬　　■ 芦苇　　■ 白茅　　■ 农田

■ 漏分互花米草　■ 漏分碱蓬　■ 漏分芦苇　■ 漏分白茅　■ 漏分农田

图 4-20　4 月 HJ CCD 影像波段分类结果对比

可见，较常规单时相的影像分类方法，加入物候特征的时间序列有助于提升分类精度，减少错分、漏分，尤其是在光谱相似性较强的物种之间（如芦苇和白茅）以及混合生长区域（如碱蓬与互花米草交界），分类效果的改善较为明显。

4.3.2　盐沼时间序列压缩

与单时相影像分类不同，时间序列方法分类结果的好坏除了取决于地物特征变量的区分度外，往往还受控于研究时期内分类对象稳定性：若研究时期内物种组成与分布较为稳定，则分类精度较高，反之分类精度较低。本区域随时间变化而发生变化的主要因素，包括盐沼群落生长边界的物种演替以及与潮汐密切相关的潮沟系统，也正是盐沼分类结果主要的误差来源。因为群落边界以及潮沟等区域并非固定不变的，盐沼群落不同的生长期以及形态敏感多变的潮沟系统，在时间序列上的表征是随时间不断变化的。因此，部分像元在时间序列上的曲线并未因地物不同而有变化，从而为时间序列分类方法带来较大程度的误差。因而，挑选出尽量少、最低程度引入噪声，但同时能反映物种差异的影像时期，对时间序列进行压缩显得十分必要。本书对参与决策树分类的各个月份变量重要性进行评价分析，进而挑选出最优月份进行分类，以减少易变区域的分类误差。

1. 变量重要性评价分析

采用模式二不使用 Boosting 算法，将训练样本与验证样本合并后，经过 500

次随机抽取 50%样本进行重复试验，统计各月份 NDVI 重要性的平均值以及标准差，获得各月份 NDVI 变量重要性评价表（表 4-5）。

表 4-5　变量重要性评价表　　　　　　　　　　　　　（%）

月份	平均值	标准差	累计
M5	25.43	4.47	25.43
M11	21.83	1.70	47.26
M7	16.31	1.26	63.57
M9	14.14	3.99	77.71
M4	8.82	3.64	86.53
M10	6.28	0.54	92.81
M8	5.11	3.39	97.92
M6	0.97	2.22	98.89
M2	0.51	1.48	99.40
M1	0.44	1.39	99.84
M3	0.16	0.87	100
M12	0	0	100

　　统计结果显示，各月份变量重要性差异明显，时间序列中并非所有月份均对决策树构建产生积极贡献，其中，5 月、11 月重要性较高，7 月和 9 月次之，4 月、10 月和 8 月较低，其余几个冬季月份最低。结合 C5.0 决策树产生的决策规则，探讨各月份变量分类重要性：5 月重要性比率达到 25.43%，也是决策树开始生长的根节点，通过 5 月将农田与其他盐沼植被开始区分开来，是农田的最佳区分物候月份；其次是 11 月，通过 8 月的辅助，分离了混有的少量碱蓬，提取了互花米草，是互花米草与其他盐沼区分的最佳物候期；7 月的树节点开始区分各类盐沼：除 9 月分离少量农田、10 月分离部分白茅外，主要是用于分离大量的碱蓬；由于芦苇和白茅较难区分，决策树运用较多变量进行这两类盐沼植被的分离，而这些变量由于 500 次随机试验中训练样本的差异而使用不稳定，每次出现的概率不一致，但总体用于分类贡献率的较少，这就是排名在后的几个变量重要性低，且波动性大的原因。

　　统计各变量重要性累计值，图 4-21 中显示重要性排名前七的月份重要性累计值已经达到 97.92%，基本可以包含盐沼分类所需的差异性信息，说明对于江苏中部沿海而言，4～11 月是进行盐沼植被以及农田区分的重要时期；而冬季（12 月～次年 3 月）几个月份重要性累计约 2%，说明其在决策树构建中较少被使用到，冬季各类植被休眠，是盐沼、农田最难区分的时期。

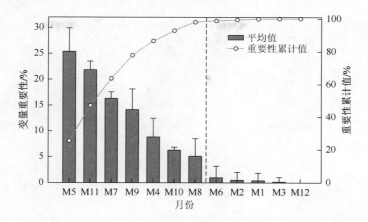

图 4-21　变量重要性统计图

2. 时间序列重要月份选取与压缩效果

为减少易变区域对时间序列分类中造成的误差，研究通过压缩原始时间序列，探讨分类效果的改变程度。通过统计得出时间序列各月份变量重要性结果，按重要性顺序对原始时间序列依次进行逐月压缩分类制图，分析比较盐沼提取的变化情况，如图 4-22 所示。

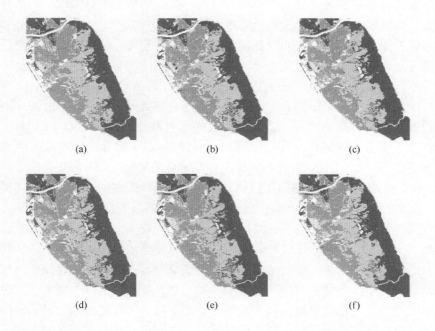

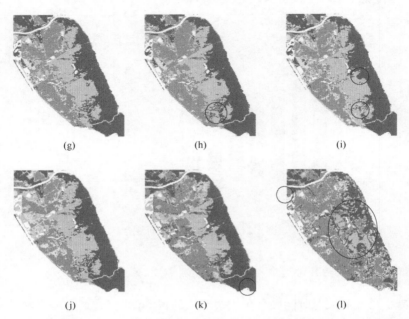

图 4-22　NDVI 时间序列逐月压缩分类结果（丹顶鹤自然保护区）

（a）～（l）依次为重要性排名前 12、11、10、…、2、1 的时间序列盐沼分类结果

丹顶鹤自然保护区内盐沼种类较为丰富，盐沼演替混生范围较广，是分类误差主要分布来源，时间序列压缩结果对比显示：图 4-22（a）～（f）中分类结果较为相似，图 4-22（g）～（l）开始逐渐出现不同变化，圆圈内表示盐沼压缩分类结果与实地调查中存在的几处较为明显的分类误差。图 4-22（a）～（f）中出现的盐沼分布变化主要为一些混生边界的小碎斑，说明时间序列长度由 12 个月压缩到 7 个月时分类结果较为稳定，只存在一些边界处的误分；而当时间序列继续压缩到 6 个月时，开始出现一些较大斑块的聚集漏分，如图 4-22（g）圆圈中出现的芦苇被错分为农田；持续压缩到 4 个月时，芦苇漏分现象严重，主要被错分为碱蓬［图 4-22（i）］，并伴随着少量互花米草的漏分；当时间序列压缩到 3 个月时，农田开始出现漏分［图 4-22（j）］；直到时间序列压缩成单一时相时［图 4-23（l）］，盐沼之间漏分、误分严重，已经无法达到准确分类的要求。

麋鹿自然保护区内潮沟系统发达，像元易变性较大，属于时间序列上误差的另一个主要来源。为精确比较时间序列压缩在易变区域的分类结果，研究将逐月压缩后的盐沼分类结果与原始时间序列分类结果进行差值运算，对比该区域盐沼相对原始时间序列分类结果的漏分情况（图 4-23）。图 4-23（a）中的浅灰色区域在原始时间序列的结果中被分类为碱蓬，然而实际应为互花米草生长的潮沟的边缘区域，由于潮沟的涨落潮、摆动变化等，其时间序列曲线与碱蓬较为接近而被

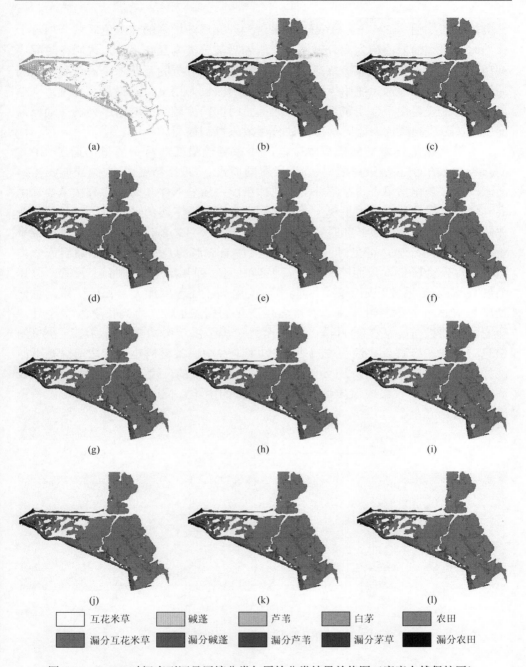

(a)　　　　　　　　　　(b)　　　　　　　　　　(c)

(d)　　　　　　　　　　(e)　　　　　　　　　　(f)

(g)　　　　　　　　　　(h)　　　　　　　　　　(i)

(j)　　　　　　　　　　(k)　　　　　　　　　　(l)

	互花米草		碱蓬		芦苇		白茅		农田
	漏分互花米草		漏分碱蓬		漏分芦苇		漏分茅草		漏分农田

图 4-23　NDVI 时间序列逐月压缩分类与原始分类结果差值图（麋鹿自然保护区）

（a）～（l）依次为重要性排名前 12、11、10、…、2、1 的时间序列盐沼分类结果分类为碱蓬；图 4-23（b）～（1）中表现为开始逐渐增多的深灰色区域（相对于原始时间序列的差值称为漏分碱蓬）在压缩后被分类为互花米草，说明在时间序列压缩过程中，该区域碱蓬逐渐减少，重新被正确分类为互花米草，这表示压缩后的时间序列在潮沟系统附近的分类效果有所改良，精度得到提高。可见，压缩后的新特征变量由于使用了数量较少且起止时间跨度较短的时间序列，在潮滩易变区域，分类结果比原始时间序列的分类效果得到提高。

本书将训练样本与验证样本依次减少重要性最低的月份变量，通过 SPSS Clementine 的 C5.0 决策树模型（参数设置同模式二）进行精度评估，结果如图 4-24 所示。精度变化结果表明盐沼分类的总体精度在随着 NDVI 时间序列按重要性由高到低逐月压缩的过程中呈现一个先微微上升再快速下降的过程，Kappa 系数变化趋势与总体精度一致。在时间序列长度大于 7 个月之前，精度结果总体保持平稳略微上升的趋势，可见时间序列重要性排名靠后的几个月份被压缩后，分类结果精度不会降低，反而略有上升；但当时间序列开始压缩到 6 个月时，总体精度与 Kappa 系数开始下降，并随着时间序列压缩程度加大，长度变短，总体精度与 Kappa 系数持续下降。精度发生变化的拐点是时间序列长度为 7 个月，即变量重要性排名前 7 的月份，这 7 个月包含了决策树构建所需的将近 98% 的信息。因此，选取重要性前 7 个月的 NDVI 参与决策树构建进行盐沼分类不但能保持分类精度不减少，还可以减少遥感影像收集的广度，从而减少因受多云雨天气等影响，收集成像质量好的遥感影像的困难，同时可以减少多余的变量带来的信息冗余。

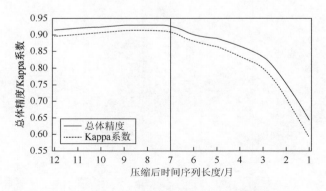

图 4-24　NDVI 时间序列逐月压缩精度变化图

3. 与其他压缩方法对比

本书中时间序列压缩可以视为将多维数据进行降维，只不过前者在压缩后减少消耗大量数据处理的时间与空间之外，还能减少噪声，提升易变区域的分类准确性。常规的数据降维基本原理是通过线性或非线性变换，将高维或多维空间的数据集映射到低维空间中，从而获得一个原始数据集的低维表示，达到降低数据维数的目的（胡永德，2014）。常规降维方法主要包括主成分分析（principal component analysis，PCA）、独立成分分析（independent component analysis，ICA）、线性判别分析（linear discriminant analysis，LDA）、局部线性嵌入（locally linear embedding，LLE）等（臧卓等，2011），本书将原始时间序列分别利用主成分分析变换、最小噪声分离（minimum noise fraction rotation，MNF）进行数据降维，并与基于变量重要性（IRV）的时间序列压缩效果进行对比，验证压缩效果（图 4-25）。

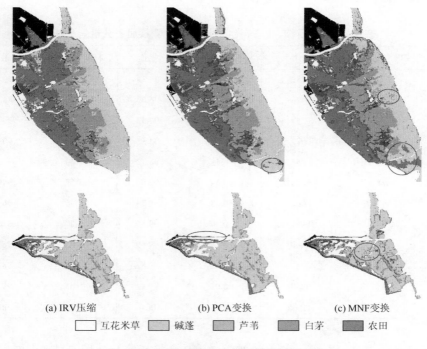

(a) IRV压缩　　　　　　　(b) PCA变换　　　　　　　(c) MNF变换

☐ 互花米草　　▨ 碱蓬　　▨ 芦苇　　▨ 白茅　　▨ 农田

图 4-25　三种压缩方法盐沼分类制图对比

PCA 变换是指以原始数据均值为原点重新定义一个坐标系统，通过旋转坐标轴使数据的方差达到最大，生成的新输出波段是原始波谱波段的线性合成，它们之间互不相关（宗春莉，2010）。变换后的第一主成分包含百分比最大的数据方差，第二主成分则包含第二大的方差，以此类推，最后的主成分波段由于包含非常小的方差通常显示为噪声。研究者们经常利用主成分分析法以及监督分类方法基于时间序列 NDVI 进行分类研究（张明伟，2006）。

　　MNF 变换。最小噪声分离变换通过最小噪声分离，对数据维度进行压缩，本质为两次层叠的主成分变换。第一次变换使变换后的噪声数据拥有最小的方差并且波段间不相关，用于分离和重新调节数据中的噪声；第二次变换则是对噪声白化数据（noise whitened）进行标准主成分变换。MNF 变换将数据空间分为两部分：一部分为较大特征值相对应的数据分量，其余部分为单位特征值对应的噪声分量。变换后各分量按信噪比从大到小排列，第一分量集中了主要信息，随着分量增加，噪声逐渐加大（刘汉丽等，2011）。将原始时间序列分别运用 PCA 变换和 MNF 变换后，采用模式二统计各分量信息量、累计值，并与 IRV 压缩方法进行对比，各分量信息如表 4-6 所示，其中，B1、B2、…、B12 代表变换后按信息量由大到小依次排列的各分量。

表 4-6　IRV 压缩、PCA 变换以及 MNF 变换后各分量信息统计　　　（%）

项目	IRV 信息量	累计	PCA 信息量	累计	MNF 信息量	累计
B1	25.43	25.43	87.31	87.31	79.57	79.57
B2	21.83	47.26	8.76	96.07	5.01	84.58
B3	16.31	63.57	1.49	97.57	3.85	88.43
B4	14.14	77.71	0.75	98.31	2.51	90.94
B5	8.82	86.53	0.41	98.72	2.40	93.34
B6	6.28	92.81	0.34	99.06	1.57	94.91
B7	5.11	97.92	0.28	99.34	1.36	96.27
B8	0.97	98.89	0.20	99.54	1.00	97.27
B9	0.51	99.40	0.15	99.69	0.86	98.13
B10	0.44	99.84	0.13	99.82	0.78	98.91
B11	0.16	100.00	0.09	99.92	0.63	99.54
B12	0.00	100.00	0.08	100.00	0.46	100.00

　　从表 4-6 中可以看出，PCA 变换与 MNF 变换后第一分量信息量占有比例非常高并呈现迅速递减的趋势。PCA 变换后第一分量信息量达到 87.31%，第二分量与第一分量累计信息量就已超越 95%；MNF 变换第一分量达到 79.57%，但与本书研究方法 IRV 压缩类似，累计前 7 分量时信息量总和超过 95%。

　　为对比降维后各分量信息差异，本书采用相同的训练样本点与验证样本点获取这三种变换后的前 7 个分量，作为输入的特征变量，利用 C5.0 决策树进行盐沼分类制图，并进行精度评估，如表 4-7 所示。

表 4-7　IRV 时间序列压缩分类精度评价

	互花米草	碱蓬	芦苇	白茅	农田	使用者精度
互花米草	514	32	2	0	0	93.80%
碱蓬	16	486	0	20	0	93.10%
芦苇	4	8	454	36	2	90.08%
白茅	18	10	34	472	0	88.39%
农田	2	0	8	0	484	97.98%
生产者精度	92.78%	90.67%	91.16%	89.39%	99.59%	
	总体精度	92.62%		Kappa 系数	0.909	

PCA 变换后前 7 个分量进行决策树盐沼分类总体精度达到 89.01%，Kappa 系数为 0.866（表 4-8），比 IRV 时间序列压缩法分别低 3.61% 与 0.043。制图结果 [图 4-25 （b）] 较 IRV 时间序列压缩后分类制图结果来说，盐沼更加破碎化，不同种类盐沼之间的混分严重，白茅使用者精度仅为 77.53%，大量互花米草、碱蓬与芦苇被错分为白茅；其余各类盐沼使用者精度与生产者精度均不同程度比 IRV 时间序列压缩分类结果精度低。

表 4-8　时间序列 PCA 变换后分类精度评价

	互花米草	碱蓬	芦苇	白茅	农田	使用者精度
互花米草	504	28	4	12	0	91.97%
碱蓬	28	474	4	16	0	90.80%
芦苇	0	8	444	50	2	88.10%
白茅	28	44	36	414	12	77.53%
农田	0	2	8	4	480	97.17%
生产者精度	90.00%	85.25%	89.52%	83.47%	97.17%	
	总体精度	89.01%		Kappa 系数	0.866	

MNF 变换后前 7 个分量的决策树盐沼分类结果总体精度、Kappa 系数与 PCA 变换后结果类似（表 4-9），但比 IRV 时间序列压缩方法的结果低 3% 与 0.035。制图结果中出现部分靠近光滩边缘的互花米草被错分为芦苇及少量碱蓬的情况 [图 4-25（c）]，在麋鹿自然保护区潮沟系统边缘的互花米草被错分为碱蓬，导致使用者精度降低为 89.78%；部分白茅被错分芦苇、碱蓬以及互花米草，导致其生产者精度仅为 81.66%。由此可见，根据变量重要性（IRV）进行时间序列压缩的盐沼分类结果要优于经过线性变换后的 PCA 与 MNF 对时间序列压缩的分类结果。PCA 与 MNF 在进行信息变换时，尽管将主要信息集中保留在第一分量与第二分量，往后

急剧减少，但牺牲了多维信息对地物类别的分类表达，造成盐沼分类时错分漏分现象严重；基于 IRV 的时间序列压缩则通过分类中运用到的变量重要性信息，由于它本身包含了特定的物候特征，在分类中更有助于提高结果的精度。因此，本书所用的基于变量重要性的时间序列压缩方法相比常规的多维数据降维压缩方法有一定的优越性，在舍弃部分变量的同时保留了最主要的各类地物特征，从而为其分类提高了精度。

表 4-9　时间序列 MNF 变换后精度评价

	互花米草	碱蓬	芦苇	白茅	农田	使用者精度
互花米草	492	28	16	12	0	89.78%
碱蓬	38	456	0	28	0	87.36%
芦苇	6	2	430	66	0	85.32%
白茅	8	20	30	472	4	88.39%
农田	0	0	12	0	482	97.57%
生产者精度	90.44%	90.12%	88.11%	81.66%	99.18%	
总体精度	89.62%		Kappa 系数	0.874		

同时，基于 IRV 的时间序列压缩方法降低了影像收集的难度，扩宽了时间序列方法的适用范围。这种方法也可为用于构建时间序列的高分影像的挑选提供参考。虽然不同影像由于成像时间和影像质量等的差异，同一天成像时刻相近的影像，大气校正后的反射率存在一定的差异，但是从长期来看，不同传感器遥感影像的植被指数多数变化趋势是大体一致的。这意味着在构建好短时距 HJ 时间序列的基础上，通过在各类盐沼分布较纯的区域少量采样，在 HJ 时间序列上挑选出用于分类或提取的最佳时期也是适用于其他高分影像的，这就为高分影像的筛选提供了指导。

4.4　海岸带互花米草盐沼提取

4.4.1　海岸带互花米草提取

江苏中部沿海大范围分布的外来物种互花米草是国内学者们的研究热点，为快速、大范围精确提取互花米草，本书基于前两章的分析，选取互花米草与其他各类盐沼以及农田差异性最大的月份作为输入的最佳月份，采用决策树模式三，进行互花米草提取分析。

1. 阈值选取分析

作者研究发现若在分类中提前将农田样本剔除，仅针对 4 类盐沼植被进行决策树构建，结果显示各月份的变量重要性变化较大。因此，本书通过将训练样本与验证样本合并后随机抽取 50%重复试验 500 次，统计的时间序列各变量重要性如图 4-26 所示。研究地物仅考虑 4 种盐沼植被时 5 月的重要性降低，而 11 月和 7 月的重要性显著升高：其中 11 月重要性达到 29.92%，相比之前提升了 8.09%；7 月升高了 5.93%，达到 22.24%；其余几个月份（12 月～次年 3 月、6 月）依旧较低，对决策树构建贡献较小。

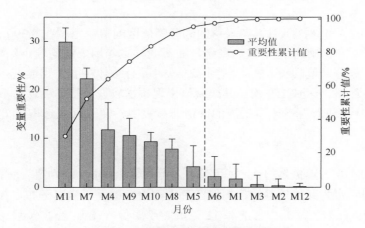

图 4-26　四类盐沼变量重要性统计图

在野外调查中发现 11 月互花米草具有特殊物候——其余盐沼均枯萎进入休眠期，互花米草进入成熟后期，刚开始枯萎；农田进入第二季耕作期，冬小麦等农作物 11 月刚进入出苗期，但由于生态位差别较大，容易与互花米草区分。利用 11 月单时相进行盐沼分类时，发现尽管各类盐沼错分现象严重，分类精度总体较低，但互花米草的分类结果较为准确，精度较高。因此，将 11 月 NDVI 作为决策树模型的唯一输入变量探讨互花米草的提取效果。本书将互花米草样本保留，其余样本分为其他类，采用模式三构建决策树。在决策树构建中，由于在该月互花米草与其他种类盐沼 NDVI 区分度较高，决策树往往只进行一次生长，划分的阈值即为确定互花米草与其他类盐沼的阈值。为充分考虑样本的波动性避免误差，随机抽取 50%样本重复试验 500 次，观察阈值的分布特征。统计 11 月 NDVI 的决策树划分阈值的频次分布以及分类精度，结果如图 4-27 所示。

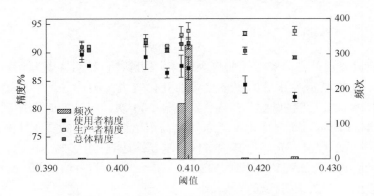

图 4-27 11 月互花米草提取阈值分布与精度水平

由图 4-27 可知，11 月互花米草的划分阈值区间覆盖范围在 0.390～0.430，变化范围很小，说明阈值选取较为稳定，在不同样本作用下波动较小。随机试验中以 0.410 为划分阈值的占 65%，达到 325 次，并且总体精度达到最高；阈值 0.409 次之，占 31.8%，达到 159 次；其余阈值出现频次较低，基本可忽略不计。可见，对 11 月 NDVI 进行互花米草提取的阈值非常集中，便于直观选取确定。

2. 互花米草提取结果

选取 0.410 为阈值，将 11 月 NDVI 大于或等于 0.410 的判定为互花米草，小于 0.410 的判定为其他类盐沼，提取江苏中部沿海的互花米草分布，如图 4-28 所示。图 4-28（a）为江苏中部沿海 11 月 NDVI 影像，（b）、（c）、（d）分别为沿岸三段，（e）为互花米草分布提取总结果，（f）、（g）、（h）为相应 3 个区域互花米草提取结果。可以看出，互花米草总体分布结果较为准确，总体精度达到 91.70%。除了在丹顶鹤自然保护区有部分其他类盐沼被误分为互花米草 [图 4-28（f）中圆圈

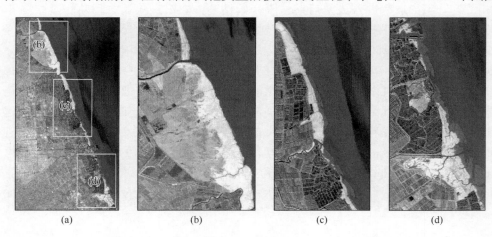

(a)　　　　　　　　(b)　　　　　　　　(c)　　　　　　　　(d)

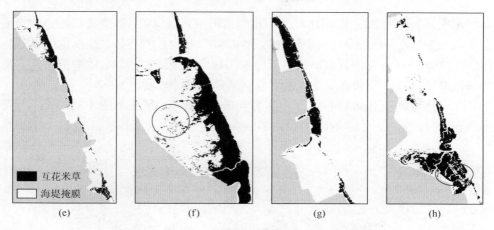

图 4-28 11 月 HJ 影像 NDVI 互花米草提取结果

内] 以及麋鹿自然保护区内部分潮沟的影响导致潮沟边缘的互花米草漏提 [图 4-28 (h) 圆圈内] 外, 总体而言, 对于单时相的提取结果来说精度达到要求, 提取结果较为良好。

4.4.2 不同时间不同传感器的应用推广

为进一步探讨互花米草提取方法的适用性, 在时间维度选取输入影像探讨不同时间不同传感器的应用推广性。收集了江苏中部沿海 2001 年 11 月 23 日的一景 Landsat5 TM 影像, 经过预处理步骤后, 根据张忍顺等 (2005) 的研究, 结合经验人工选取少量互花米草与其余盐沼的训练样本与验证样本, 采用模式三随机试验 500 次获取互花米草提取规则。图 4-29 为 2001 年 TM 影像互花米草提取阈值分布与精度水平。

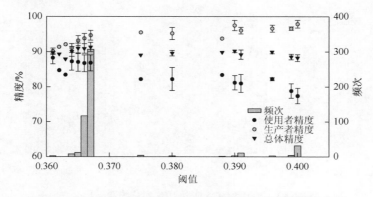

图 4-29 2001 年 TM 影像互花米草提取阈值分布与精度水平

　　本次试验的阈值出现与图 4-29 中相似的阈值聚集现象，即决策树划分的阈值主要从 0.367 处开始划分，出现频次达到 307 次，占 61.4%；频次次高值为 0.366，达到 117 次；区间内的其余阈值出现概率均较低，呈现非常明显的峰值。两个高峰阈值非常接近，非常直观地显示了互花米草的划分规则。

　　本书选取阈值 0.367 进行 2001 年的互花米草提取，结果如图 4-30 所示，互花米草在 2001 年 11 月的 NDVI 仍然明显高于其他各类盐沼植被，在 NDVI 影像

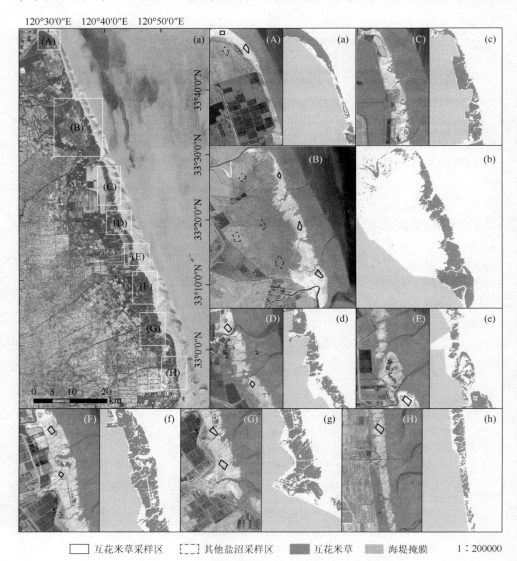

图 4-30　2001 年 TM 影像互花米草提取结果分布

中互花米草呈现高亮状态。决策树分类总体精度达到 91.37%，使用者精度为 86.83%，生产者精度达到 94.71%，互花米草整体分布与局部形态均与张忍顺等的调查结果相符，部分错分区主要分布在丹顶鹤自然保护区内部［图 4-30（b）］，其余沿岸各岸段互花米草分布均较为准确。

　　可见，在土壤、气候、水文等状况不发生突变的条件下，植物所表现出的物候特征较为稳定。因而，从 NDVI 时间序列中获取的物候规律具有一定的通用性。在一段时间、一定范围内不同传感器获取的影像上都较为适用。同时，江苏中部沿海地区在秋末冬初时天气良好，影像成像质量较高，通过多源影像收集，对外来物种互花米草大范围快速提取并监测其变化将成为可能。同理，若在构建的时间序列上，存在监测物种与其余物种差异显著的一段时期，则可以像本书提取互花米草一样，通过收集少量甚至一景影像，以信息增益率为依据，建立该物种提取的规则。由于在时间序列上表现出的物候规律对不同传感器影像具有一定的普适性，这样，通过多源遥感影像的收集，对该物种的定期（年际或更短）大范围快速监测将成为可能。

4.5　本章小结

　　遥感技术的发展使得对地观测水平得到极大提升，尤其是为大范围、快速的植被监测提供了良好的技术手段。但是，常规的中等分辨率遥感影像易受到同物异谱和异物同谱现象影响，不利于盐沼类别的精细区分；高空间、高光谱分辨率影像来源有限、成本昂贵，难以应用于较大范围的区域。时间序列方法可有效监测植被物候变化，为大范围物种识别带来了契机。基于此，选取具有高时间分辨率（2d）、中等空间分辨率（30m）的国产 HJ-A/B 影像构建了月际 NDVI 时间序列，分析了时间序列对各类盐沼分类的优越性；在比较各时期 NDVI 重要性基础上，说明了时间序列压缩的必要性；在总结盐沼物候变化规律的基础上，论证了单时相提取外来物种互花米草的可能性。本章主要结论如下。

　　（1）运用时间序列方法能够有效改善盐沼分类效果。针对时间序列影像对几何校正的高精度要求，采用了基于 Forstner 算子的自动匹配精校正方法进行像元级别配准，并通过辐射定标、Flaash 大气校正以及 NDVI 计算等系列预处理，构建了月际 HJ NDVI 时间序列，并选取了 4 种典型、运用最广的方法进行 NDVI 时间序列滤波去噪重建，判别了不同滤波方法的时间序列重建效果。结合每月研究区野外实地调查采集的样方与盐沼长势状态，分析各类盐沼在时间序列上的曲线差异特征。

　　（2）采用时间序列压缩提高了潮沟等易变区域的分类精度。利用决策树对 HJ

NDVI 时间序列进行盐沼分类研究，比较了时间序列与常规单时相方法的盐沼分类优势。针对易变区域容易造成时间序列的分类误差，本书分析了 HJ NDVI 时间序列中各月份的变量重要性（IRV），并按重要性顺序逐月压缩时间序列，分析其分类结果变化；对比常规多维数据压缩方法 PCA 和 MNF 变换的盐沼分类效果，评价 IRV 压缩效果。

（3）基于物候的特殊月份提取互花米草的方法较为稳定，且适用性较好。结合互花米草与其他各类盐沼物候区别与变量重要性分析结果确定提取互花米草的最佳月份，建立互花米草提取的规则；基于植物物候特征在一定时期内的稳定性特征，将此方法推广至不同时期不同传感器的影像进行试验，并探讨该方法的可行性。

第 5 章 海岸带潮滩地貌遥感反演与动态分析

潮滩是平均高潮和平均低潮之间的区域（Dyer et al.，2000；Chen et al.，2008），作为重要的沿海地貌系统，潮滩可为野生动植物提供栖息地，为区域发展提供资源，并为土地提供缓冲区以抵御风暴潮等自然灾害（Allen，2000；Murray et al.，2012）。因此，监测滩涂地貌演变对环境保护、资源管理和沿海可持续发展至关重要（Chen and Chang，2009）。然而，潮滩通常是复杂的动态环境，代表了陆地和海洋系统中物理、化学和生物过程的综合影响（Le Hir et al.，2007；Mariotti and Fagherazzi，2010；Zhou et al.，2016a，2016b）。地形测量、地表沉积物、岩心采样、回波测深和水动力调查是估算潮滩形态变化的常规方法（Shi et al.，2014；Liu et al.，2013c），由于可及性差，潮滩暴露时间短和时空覆盖不足，这种实地调查受到很大限制（Cho et al.，2010），无法对海底滩涂进行连续、立体和全面的监测。

遥感与实地测量相结合是一种更有效、更灵活的监测潮滩的方法（Butler and Walsh，1998；Ryu et al.，2008），包括以下几个方面：①地面视频成像。这使得能够从时间序列帧图像确定三维现实世界（x，y 和 z）位置（Plant and Holman，1997；Plant et al.，2007），但这种基于特定地点的地面方法是固定的，也仅限于局部的覆盖范围（Gens，2010）。②机载成像。机载激光探测与测距（LiDAR）是目前最精确的传感器技术，在潮间带中的应用日益增加（Blott and Pye，2004；Chust et al.，2008；Klemas，2011）。然而，由于其成本高（Pflugmacher et al.，2012）、时间频率低（Klemas，2011）以及数据缺乏，尤其是对大范围的潮滩，很难基于 LiDAR 数据对海平面进行时间序列分析，同时过去几十年航空影像也面临类似问题。③星载成像。各种卫星获取的定期中等分辨率（10～100m）图像为监测滩涂提供了替代数据源。

由多个卫星图像记录，在不同卫星时间，潮汐水平变化通常会使潮滩形态演变趋势变得复杂（Guariglia et al.，2006；Liu et al.，2012a）。为了克服潮汐变化影响，已有研究尝试执行三维地形分析以估计潮滩演变趋势，如广泛采用水线检测方法（WDM）[使用卫星图像时间序列构建潮汐平面数字高程模型（DEM）]，其是从宏观到中观规模的潮汐平面地形测量技术（Mason et al.，1995）。目前，WDM 已成功应用于全球许多潮间带平坦区域，如英格兰沿海地区（Mason et al.，1995；Lohani，1999；Blott and Pye，2004；Scott and Mason，2007；Mason et al.，2010；Mason et al.，1999）、荷兰瓦登海沿岸潮滩（Niedermeier et al.，2005；Heygster et al.，2009）、法属圭亚那亚马孙衍生泥滩（Anthony et al.，2008）、韩国沿海潮滩（Ryu et al.，2008；Lee et al.，2011）、中国沿海潮间带（Chen，1998；Zhao et al.，2008；Liu et al.，2013a；Kang et al.，2017），以及大湖滩底部地形（Feng et al.，2011；Zhang et al.，2016），但潮汐、波浪和其他沉积因素变化导致滩涂地貌高度动态变化，很少有研究进行形态变化长时间序列定量估计。基于 WDM 构造高分辨率 DEM 的主要策略是收集尽可能多的各潮汐条件下图像（Ryu et al.，2008）。因此需要高时间密度和高质量（具有明显的水线）卫星图像来表征滩涂演化趋势。

自 1972 年 Landsat-1 卫星发射以来，许多具有高时空和频谱分辨率的卫星，每天以 TB 的速率获取图像（Li and Bretschneider，2007），但由于成本高昂和访问困难，基于中等分辨率卫星图像的地理过程时间序列分析仅限于大面积和粗略的时间步长（Masek et al.，2006），或小范围内短时间步长（Sonnenschein et al.，2011）。开放数据政策，包括 Landsat 数据可用性政策（Woodcock et al.，2008）、地球观测数据共享计划以及中巴地球资源卫星（CBERS）、HJ 卫星数据网络共享计划（Guo et al.，2012）和其他卫星数据合作项目（Stone，2010），彻底改变了地球观测数据在教育、研究和应用中的使用（Loveland and Dwyer，2012；Wulder et al.，2012）。因此，来自多颗卫星的数据极大地扩展了密集时间序列分析潜力，可用于研究自 1972 年 Landsat 1 卫星发射以来潮滩动态历史。

5.1　潮滩 DEM 构建与形态演变分析

江苏沿岸位于中国南黄海西部离岸区域，形成了中国大陆架上最大的辐射沙脊群［图 5-1（a）］（Xu et al.，2016），辐射沙脊群由 10 多个大型海底沙脊组成，并且具有独特的放射状扇形，顶点位于弶港附近。水深范围为 0～25m。研究区域位于江苏沿海中部（从斗龙港到小洋港）［图 5-1（a）］，由于潮汐过程活跃和泥沙供应丰富，潮滩发育良好（Gong et al.，2012），潮滩和沙洲（包括辐射沙脊）的面积约 5000km^2（研究区约 2304km^2）（Chen，2013）。2016 年 1 月 1 日 Landsat-8 OLI 影像（GMT：02：30）表明，在海平面约−1.1m（弶港潮位站预报）以上的滩涂面积超过 1560km^2。研究区滩涂和沙洲平均坡度为 0.18%～0.19%，在主要的河口汊道坡度会增加到 1.5%（Liu et al.，2012a）。

研究区域以东中国海前进潮波系统与南黄海旋转潮波系统为主导［图 5-1（a）］，汇聚于弶港沿岸并受半日潮控制（Ni et al.，2014；Xu et al.，2016），平均潮差为 2～6m（Xing et al.，2012），从南北向江苏沿海中部（即弶港）增大，潮差最大记录为 9.28m，是中国沿海最高潮差（Gong et al.，2012）。2001 年实地调查发现，潮间带最大潮流速度通常在 0.5～1.0m/s（Zhang，1992），但主要潮汐通道中可能会超过 3.0m/s。研究区有效波高在冬季小于 1.0m，其他季节小于 0.5m（Xing et al.，2012）。

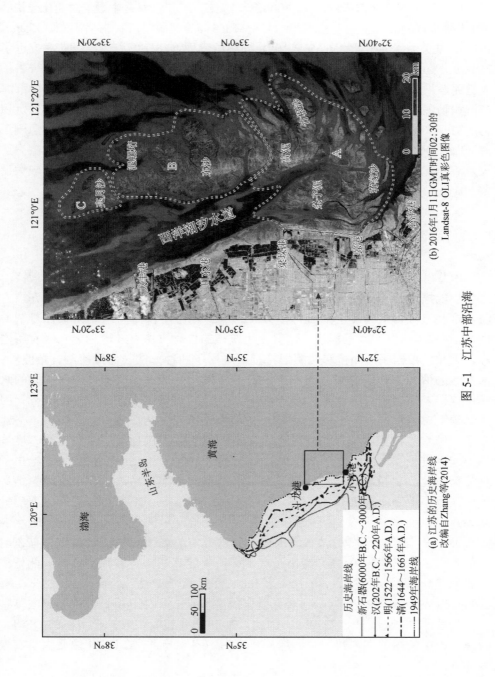

(a) 江苏的历史海岸线
改编自Zhang等(2014)

历史海岸线
　　新石器(6000年B.C.～3000年A.D.)
——汉(202年B.C.～220年A.D.)
——明(1522～1566年A.D.)
——清(1644～1661年A.D.)
······1949年海岸线

(b) 2016年1月1日GMT时间02:30的
Landsat-8 OLI真彩色图像

图 5-1　江苏中部沿海

自新石器时代（前 6000～前 3000 年）以来，江苏沿海是中国沿海变化最快的地区［图 5-1（a）］。从历史上看，黄河 1128～1855 年在废黄河口处进入南黄海（Zhang，1984）。江苏海岸沉积了约 6.656×10^{11}t 细颗粒沉积物，江苏海岸线已向海推进了 250km（Xu，2003）。黄河入海口于 1855 年返回渤海，与此同时江苏沿岸失去了大量泥沙供应。自 1855 年以来，废黄河口水下三角洲沉积物的运移是江苏中部海岸沉积物主要来源（Zhou et al.，2014），长江携带的巨量泥沙入海则是本区沉积物的另一来源（Wang et al.，1998）。三峡大坝建成后，长江泥沙排放量也急剧下降（Luo et al.，2012；Kuang et al.，2013；Li et al.，2014a），黄河和长江流失了大量沉积物后，沉积环境发生了巨大变化，因此，滩涂和近海沙洲经历了较大调整（Wang et al.，2012a）。

5.1.1　潮滩 DEM 构建

本节研究基于 WDM 的 DEM 构建包括水线提取、水位模拟和 DEM 插值。这些步骤描述如下（图 5-2）：①水线提取。已有研究提出了水线提取的许多方法，这些方法提取精度会受到许多因素影响。江苏中部海岸水动力条件复杂，以及 16 种传感器 874 景影像，使得使用统一的自动方法有效地划定水线有所困难。因此，根据潮汐相位和传感器特征，采用了四种方法（边缘检测、单波段、水指数阈值和多波段监督分类）产生初步结果，然后进行校正以确保提取的水线位置误差不大于一个像元。②水位模拟。江苏中部潮滩面积超过 5000km^2，因此必须考虑卫星过境时水位空间变化，使用 Delft3D（WL Delft Hydraulics）建立了二维水流模型以模拟水位变化，模型中控制方程包括水平方向上的深度平均连续性方程和深度平均动量方程。Chen 等（2009）和 Liu 等（2012a）给出了水流模型建立、校准和验证的更多细节，根据同步潮汐站数据，水位模拟结果平均误差小于 30cm（Liu et al.，2013b）。③DEM 插值。提取水线以 30m 间隔转换为点，以促进同步水位模拟结果匹配，并在给定时间内将高度指定的吃水线点合并为一个点集，然后对离散水线点集进行中值滤波，以消除点集中存在的可能噪声。Liu 等（2012a）给出了有关中值滤波算法的更多详细信息。此外根据研究经验，薄板样条线（thin plate spline，TPS）插值算法比反距离权重（inverse distance weighting，IDW）和普通克里金插值（ordinary Kriging，OK）算法具有更高的性能（Liu et al.，2013b）。因此，本书采用 TPS 生成基于网格的 DEM。考虑分析中使用的大多数卫星图像分辨率为 16～80m 不等，DEM 像元大小设置为 60m。

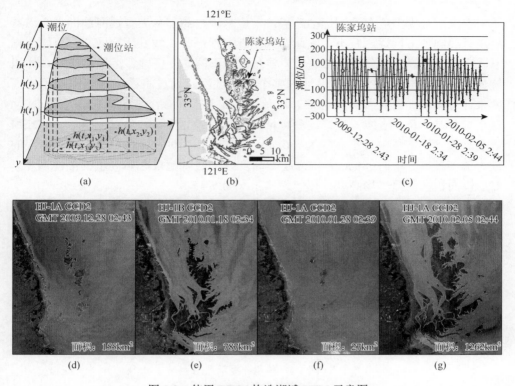

图 5-2　使用 WDM 构造潮滩 DEM 示意图

（a）解释 WDM 的插图，显示了如何使用不同水位来获取不同高程信息；（b）使用一系列不同水位水边线构造等高线；（c）陈家坞在四个不同图像采集时间的水位；（d）～（f）江苏中部海岸不同水位标准假彩色图像

5.1.2　潮滩形态演变空间指标

受多种因素影响，1973～2016 年江苏中部沿海潮滩和沙洲位置及形态都发生了剧烈变化。由于沙洲移动、潮间带沉积或开垦、潮间带侵蚀以及所构造 DEM 最低高度差异，DEM 面积范围是不同的。24 个 DEM 重叠面积为 702.7km²，仅占 24 个 DEM 总面积（3370.5km²）的 20.85%。因此，简单的基于 DEM 叠加比较分析是无效的。相反，我们使用了三种不同的空间指标来监测江苏中部沿海不同地区的潮滩演变。

（1）沿海潮滩等深线移动。使用不同高度多条轮廓线，可以确定沿海潮滩演变趋势。通过一系列与轮廓线垂直的样条，还可以计算出沿海潮滩变化率统计数据。研究计算变化率时不包括潮沟汇集和围垦造陆时期区域，因为它们无法指示潮滩运动趋势。通过将最小二乘回归线拟合到给定横断面所有轮廓线点，来计算沿海潮位变化率。因此，线性回归线斜率定义了变化率。

（2）大型近海沙洲在不同水位下面积和体积变化。可以通过分析沿海潮滩方法来获取部分大型近海沙洲运动趋势。一般来说，高程从大型近海沙洲中心沿着潮汐脊线向各方向逐渐减小。因此，大型近海沙洲等高线是闭合回路，可以根据不同水位下等高线所包围区域变化，定量分析不同高度侵蚀和沉积。此外，体积统计数据可用于表征大型近海沙洲整个演化过程。通过将面积乘以潮滩平均高度来计算体积。在计算体积之前，应该预先定义起始高度，因为所构造的DEM最小仰角是不同的。体积计算过程包括三个步骤：①计算每个周期的24个DEM最小高程（图 5-3 中最小高程为–90cm、–80cm 和–100cm）。②这些最小高程的最大值（图 5-3 中的–80cm）作为起始高度。③获得超过起始高度的潮滩面积，然后以面积和潮滩平均高度乘积作为体积（图 5-4）。

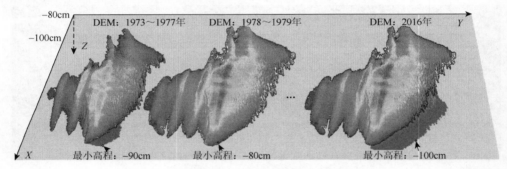

图 5-3　体积计算示意图

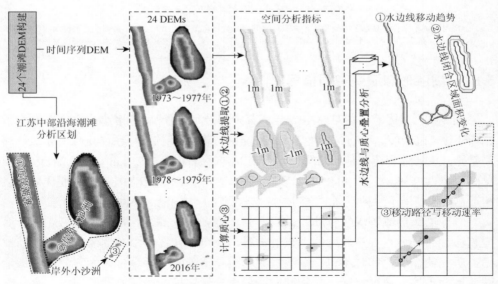

图 5-4　分析潮滩演变方法

不同区域使用了三个空间指标：沿海潮滩等深线移动，大型近海沙洲在不同水位下面积和体积变化，小型海上沙洲质心运动

（3）小型海上沙洲质心运动。与研究区域大型沙洲相比，小型海上沙洲处于开放的沿海环境中，并且受到风、浪和潮流影响更大。因此，其地貌在研究区域内发生了巨大变化，已有研究使用几何中心来研究小沙洲运动，但由于缺少海拔信息，该方法不够准确甚至会导致错误。因此，本书使用沙洲质心代替几何中心以确保更可靠地确定小沙洲的运动趋势。以下三个步骤用于计算沙洲质心（X 和 Y）：①计算小沙洲所有像素高程总和（记为 S）；②小沙洲像素高程按列依次累加，当总和超过 $S/2$ 时将行号作为 X 值；③小沙洲像素高程按行依次累加，当总和超过 $S/2$ 时将行号作为 Y 值。假设沙洲的密度是均匀的，并且在计算过程或描述小型海上沙洲的运动过程中仅使用了沙洲质心水平信息。

5.2 潮滩和沙洲地形演变动态

5.2.1 潮间带 DEM

基于 WDM 构建了 1973～2016 年的 24 个潮汐平面 DEM（图 5-5）。由于可用的卫星影像有限，潮滩 DEM 时间分辨率在 1973～1977 年和 1985～1989 年被设置为 5 年，而 2005 年之后这一数字为 1 年。表 5-1 给出了潮滩 DEM 详细信息。

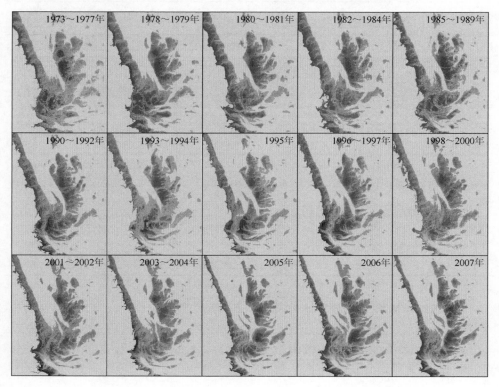

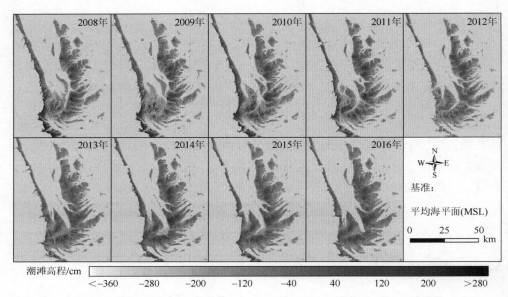

图 5-5　使用 WDM 构建的 1973～2016 年江苏中部海岸 24 个潮滩高程

表 5-1　构建的江苏中部海岸 24 个 DEM 概况

时段	天数/d	影像数量/景	水边线覆盖量/%	时段	天数/d	影像数量/景	水边线覆盖量/%
1973～1977 年	1431	17	33.3	2005 年	337	30	43.1
1978～1979 年	588	20	34.9	2006 年	322	50	59.3
1980～1981 年	598	22	33.9	2007 年	337	44	62.9
1982～1984 年	897	23	43.4	2008 年	349	49	65.8
1985～1989 年	1713	21	59.4	2009 年	358	64	88.6
1990～1992 年	980	25	53.8	2010 年	358	80	76.9
1993～1994 年	664	18	47.4	2011 年	357	55	61.2
1995 年	318	17	46.2	2012 年	334	56	57.0
1996～1997 年	693	27	47.3	2013 年	365	51	76.9
1998～2000 年	1051	25	68.7	2014 年	354	44	80.4
2001～2002 年	667	34	62.1	2015 年	343	35	65.7
2003～2004 年	679	26	57.0	2016 年	365	41	77.9

　　生成的 DEM 准确性对于分析潮滩形态演化趋势至关重要。由于暴露时间短、天气条件变化、区域地貌变化和复杂的水动力环境，研究区域缺乏同步验证数据。本书使用 2006 年采集的 LiDAR DEM，并结合基于舰船回波测深和载波相位差分技术（RTK）在 2008 年测量的 6 个样线，获取同步 DEM（如 DEM—2006 和 DEM—2008）。

DEM—2006 平均误差为 45.13cm，DEM—2008 平均误差不超过 42cm（6 个样条线平均误差分别为 30.29cm、33.55cm、34.35cm、29.31cm、41.93cm 和 40.34cm）。考虑研究区域广阔复杂和地形多变，尽管 WDM 比常规野外测量或机载 LiDAR 的精度要低，但基于 WDM 构造的 DEM 准确性总体令人满意，Liu 等（2012a，2013a）提供了准确性验证的更多详细信息。研究团队未能收集其余潮滩 DEM 的并发验证数据，因此不能对地形进行绝对验证，但是可以使用间接证据来证明其准确性。之前的研究中发现所得 DEM 均方根误差（RMSE）与水边线离散点覆盖率（$x\%$）呈线性关系（$y = -0.5126x + 89.799$，$R^2 = 0.9531$，$n = 11$），可以用作所得 DEM 准确性指标（Liu et al.，2013b）。通常由 80% 的水边线离散点覆盖率生成 DEM，具有不超过 50cm 的 RMSE。此外，按时间顺序排列的潮滩 DEM 中，1973～1977 年水边线离散点覆盖率最低，为 33.3%，DEM 的最大 RMSE 约为 72.7cm。DEM—2009 的最高覆盖率为 88.6%，最小 RMSE 约为 44.4cm（表 5-2 和表 5-3）。

表 5-2　海岸潮滩 103（–150cm）和 195（150cm）横断带变化率

序号	样带	–150cm 变化率/(m/a)	150cm 变化率/(m/a)	序号	样带	–150cm 变化率/(m/a)	150cm 变化率/(m/a)
1	1～5	21.30	173.48	21	101	59.84	78.25
2	6～10	24.77	187.46	22	106	—	75.49
3	11	25.71	167.95	23	111	—	59.99
4	16	28.11	136.25	24	116	—	52.15
5	21	36.48	133.63	25	121	—	60.67
6	26	47.29	107.64	26	126	—	59.96
7	31	49.78	108.09	27	131	—	54.31
8	36	39.79	116.45	28	136	—	57.48
9	41	31.68	160.64	29	141	—	68.64
10	46	20.15	169.09	30	146	—	147.19
11	51	52.37	179.77	31	151	—	132.16
12	56	59.53	128.79	32	156	—	136.45
13	61	53.18	140.63	33	161	—	84.81
14	66	44.11	146.04	34	166	—	76.18
15	71	50.73	147.60	35	171	—	56.14
16	76	39.07	142.22	36	176	—	59.70
17	81	26.93	195.52	37	181	—	74.29
18	86	56.67	52.83	38	186	—	66.23
19	91	65.73	50.26	39	191	—	61.50
20	96	59.49	62.62				

表 5-3　小型海上沙洲移动细节

名称	年份	持续时间/a	速率/(m/a)	名称	年份	持续时间/a	速率/(m/a)	名称	年份	持续时间/a	速率/(m/a)
*LYS-1	2001年	16	249	*MZS-1	1973年	17	209	NJS-1	1982年	8	120
*LYS-2	1973年	28	135	*MZS-2	1973年	44	348	NJS-2	1983年	9	250
*LYS-3	1973年	44	177	*MZS-3	1973年	17	155	NJS-3	2011年	6	325
*LYS-4	1973年	30	188	*MZS-4	2006年	11	466	NJS-4	1973年	7	263
*LYS-5	1996年	9	465	*MZS-5	2006年	11	263	NJS-5	1993年	24	333
*LYS-6	1985年	8	671	*MZS-6	2006年	3	633	NJS-6	1973年	12	589
*PES	1993年	19	255	*TZS-1	1990年	6	125	NJS-7	1973年	9	211
*SYZ	1996年	21	273	*TZS-2	1985年	8	490	NJS-8	2003年	14	171
*TPS	1985年	32	377	*DS-1	2005年	4	280	NJS-9	2001年	9	272
*NLH-1	1978年	39	322	*DS-2	1973年	9	585	JJS-1	2003年	14	608
*NLH-2	1998年	8	508	*DS-3	1978年	15	159	JJS-2	1993年	13	381
*NLH-3	2001年	5	1680	*YBS	1998年	19	569	JJS-3	1985年	10	320
*MLH-1	1985年	32	412	ZGS-1	1982年	35	225	JJS-4	2006年	3	490
*MLH-2	1996年	21	537	ZGS-2	2007年	4	601	LS-1	1973年	17	215
*MLH-3	1985年	11	236	ZGS-3	1993年	15	418	LS-2	2009年	2	467
*MLH-4	1973年	17	355	ZGS-4	1982年	19	242	BXJ-1	2005年	12	333
*MLH-5	2001年	16	370	ZGS-5	2001年	7	172	BXJ-2	2008年	9	270
*MLH-6	2006年	11	933	ZGS-6	2005年	11	473	LY	1973年	12	685
*MLH-7	2001年	12	501	ZGS-7	1996年	7	768	QEGZ	2005年	12	441

　　另外，由于早期年份缺乏卫星影像，若干 DEM 的生成是基于几年跨度的图像（1973～1977 年和 1985～1989 年的 DEM 均跨越了 5 年）。随着时间跨度增加，DEM 精度将降低，因为潮滩地形是时空动态的。但 DEM 仍可以反映该时间段内基本地形，这些 DEM 描绘的地形变化趋势是一致且连续的。

5.2.2　沿海潮滩的演变趋势

　　为了分析潮滩的演变趋势，首先以 10cm 的间隔从构造的 DEM 中提取了一系列轮廓，然后选择 4 个代表性的潮滩轮廓线以更好地了解潮滩演变。为了确保轮廓的完整性并覆盖大多数 DEM，将要显示的最低和最高轮廓线标识为 -150cm（大约是每个已构建 DEM 的轮廓）和 150cm（几乎是建造的沿海潮滩最大潮汐线和大型近海沙洲最高位置），然后以 100cm 间隔将另外两套轮廓识别为–50cm 和 50cm。图 5-6 显示了这 4 组轮廓的结果。

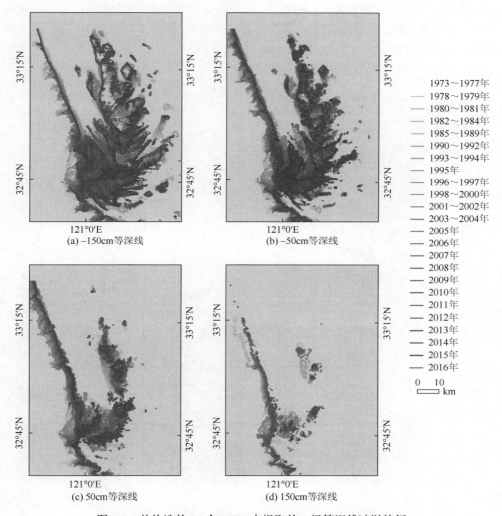

——	1973～1977年
——	1978～1979年
——	1980～1981年
——	1982～1984年
——	1985～1989年
——	1990～1992年
——	1993～1994年
——	1995年
——	1996～1997年
——	1998～2000年
——	2001～2002年
——	2003～2004年
——	2005年
——	2006年
——	2007年
——	2008年
——	2009年
——	2010年
——	2011年
——	2012年
——	2013年
——	2014年
——	2015年
——	2016年

(a) –150cm等深线　　(b) –50cm等深线

(c) 50cm等深线　　(d) 150cm等深线

图 5-6　从构造的 24 个 DEM 中提取的 4 组等深线冲淤特征

　　比较沿海潮滩面积 4 组等深线变化，发现低潮滩（–150cm）和高潮滩（150cm）分别逐渐向陆和向海移动，并以较大的增量移动；而中潮滩运动增量（–50cm 和 50cm）相对较小（图 5-6），即江苏沿海潮滩坡度正在增加。除沿海潮滩外，图 5-6（a）（–150cm）和图 5-6（d）（150cm）中等深线分别代表了最低和最高水位，两组等深线显示出较大的运动特征。因此，采用这两组轮廓线来分析沿海潮滩运动趋势。首先，通过三个步骤建立了测量基线 [（图 5-7（a）]：①根据对轮廓线方向目视观察，将江苏沿海分为五个部分。②为五组轮廓线计算了方向分布的标准偏差椭圆（SDE），并基于 SDE 定义了椭圆长轴。③使用长轴方向获得五个部分基线，并连接这五个部分的基线后，进行细微调整以形成整个基线。其次，垂直于基线的样条线沿着基线以 500m 的间隔建立，由于轮廓线方向的复杂性，需要手动进行微调。最后，分别计算 103 和 195 横断带的沿海潮滩运动趋势及–150cm 和 150cm 处的变化率（表 5-2）。

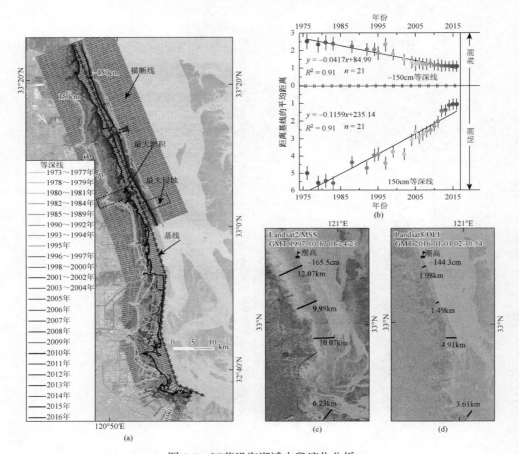

图 5-7　江苏沿海潮滩中段演化分析

（a）两组轮廓线在–150cm 和 150cm 处的运动趋势以及在基线两侧建立的横断线，用于计算两组轮廓线的变化率；（b）统计两个轮廓线在–150cm 和 150cm 处的变化率；（c）和（d）说明潮间带面积显著减少

图 5-7（b）利用–150cm 和 150cm 等深线展现了不同高程区域的冲淤变化。1973～2016 年，沿海海涂面积急剧减少是研究区域的主要趋势。它有两个方面：①低潮滩（–150cm）受到侵蚀平均速率为 41.7m/a，最高速率为 65.73m/a（样线

91～95）；最小侵蚀速率为 20.15m/a（46～50 样线）。②高潮滩（150cm）正在以平均每年 115.9m 的速度蓄积和开垦，最大积累率（样线 81～85）为 195.52m/a，最小积累率为 50.26m/a（样线 91～95）。低层（-150cm）等深线的位置随时间变化如图 5-7（a）所示，表明从北向南逐渐向侵蚀的方向发展。此外，1973～2016 年随高潮线向海移动和低潮线向陆移动，江苏沿海从北向南的坡度呈现出明显的上升趋势（4%～14%）。

5.2.3　大型近海沙洲演变

大型近海沙洲演化过程最为复杂，原因在于沙洲运动会引起形态变化，同时沙洲高度变化也会引起侵蚀和沉积过程。因此，演化过程特征是沙洲的结合、分离、消失和出现。需要使用多种方法分析大型近海沙洲演化趋势。首先，根据 4 组轮廓线分析了东沙沙洲冲淤变化趋势（图 5-6）。使用线性回归模型计算并分析了不同高度的轮廓线所包围的区域。其次，在东沙西海岸建立了 68 个样带[图 5-8（b）]，并使用 4 组轮廓线运动统计数据评估沙洲运动，结果如图 5-8 所示，研究发现：①东沙沙洲严重侵蚀，由 4 组轮廓线包围的面积 1973～2016 年逐渐变小 [图 5-8（a）]，在-150cm、-50cm、50cm 和 150cm 等高线处，面积分别以 1.44km^2/a、1.37km^2/a、1.60km^2/a 和 0.64km^2/a 的速率减小。此外，由于在低水位（H>-150cm，H>-50cm）时水动力过程更剧烈，相对于高水位（H>50cm，H>150cm）而言，低水位时潮水的较大面积受到影响和调整。②东沙西海岸正在向东移动，最大移动位于中南部 [图 5-8（c）]。1973～2016 年在-150cm、-50cm、50cm 和 150cm 等深线处的平均迁移距离分别为 2.21km、2.57km、3.92km 和 4.10km，迁移距离与潮滩高程增加成正比，东沙西海岸的最大运动为 5.31km（4 组轮廓线平均迁移距离），如图 5-8（c）中的黑色圆点。

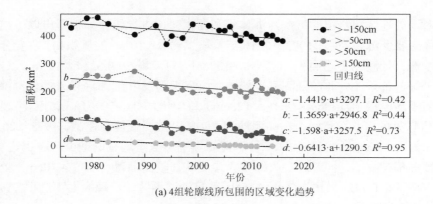

(a) 4 组轮廓线所包围的区域变化趋势

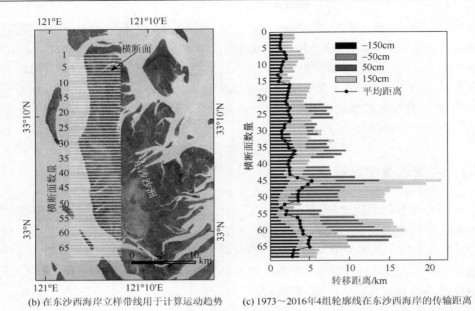

(b) 在东沙西海岸立样带线用于计算运动趋势　　(c) 1973～2016年4组轮廓线在东沙西海岸的传输距离

图 5-8　东沙沙洲演化分析

　　为了了解近海沙洲演化过程，计算了近海沙洲体积以指示地形变化。为防止不同区域不同步，首先根据地理邻近性原则将大型近海沙洲分为三个聚类分析区域［图 5-1（b）］：A 区由南部的条子泥、高泥、蒋家沙和竹根沙组成，B 区由中部的东沙和泥螺珩沙洲组成，C 区由北部的亮月沙沙洲组成。然后计算三个区域体积的起始高度（A 区域为–190cm，B 区域为–180cm，C 区域为 170cm）。分别使用所得的 24 个 DEM（图 5-5）来计算三个区域的潮滩体积以进行定量分析。以 10cm 为间隔计算了不同水位体积，并根据体积变化趋势对三个不同的水位区域进行了分类。图 5-9 显示了 1973～2016 年的 43 年间隔内滩涂面积的变化。

　　对不同地区和水位的近海沙洲体积和面积变化进行统计分析得出以下结果：①A 区主要受沉积控制，1973～2016 年累积了约 $4 \times 10^8 m^3$ 的沉积物，主要分布在高泥沙洲。低潮滩平均面积（水位<–130cm）每年减少 $0.3314 \times 10^7 m^2$，这主要是由于每年条子泥以北的低潮滩被侵蚀，而沉积则发生在 A 区以外的低潮滩。中型潮滩平均面积（–130cm<水位<120cm）每年增加 $0.6959 \times 10^7 m^2$，这主要是由于 A 区以外的沉积，特别是在高泥沙洲。②B 区主要受侵蚀控制，1973～2016 年侵蚀了约 $2 \times 10^8 m^3$ 的沉积物。东沙和泥螺珩潮滩数量均有所减少，表明这 43 年两个沙洲都在收缩，同时这种收缩率直接反映在较高潮滩（水位>10cm）处的面积减少率（约 $0.2424 \times 10^7 m^2/a$）。③C 区亮月沙沙洲区域出现大面积沉积，1973～2016 年累积沉积约 $4.5 \times 10^7 m^3$，并伴有南移趋势。

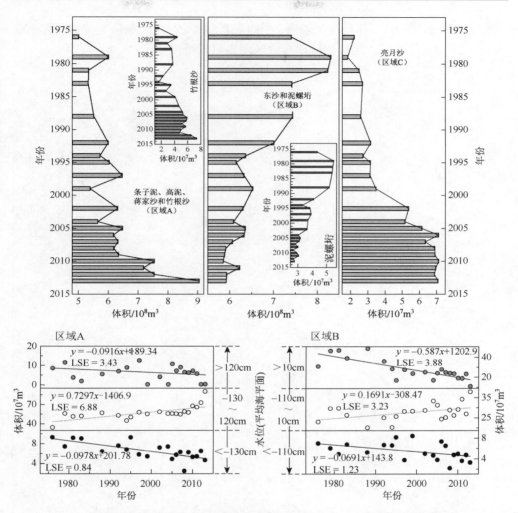

图 5-9　近海沙洲三个不同区域体积变化和不同水位下 A/B 区域面积变化统计

5.2.4　小型海上沙洲运动趋势

沙洲质心清楚地表达了小型海上沙洲的运动趋势（图 5-10）：①亮月沙沙洲正以 180m/a 的平均速率逐渐向南移动，并伴有东西向摆动。②绝大多数其他小型海上沙洲都沿潮汐汊道向海移动，1973～2016 年小型沙洲最远移动距离达到 14km [图 5-10（e）]。③受两个潮波系统控制的北部小沙洲（大约在 32°55′N 以北）可以存在相对较长时间（平均 17.52 年），并且移动速度更快（平均 416.97m/a）。相比之下，南部小沙洲（大约在 32°55′N 以南）受东海前进潮波系统控制持续时间较短（平均 11.54 年），移动速度较慢（平均 370.88m/a）。这种趋势与其他研究（Xu et al.，2016）模拟泥沙运移的模型一致（图 5-11 和图 5-12）。

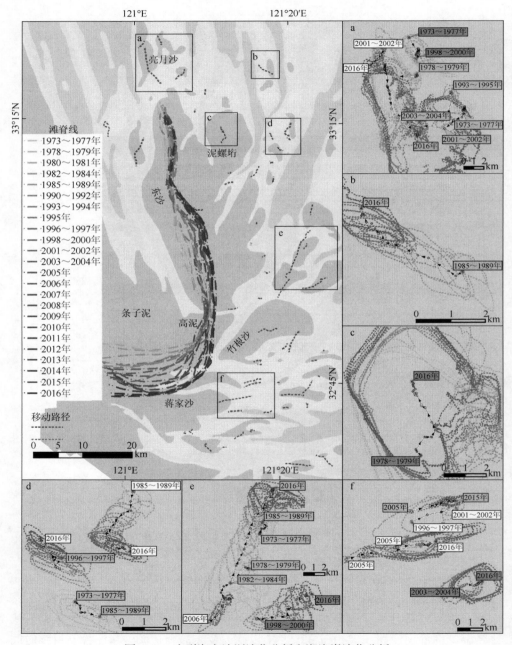

图 5-10　小型海上沙洲演化分析和潮沟脊演化分析

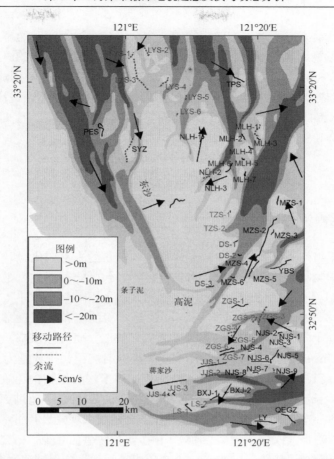

图 5-11　使用 Euler 统计数据（Xing et al.，2012）比较小沙洲和模拟潮汐引起的余流运动趋势

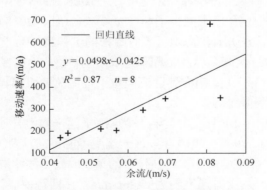

图 5-12　潮汐余流与小沙洲移动速率关系

研究发现潮汐残余流向和强度与小沙洲移动趋势和运动速率密切相关，因此

对与小沙洲运动方向接近且方向相同的八个余流与小沙洲运动速率的相关性进行分析得到其相关系数为 0.87。潮沟脊是在海岭结构中成群延伸的海床结构。根据构造的潮滩 DEM、遥感图像和潮沟末端的位置，提取了每个时期的主要潮沟脊，能够将东沙划分为东西两部分，将条子泥划分为南北两部分。通过比较 24 个潮沟脊（图 5-10），可以看出 1973～2016 年潮沟脊以约 229m/a 的速度向南移动，而东沙沙洲潮沟脊和东沙沙洲西岸向东移动。

5.3　潮滩地貌演变趋势

5.3.1　未来侵蚀或沉积趋势

以下证据可用于预测江苏中部海岸侵蚀和沉积的未来变化。

（1）沉积物堆积。江苏中部沿海的沉积物（包括辐射沙洲）主要来自废黄河水下三角洲以及淮河和长江输送［图 5-13（a）］，但是废黄河水下三角洲已经遭受了 160 多年的侵蚀（1855 年至今），并且累积的沉积物正在被耗尽［图 5-13（b）］。过去几十年中，淮河（研究区以北）和长江（研究区以南）的泥沙输送量有所减少（Chu et al.，2009）。例如，2015 年淮河沉积物排放量为 6.32Mt（蚌埠水文站），不超过前几十年（1950～2015 年）的平均沉积物输送量（10.4Mt）的61%。2015 年长江沉积物排放量为 116Mt（大通水文站），不超过 20 世纪 70 年代输送沉积物的 30%［图 5-13（c）］。此外，各个流域大坝建设和引水工程将不可避免地加剧这一趋势（Feng et al.，2014）。由于沉积物供应减少，研究区域附近潮滩出现了减缓甚至衰退趋势：①2004～2012 年废黄河口平均侵蚀速率高达 21.02m/a。②2000 年以来长江口大部分潮滩扩张速度有所放缓，1958～2012 年南汇浅滩 0m 以上的潮滩面积在一定程度上减少了 80.8%（Wei et al.，2015）。

（2）地面沉降。江苏省沿海地区覆有疏松的沉积物，易于沉降（Zhu et al.，2015）。加之地下水过度开采以及工程和建筑活动，使该地区成为中国沉降最广泛的地区之一［图 5-13（a）］。沿海地区沉陷将不可避免地引起辐射沙洲沉陷，并将加速潮滩和沙洲的沉降过程。

（3）海平面上升。1901～2010 年，全球海平面平均上升速度为 1.7mm/a，总海平面上升了 19cm。1993～2010 年，这一速度可能更高，为 3.2mm/a，几乎是长期平均水平的两倍（IPCC 第 5 次评估报告的第 13 章）。潮汐的历史记录表明，过去江苏沿岸海平面平均上升速度约为 5.26mm/a（吕四潮汐测站），约是全球平均水平（2.43mm/a）的两倍［图 5-14（a）］。国家海洋信息中心预测，接下来 30 年中江苏沿海平均海平面将上升 85～150mm，海平面上升将导致在年度最低潮位30.5%～49.7%时暴露的潮滩面积减少［图 5-14（a）］。

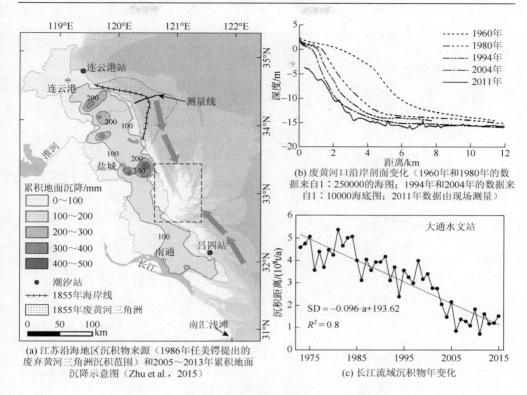

(a) 江苏沿海地区沉积物来源（1986年任美锷提出的废弃黄河三角洲沉积范围）和2005～2013年累积地面沉降示意图（Zhu et al.，2015）

(b) 废黄河口沿岸剖面变化（1960年和1980年的数据来自1：250000的海图；1994年和2004年的数据来自1：10000海底图；2011年数据由现场测量）

(c) 长江流域沉积物年变化

图 5-13　江苏沿海沉积物来源、变化及地面沉降

（4）沿海脆弱性评估。根据沿海潮滩沉积率构建的 2016 年潮滩 DEM、海平面上升预测、地面沉降和土地开垦强度，对沿海脆弱性进行了分析。结果显示图 5-14（b）中，沿海洪灾风险最高是在条子泥的两个大潮汐汊道区域。由于进入江苏沿海的泥沙流量减少，平均海平面上升和地面沉降增加，江苏沿海潮滩和沙洲可能在将来遭受严重侵蚀。

5.3.2　江苏中部沿海地区泥沙运移规律

20 世纪初至 21 世纪初，废黄河河口附近海岸线退缩，废黄河水下三角洲几乎被夷为平地，这导致辐射沙洲区域平均流速增加了 10～20cm/s（Chen et al.，2010）。辐射沙洲中水动力不断增强并逐渐向南移动。过去几十年中，江苏沿岸进行了大规模滩涂开垦，如1974～2012 年江苏沿海围垦潮滩面积超过 $19.86 \times 10^2 km^2$（Zhao et al.，2015），约占江苏省面积的 1.9%。建造海堤降低了沿海潮滩的缓冲能力，将海岸线弯曲度降低并在水动力作用下进一步加剧。

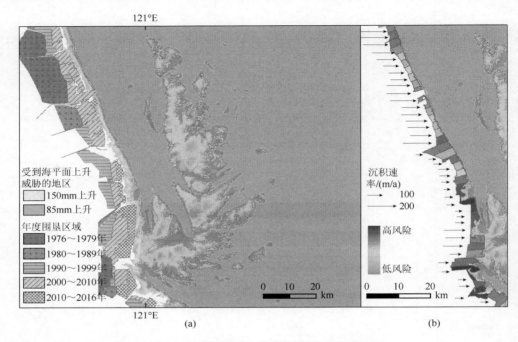

图 5-14　受海平面上升威胁区域及沉积速率

（a）受海平面上升威胁区域，即每年最低潮时位于水面以下的区域（基于 2016 年的 DEM）；江苏中部沿海围填海时空变化（Zhao et al.，2015）；（b）沿海脆弱性评估结果（5.2.2 节中 150cm 等深线变化率得出的沉积率）

　　黄海中逐渐增强和向南移动的东中国海前进潮波系统与南黄海旋转潮波系统的存在可能是影响江苏中部海岸泥沙输送的主要因素：①增强的两个潮波系统对苏北辐射沙洲北翼西洋潮汐水道的不断冲刷，使其沉积物被输送并沉积到辐射沙洲以外的近海，导致西洋潮汐水道成为江苏中部海岸侵蚀最严重和最低洼的地区，东沙西海岸和条子泥以北地区都在遭受侵蚀，而该地区辐射沙洲之外的区域成为沉积的主要区域。②增强的两个潮波系统越过辐射沙洲的海滩脊，并沿着每个潮汐通道向外移动，导致小沙洲也沿着潮汐通道移动：南部小沙洲向东南移动，东部小沙洲向东北移动；辐射沙洲北部的小沙洲受到向南移动的两个潮波系统影响并向南移动（图 5-10）。③当两个潮波系统进入西洋潮汐水道时，需要更多潮汐水道以利于潮汐的分流。因此，辐射沙洲中形成了更大的潮汐流，导致潮滩变得越来越零散，但在局部区域却存在相反的情况，其中，模拟潮汐余流的方向与小沙洲移动趋势不一致，甚至在直径上相反。这意味着，潮汐余流的模拟在一定层面上存在偏差，但通过结合小型海上沙洲运动趋势有望对其偏差进行弥补，这也是后续研究的一个延伸方向。

5.3.3　潮滩演化分析的局限性

本节用于构建 DEM 的 WDM 只能反演潮间带地形，因此仅分析了江苏沿海裸露部分的演变。在未来的决策中应考虑更多的海表演化趋势。未来研究中，应结合实地调查以揭示研究区域中未暴露部分，从而更深入地了解潮滩的发展趋势。由于缺乏连续的测量数据，因此无法直接评估演变趋势的准确性。但可以使用各种方法对演变趋势进行交叉验证。随着现代先进测量技术发展，如无人机（UAV），有可能观察到研究区域更详细的演变趋势。

5.4　本章小结

我国拥有丰富的潮滩资源，为沿海地区未来发展提供了广阔空间，潮滩开发与保护客观上迫切需要对潮滩地形及演化规律有较为详尽的了解。然而，由于潮滩受自然及人类活动影响剧烈，现有测量手段应用于潮滩高程测量均受到各种限制，难以取得理想结果，高时间分辨率、周期性、大范围潮滩高程信息更是难以获取。掌握江苏中部沿海潮滩的演变规律对该区域生态保护、潮滩资源开发、地区经济社会可持续发展具有重要意义。因此，迫切需要对江苏中部沿海潮滩地形和演变规律进行深入研究。

基于此，本书在多时相遥感影像的支持下，实现了对江苏中部沿海潮滩的高程构建，提出并建立了一种适用于大范围区域的易变海岸带潮滩高程反演框架，并在此基础上，揭示了江苏中部沿海潮滩 1973～2016 年的时空演变规律。

（1）结合长期的遥感图像（1973～2016 年）和发展的数字高程模型（DEM），构建 24 个 DEM 多时相的历史拓扑数据集，该数据集用于跟踪 DEM 的变化，首次构建了江苏沿岸潮滩和沙洲的 DEM（1973～2016 年为 24 个阶段）时间序列。

（2）基于 DEM 的空间指标，即沿海潮滩等深线移动、大型近海沙洲不同水位面积和体积变化以及小型海上沙洲质心运动。研究发现，1973～2016 年，江苏沿海潮滩从北向南的坡度呈现明显增加趋势，平均坡度 4%～14%。小型海上沙洲都沿潮汐水道的主要方向移动，但它们的移动速度在空间上有所变化，北部小型沙洲平均速度为 416.97m/a，南部则为 370.88m/a。这种趋势与另一项研究模拟的泥沙运移模型相一致。因此，本书可供研究人员和地方政府参考，进一步支持环境管理、海岸保护和风暴预报。

第6章   海岸带潮沟系统与潮滩稳定性遥感分析

　　潮沟（也称潮水沟，tidal creek）是潮滩与水下岸坡区物质与能量交换的通道（Fagherazzi et al.，1999；Wang et al.，1999），其口门与潮汐通道相接，末梢可延伸至潮间带中上部（Abrahams，1984；邵虚生，1988）。潮沟具有保持沉积过程与水动力环境平衡的重要作用（Allen，2000；Coco et al.，2013；D'Alpaos et al.，2005；Lanzoni and Seminara，2002；Marani et al.，2007；Mudd et al.，2010；Rinaldo et al.，1999），常被开发利用为航道、渔船停靠等区域（Atwater and Lawrence，2010；Coco et al.，2013；Cummins，2013；任美锷和张忍顺，1984），是鱼虾、贝类等生物的生存场所（West and Zedler，2000；阙江龙等，2013）。同一主潮沟上分汊、发育而成的多条潮沟构成一个潮沟系统，作为潮滩上最为活跃的地貌单元，潮沟系统的地貌形态近似于陆地河流系统，常发育成树枝状、平行状、羽状等（Ichoku and Chorowicz，1994；Rinaldo et al.，1999），且多生长发育在潮汐作用明显的粉砂淤泥质海岸（Hughes，2012；侯明行等，2014）。潮沟系统在世界范围内广泛分布，如英国东海岸（Lohani and Mason，2001）、美国东海岸（Inez et al.，2004）、意大利威尼斯潟湖（Fagherazzi et al.，1999；Mason et al.，1997）、中国黄河三角洲（孙效功等，2001）、渤海湾（袁振杰，2007）、江苏沿海潮滩（Wang et al.，1999；汪亚平和张忍顺，1998）、上海崇明岛东滩（谢东风等，2005；陈勇等，2013）等区域。

　　江苏中部沿海（射阳河口至东灶港沿海岸段，长约 364.5km）是我国潮滩资源最富集的区域（潮滩面积超过 5000km²），是江苏海洋资源开发利用最有潜力的区域（王颖，2002），是我国潮沟系统最发育的区域（如东县新北凌闸外潮滩的潮沟密度可达 18km/km²）之一。自 1855 年黄河北归后，该区域沉积动力环境剧变（任美锷等，1986），区域内潮沟系统（如死生港、横港等）活动频繁，对邻近海堤、港口、涵闸等沿海工程构成极大威胁，影响了潮间带资源环境保护与开发。该区域还是人类活动影响最大的岸段之一：大规模潮滩围垦、人工引种的互花米草盐沼快速扩展（1986～2013 年，互花米草盐沼扩展了 178.42km²）（刘永学等，2004c；Zhang et al.，2004；Sun et al.，2017）、港口突堤建设等人类活动，极大地改变了潮滩水沙分布的均衡态，对潮滩特别是潮间上带地貌产生了重要影响。因此，在区域沉积动力环境快速变化、人类活动影响加剧等背景下，亟须掌握潮沟系统地貌演化过程与规律，为沿海经济社会平稳、持续发展提供决策支持。

6.1　海岸带潮沟系统遥感提取

已有研究多基于野外调查和室内水文实验方法进行潮沟系统观测，然而野外调查难度大，仅能获得局部沟段、短期、小范围地貌演变信息，很难用于监测大范围潮沟系统长期、动态演变过程；室内水文实验也很难反映出自然界复杂沉积动力环境下大范围潮沟系统的时空演化规律。遥感技术具有大范围、快速、动态观测优势，逐渐成为海岸带研究的重要手段。研究者通过航空影像、卫星影像、合成孔径雷达影像（SAR）、激光探测与测距系统（LiDAR）等，分析了潮沟系统地貌特征与演化规律。

6.1.1　基于 LiDAR DEM 的潮沟系统提取

相较于多光谱中高分遥感影像，由机载 LiDAR 获取的潮滩 DEM 数据直接且单一地记录了海岸带地物数字高程信息。作为识别复杂潮沟系统的唯一信息载体，其自身高程几何形态特征显得至关重要。通过大量的野外实地观测与调研（图 6-1），潮沟的几何形态特征归纳为以下三点：①连续的负地形，潮沟系统的高程低于相邻滩面，呈现出连续的线状、带状负地形，其横剖面多呈 V 形或 U 形；

(a) 发育在互花米草丛中的潮沟

(b) 发育在盐沼与裸滩过渡带上的潮沟系统

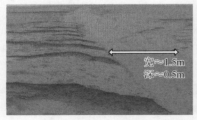

(c) 发育在潮上带的羽状潮沟系统

(d) 发育在潮滩中部走势蜿蜒的潮沟

(e) 发育在潮下带的超大型潮沟系统　　(f) 离岸沙洲上发育的潮沟沟谷

图 6-1　江苏沿海潮沟系统

②尺度变异明显，不同等级潮沟系统其对应宽度变化差异性非常明显，尺度分异显著；③各向异性，潮沟系统在二维平面中呈现出复杂网状特征，体现了复杂的各向异性和拓扑变异。

1. 顾及剖面形态特征的全自动潮沟提取算法

针对上述潮沟几何形态特征，本书建立了顾及剖面形态特征的全自动潮沟提取算法（automated profile-induced method for extracting channel-like feature，APMECF），方法技术流程如下：①采用中值滤波邻域分析方法（median neighborhood analysis，MNA）对潮滩高程进行趋势面均衡化处理，从而使负地形能够在局部得到均一化表达；②针对 V/U 形潮沟剖面，设计基于高斯核函数的线状要素滤波器，采用匹配滤波技术（Gaussian-matched filtering，GMF）实现对潮沟系统的目标增强；③构建基于多窗口中值滤波邻域分析方法与多尺度多方向高斯核函数匹配滤波相结合的方法对复杂潮沟系统进行一致性目标增强；④采用两轮自适应阈值分割（two-stage adaptive thresholding，TAT）方法及后续融合策略完成潮沟系统提取。诚然，由于潮沟系统在尺度上差异过大，从现有图像处理的技术角度难以使用统一标准进行一次性目标增强。根据实地调研，发现江苏粉砂淤泥质海岸带上分布着较为密集的小型潮沟，部分大型潮沟虽然覆盖面积相对较大，但从拓扑结构及形态曲率角度而言相对单一。因此，为了便于后续方法框架有机统一以及描述的清晰性，特此人为地将宽度小于50m的潮沟定义为"小型潮沟"，而将大于50m的潮沟定义为"大型潮沟"。针对大小尺度的潮沟系统采用"分而治之"的提取策略，如图 6-2 所示。

1）基于多窗口邻域分析的局部潮滩高程趋势面均衡

显然，潮沟系统在机载 LiDAR DEM 数据上表征为连续的负地形，识别并提取对应的负地形即为潮沟系统提取的技术关键。相较于平坦广袤的陆地平原区域，海岸带潮滩在地形上呈现出向海轻微下降的坡度趋势面。同时，受水动

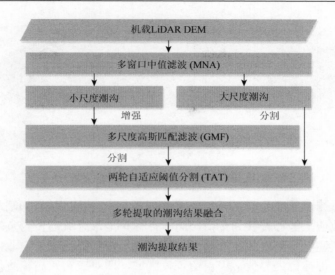

图 6-2　估计剖面形态特征的全自动潮沟系统提取方法框架

力变化、泥沙输送、潮汐状态、地貌部位、植被状况等多因素的影响，潮沟系统发育状况及纵剖面下切深度等关键的高程几何形态参数呈现出较为复杂多变的空间分布状态。为了实现局部潮滩高程趋势面均衡化，同时增强潮沟系统的凹陷区域，在此使用基于中值滤波邻域分析（MNA）的方法（图 6-3），其原理如下：

$$R_{\mathrm{w}} = \mathrm{median}[f(x-m, y-n) + w(m,n)] - f(x,y) \tag{6.1}$$

式中，f 为原始的 LiDAR DEM 高程数据；w 为计算中值所开的窗口模板；(x, y) 和 (m, n) 分别为 f 和 w 各自独立的坐标平面系统指代的坐标；median 为计算窗口模板 w 中的中值操作；R_{w} 为均衡化后的地形残差，其数值等于中值滤波处理过后的地形值减去原始的地形高程值。

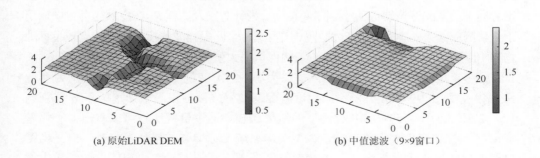

(a) 原始LiDAR DEM　　　　　　　　　　　(b) 中值滤波（9×9窗口）

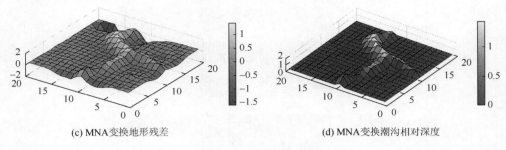

(c) MNA 变换地形残差　　　　　　　(d) MNA 变换潮沟相对深度

图 6-3　MNA 变换示意图

　　经过中值滤波邻域分析（MNA）变换之后，负地形区域（如潮沟、潮盆等地貌实体）在数值上能够转换为正值，而非目标正地形区域则转为负值。为了简化算法流程以及避免不必要的计算量，将经 MNA 变换后的结果中非目标区域也就是负值区域全部标记为零值，仅保留正值区域，即对应初始高程数据中的负地形目标区域。

　　2）基于多方向多尺度高斯匹配滤波的潮沟增强

　　通过 MNA 变换实现了潮沟系统特征负地形的目标增强，在数值上实现了地形反转。通过大量野外观测，不难发现潮沟系统的地形纵剖面呈现典型的 V/U 形的几何形态特征。为了实现对潮沟地形剖面的量化分析与表达，本书通过截取若干发育在潮滩不同地貌部位的潮沟系统横剖面，发现：不管潮沟系统尺度如何分异、曲率如何变化，其二维纵剖面形态均高度类似于高斯函数曲线，定量化分析结果也表明潮沟地形剖面形态与标准高斯函数拟合效果非常理想。基于此先验知识，本书拟采用二维高斯匹配滤波方法（2-D Gaussian-matched filtering，GMF）对小型潮沟进行进一步的目标增强。针对单一尺度下的匹配滤波器在空域内进行旋转遍历寻求目标地物极值响应的数学表达式如下：

$$g_{w\sigma}(x,y) = \max_{0 \leqslant \theta \leqslant \pi} [R_w(x,y) \otimes \mathrm{MF}_\sigma^\theta] \tag{6.2}$$

式中，R_w 为多窗口 MNA 变换在给定窗口 w 后的处理结果；$\mathrm{MF}_\sigma^\theta$ 为在给定尺度 σ 给定方向下的匹配滤波器；$\otimes$ 为卷积操作；$g_{w\sigma}$ 为针对输入高程 R_w 在空域内各方向遍历下极值响应结果。本书以 10° 为间隔构建了 18 个匹配滤波器模板，通过比较目标地物在 18 个方向上的卷积变换结果，最终保留极大值及其对应的高斯核函数方向。

　　图 6-4 展示了潮沟系统在不同窗口大小 MNA 变换（模板大小 w 分别为 9 像元、49 像元和 99 像元）及不同尺度匹配滤波器（高斯核函数尺度因子 σ 分别为 1.5、2.5、3.5 和 4.5）GMF 处理下的结果比较。通过目视比较可以看出：①随着多窗口 MNA 模板大小的递增，大型潮沟系统目标增强效果显著提升，但是当窗口模板尺寸远小于目标潮沟系统宽度时仅在潮沟两侧形成双边响应，而潮沟中部

仍未取得增强效果；②随着多尺度匹配滤波器对应尺度因子的递增，不同尺度类型的潮沟系统增强效果具有差异，只有当高斯核函数尺度与目标地物尺度相契合时，目标增强的效果才能达到最佳。

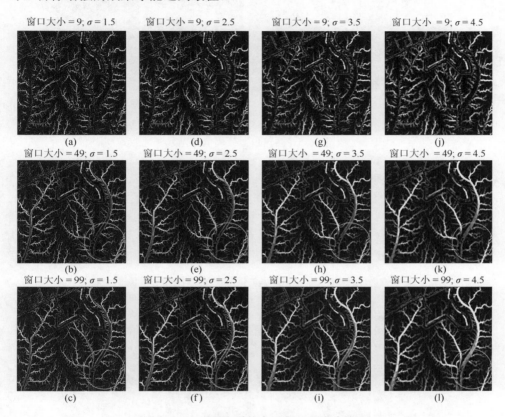

图6-4　小型潮沟系统多尺度匹配滤波结果

（a）～（c）尺度因子 $\sigma = 1.5$；（d）～（f）尺度因子 $\sigma = 2.5$；（g）～（i）尺度因子 $\sigma = 3.5$；（j）～（l）尺度因子 $\sigma = 4.5$

3）基于两轮自适应阈值分割潮沟提取

全局最优阈值分割、用户自定义阈值分割等传统阈值分割方法在遥感目标提取研究中有着广泛的应用（Frazier and Page，2000；Verpoorter et al.，2012）。单一阈值分割方法在背景均一的目标提取应用研究中通常能够取得较为理想的结果，但是，对于背景变化复杂、目标特征非一致化的信息提取任务往往不尽如人意。特别是发育在内含缓慢坡降的粉砂淤泥质海岸带上的潮沟系统，利用单一的阈值分割方法处理高程数据容易遗漏局部的细小结构，无法保障目标地物的完整性与连续性。因此，本书提出一种基于两轮自适应阈值分割（two-stage adaptive thresholding，TAT）算法，并将 TAT 算法与传统经典全局最优阈值分割方法（OTSU）

进行比较：从目视判别可以发现，本书所提出的 TAT 方法对于细小潮沟提取效果明显优于传统 OTSU 方法（图 6-5）。

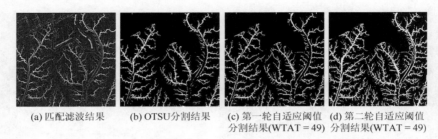

(a) 匹配滤波结果　　(b) OTSU分割结果　　(c) 第一轮自适应阈值　(d) 第二轮自适应阈值
　　　　　　　　　　　　　　　　　　　　　　分割结果(WTAT = 49)　分割结果(WTAT = 49)

图 6-5　两轮自适应阈值分割

4）多轮潮沟提取结果融合策略

针对上述提出的方法框架进行两轮自适应阈值分割输出二值结果 $b_{w\sigma}(x, y)$，最终将所有二值结果进行基于逻辑"或"的合并操作。对于小型潮沟，采用多窗口、多尺度进行目标增强，而对于大型潮沟，仅仅能够在目标潮沟两侧形成双边极值响应，中部区域无法进行有效增强，因此直接运用较大模板对初始潮滩高程进行 MNA 变换，并进行 TAT 分割算法处理，最后进行逻辑融合即可（图 6-6）。

$(b_{9, 1.5} + b_{9, 4.5} + b_{9, 7.5} + b_{9, 10.5}) + (b_{49, 1.5} + b_{49, 4.5} + b_{49, 7.5} + b_{49, 10.5}) + (b_{99, 1.5} + b_{99, 4.5} + b_{99, 7.5} + b_{99, 10.5}) = 小型潮沟$

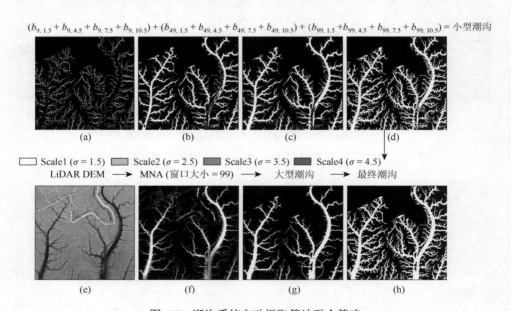

图 6-6　潮沟系统自动提取算法融合策略

（a）～（c）不同尺度下小型潮沟融合结果；（d）小型潮沟融合结果叠合；（e）初始 LiDAR DEM；（f）MNA 变换结果（窗口大小 = 99）；（g）大型潮沟系统提取结果；（h）潮沟系统最终提取结果

2. APMECF 算法实验结果

为了验证上述顾及剖面形态特征的全自动潮沟提取算法的鲁棒性和有效性，本书选择覆盖江苏中部沿海潮滩地区的机载 LiDAR DEM 数据集（空间分辨率 2.5m，图幅大小为 5400 像元×6700 像元，覆盖研究区约 226km^2）进行了实验。为了展示本书所提 APMECF 算法的优越性（图 6-7），选取传统基于不同目标特征维度的分割算法：①最优高程阈值分割算法（optimal-elevation threshold method，OETM）；②最优曲率阈值分割算法（optimal-curvature threshold method，OCTM）；③D8 算法。其中，最优高程阈值分割算法 OETM 与最优曲率阈值分割算法 OCTM 的阈值选取均通过 OTSU 确定。

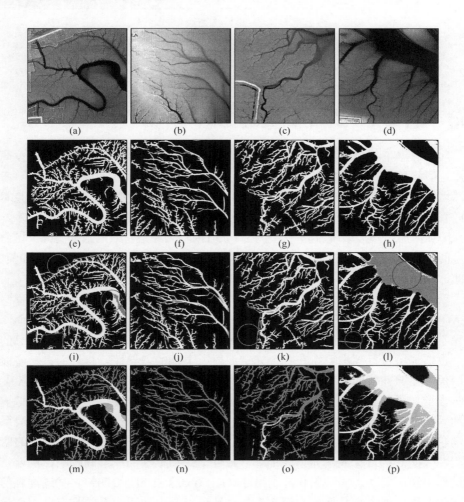

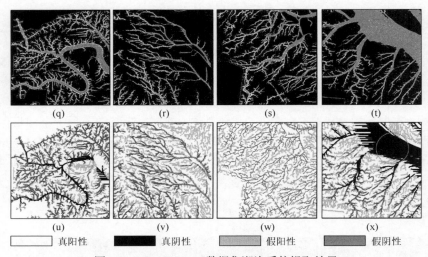

| | 真阳性 | | 真阴性 | | 假阳性 | | 假阴性 |

图 6-7　LiDAR DEM 数据集潮沟系统提取结果

（a）～（d）为选取的 4 个原始 DEM（每幅 1000 像元×1000 像元）；（e）～（h）对应区块的真值参考图；（i）～（l）APMECF 算法结果；（m）～（p）OETM 算法结果；（q）～（t）OCTM 算法结果；（u）～（x）D8 算法结果

6.1.2　基于多光谱影像的潮沟系统提取

对于海岸带潮沟系统遥感监测而言，虽然机载 LiDAR 具有观测直接、精度高等优点，但其观测成本、非常态化的作业流程都限制了该项技术的应用与推广。考虑潮滩地貌过程的持续不稳定性，发展一套长期动态监测潮滩地貌演化过程的技术方法面临迫切的需求。卫星遥感影像因其固有的高频重访周期、相对低廉的成本，能够保障在海岸带潮沟系统监测应用中提供长时间序列稳定有效的数据支撑。国内外高空间分辨率遥感影像的普及，为现代海岸带遥感监测研究带来了新的活力和契机。因此，针对高分影像设计一套具有可行性的潮沟提取算法至关重要。

就数据源特征而言，采用机载 LiDAR 技术可直接获取潮滩地貌的高程信息DEM，且目标潮沟系统在 DEM 上具有一致性度量——连续的负地形。然而，高分光学影像作为光谱维度的信息载体，在记录地表各类组分、丰富细节信息的同时，也增加了目标潮沟系统在各个光谱波段上表征的差异性。总体而言，多波段光谱信息能够补偿部分单一信息维度的局限性（如 LiDAR DEM 的高程信息），但同时也增加了对非一致性度量目标地物进行图像解译的难度。基于高分影像提取潮沟系统的技术难点主要分为以下三类：①潮滩环境空间异质性强。潮沟系统自潮下带发育，流经潮上带等多个地理相带，而每个相带之间具有明显的空间异质性（图 6-8）。②潮沟光谱表征非一致性。受周期性的涨落潮影响，潮滩在地貌过程中经历着动态的沉积和冲刷循环（Kleinhans et al.，2009）。③潮沟几何形态变化多样。就二维几何形态而言，各个地理相带内的潮沟系统具有曲率变异显著、尺度变异显著和拓扑变异显著的特性。

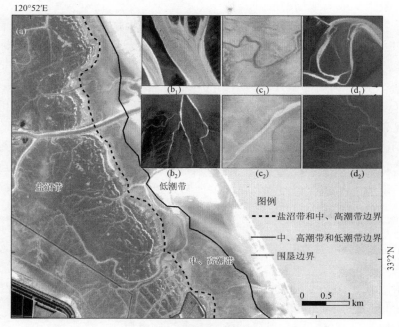

图 6-8　潮沟系统示意图

（a）江苏中部沿海 ZY-3 高分影像；（b$_1$）入海口具有高密度含沙量的大型潮沟；（c$_1$）充满海水的潮沟；
（d$_1$）稀疏植被覆盖的小型潮沟；（b$_2$）含有残余退潮流的潮沟；（c$_2$）发育在植被茂盛盐沼中的小型潮沟；
（d$_2$）新发育的复合型潮沟系统

（1）顾及局部微分几何结构的多尺度潮沟提取方法。针对上述高分影像在潮沟系统提取中存在的问题，作者提出一套顾及局部微分几何结构的多尺度潮沟提取方法（multiscale local differential structure decomposition induced method，MLDSI），其流程如下：①采用分段光滑模型正则化原始影像，实现平滑空间偏移场与待估校正图像域的联合解算，抑制潮滩环境空间异质性所造成的目标与背景间的差异性；②构建局部微分几何结构引导下的线状要素滤波器对潮沟系统进行目标增强，在多尺度融合框架下对尺度分异显著的潮沟系统进行归一化表达；③利用谱间信息的补偿性，建立联合多波段的二元抑制规则削弱非潮沟系统产生的伪响应；④使用顾及空间黏滞性（spatial coherence）的多相分段模型引导水平集演化模型（level set model）进行演化，完成最终潮沟系统的提取。

复杂异质潮滩背景均一化。海岸带潮滩复杂异质性环境在潮沟系统长期演化过程中，弱化了与目标潮沟系统之间的对比度。为了抑制各个地理相带内生的差异化对比，本书引入偏移场校正理论（Ahmed et al.，2002）对潮滩背景进行同质化处理。经过背景同质化算法处理后，影像反射率转换为双模态分布的模式，各个地理相带内的空间异质性被极大限度地抑制，目标潮沟系统能够在相对均一化的潮滩背景上形成一致性的表征。

（2）多尺度潮沟系统增强。潮沟系统目标描述极富挑战，主要是由于其自身几何形态变化多样，以及具有高度波动且非稳定的光谱剖面。传统的目标描述子（如梯度、曲率、边缘等）无法满足复杂潮沟系统的应用需求。本书在 Florack 等（1992）提出的解构局部微分几何结构的核心思想基础上，结合多尺度 Hessian 矩阵分析（Canero and Radeva，2003；Frangi et al.，1998；Sole et al.，2001），构建了针对复杂潮沟系统的线状要素目标描述子（channel-like feature indicator）。通过观测原始影像可以发现，目标潮沟系统具有两种典型的光谱剖面：在暗背景下的亮目标（光谱波峰）和在亮背景下的暗目标（光谱波谷）。为了定量分析目标线状要素的局部微分几何性质，本书针对上述两类情况分别提取了相应的目标潮沟光谱剖面，并计算了对应剖面的二阶 Hessian 矩阵特征值与特征向量。

（3）谱间二元抑制规则。根据潮沟系统极具自变异的光谱剖面特性，不同的剖面类型需要不同的描述子进行目标增强，而不同的描述子也会导致背景干扰和目标潮沟之间的矛盾。因此，若仅从单一波段入手寻求平衡目标描述矛盾的方法显得异常困难。本书提出一种谱间二元抑制规则，其能够在联合多波段分析（joint multi-band refinement and fusion strategy）的基础上消除伪响应的干扰。

（4）融合区域特征空间黏滞性的水平集演化模型。由于上述通过谱间二元抑制规则得到的目标响应结果 FR 是分别针对不同波段不同参数设置所得，因此响应函数数值结果并不满足空域均衡。虽然在最后融合操作之前使用了直方图均衡化，但是仍然不能消除局部响应强度非一致性的影响。在显著的数值不平衡情形下，传统经典算法无法实现相对理想的提取结果，特别是针对大量的小型潮沟。为了补偿这种情况下目标提取的不充分性，本书在经典水平集演化模型的基础上引入基于区域特征的空间黏滞性，以局部聚类函数（local clustering criterion）为核心改善水平集能量函数，从而实现在目标数值不平衡条件下的潮沟系统提取。

6.2　海岸带潮沟形态及集水区特征分析

潮沟形态特征参数包括长度、宽度、深度、宽深比、密度、曲率、分汊率、横断面积、流向、分维值和非渠化长度等。在遥感技术与 GIS 技术支持下，多维度、大范围地分析江苏中部沿海潮沟的形态特征与分布特点，探讨造成形态差异的外控因素，可为滩涂资源保护与开发、沿海工程选址与防护提供科学依据，为江苏沿海经济科学、可持续发展提供决策支持。机载激光雷达是一种主动式航空传感器，通过集成定位定向系统（POS）和激光测距仪直接获取观测点三维地理坐标。随着技术不断地发展、产品不断地推广，地形测量机载 LiDAR 正广泛应用于三维城市建模、地形地貌监测、生态学建模等研究中（Crasto et al.，2015；Kar et al.，2015b），其在高精度三维地形数据快速、准确获取方面，具有传统手段不可替代的独特优势，尤其是对于测量困难区高精度 DEM 数据，如植被覆盖区、海岸带、岛礁区、沙漠区等，其具有获取能力强、抗干扰能力强等优点。

6.2.1　江苏中部沿海潮滩区域划分

江苏中部沿海潮沟形态特征呈明显的区域差异，为了研究潮沟在不同区域的形态特征，本书选用空间分辨率为 2m 的 LiDAR DEM 数据进行定量分析。数据采集于 2014 年 12 月至 2015 年 5 月的低潮时刻，覆盖范围包括射阳河口至掘苴口的沿岸潮滩及辐射沙洲。以沿岸潮滩的入海河流为界，将研究区分为五个区域，分别为王港口—川东港口（Ⅰ区）、川东港口—梁垛河口（Ⅱ区）、梁垛河口—弶港口（Ⅲ区）、弶港口—小洋口（Ⅳ区）及小洋口—掘苴口（Ⅴ区），辐射沙洲分为亮月沙、东沙、高泥—竹根沙及条子泥。为了体现潮沟形态特征的分带性，本书继续将潮滩区域划分为盐沼区、盐沼区外高潮带、中潮带及低潮带，分别统计潮沟集水区的形态特征参数。划分方式如下。

（1）盐沼区。盐沼是分布在海岸带受海洋潮汐影响，覆盖有耐盐草本植物的咸水或淡咸水淤泥质滩涂（孙超等，2015；王卿等，2012），本书针对 2014 年 11 月 26 日成像的 HJ-1A CCD2 影像，使用归一化植被指数（NDVI）区分植被与非植被（光滩、水体等），其计算公式为

$$NDVI = \frac{Band4 - Band3}{Band4 + Band3} \tag{6.3}$$

式中，Band3 和 Band4 分别为 HJ-1A/B CCD 影像的红外和近红外波段。NDVI>0 即为植被部分，由于研究仅针对围垦区外的潮沟进行分析，而围垦区外仅依据有无植被覆盖即可区分盐沼与光滩，因此将提取结果剔除围垦区范围内的植被，即为盐沼区。

（2）盐沼区外高潮带、中潮带及低潮带。理论上，将平均大潮高潮线以上的滩涂区域作为潮上带，平均大潮低潮线以下作为潮下带，平均大潮高、低潮线之间为潮间带，而潮间带又可以平均小潮高潮线、平均小潮低潮线为界由高到低依次划分为高潮区、中潮区和低潮区，但事实上，沿海潮位瞬息万变，其高度动态性决定了现实中这样的潮位线并不固定存在，因此本书使用水边线这一"瞬时潮位线"，根据潮水对滩涂的淹没频次，确定潮滩的最小、最频繁及最大出露范围，由此划分高、中、低潮带。将 2014 年水边线数据集叠加，其中最靠近海岸一侧的水边线包围区域为滩涂最小出露范围，靠近海洋一侧水边线包围区域为滩涂最大出露范围，以沿岸相邻河口连线为基准线，以 100m 间距生成垂直于基准线的横断线，将每条横断线按 50m 为间隔分为若干等距线段，计算每个线段与水边线集的交点数，交点数最多的线段中点连接成线，其包围的滩涂区域为最频繁出露范

围，将最小出露范围除去盐沼区，即为盐沼区外高潮带，最频繁出露范围除去最小出露范围即为中潮带，最大出露范围除去最频繁出露范围即为低潮带。潮滩区域划分结果如图 6-9 所示。

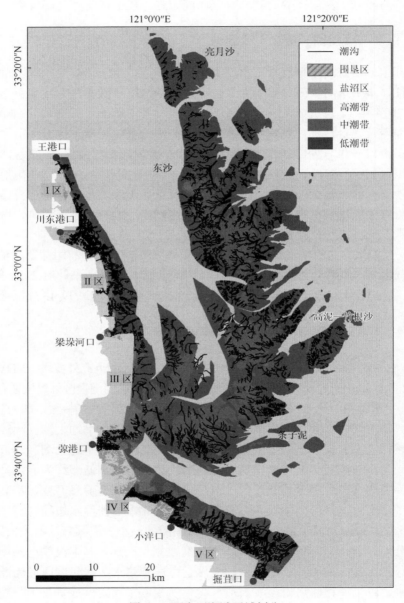

图 6-9　研究区潮滩区域划分

　　为了更细致地展现江苏中部沿海潮沟形态特征的分区与分带性，本书在沿岸选择 25 个发育程度良好、分布较均匀的潮沟系统，在辐射沙洲以各沙洲为单位，分别在向岸一侧（西侧）与向海一侧（东侧）共选择 28 个潮沟系统，其分布如图 6-10 所示。

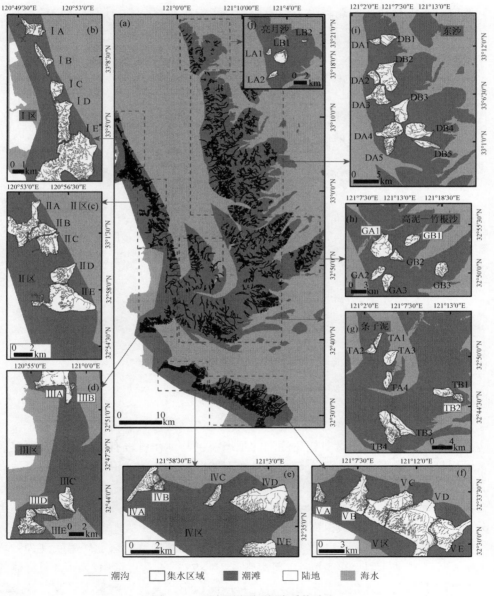

图 6-10　研究区潮沟-潮盆系统选取

6.2.2 江苏中部沿海潮沟形态特征分析

（1）潮沟的等级特征。潮沟的等级定义采用 Horton-Strahler 分级原则，即末梢不再有分支的潮沟划归为一级潮沟，同级潮沟汇聚形成的潮沟等级加一级，不同等级潮沟汇聚形成的潮沟等级等于汇入潮沟中等级较高者（图 6-11）。

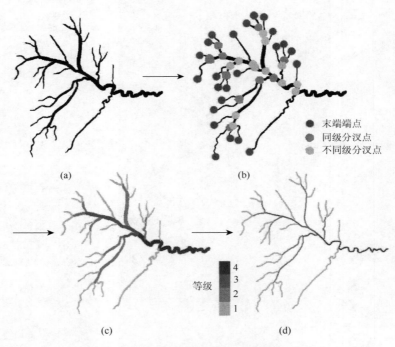

图 6-11　潮沟分级与中轴线提取

　　江苏中部沿海潮沟密布，主潮沟与支潮沟相互连接且呈树枝状分布，了解潮沟系统的等级分布与数量对描述潮沟的形态特征与演化过程有重要意义。研究区按区域划分后，各区域的潮沟等级数量如表 6-1 所示。对比沿岸潮滩与辐射沙洲上潮沟数量，可以发现：江苏中部沿海潮沟集中在沿岸潮滩，总计有 8137 条潮沟，占江苏中部沿海潮沟总数的 68.70%，且沿岸潮滩上潮沟发育程度高，等级最高至 6 级，多数可发育至 5 级，而辐射沙洲潮沟等级最高至 5 级，多数仅至 4 级，且较多发育程度低的 1 级、2 级小潮沟。辐射沙洲的潮沟数量自北向南表现为先增大后减小，主要集中在东沙，其潮沟数量有 1779 条，占辐射沙洲潮沟总数的47.99%，且高等级 5 级潮沟有 3 条；亮月沙面积小，其潮沟数量少且发育等级较低；高泥—竹根沙与条子泥相比，尽管潮沟等级较低，但其 1 级、2 级潮沟数量明显更多，说明该区域较多发育不完全的小潮沟。

表 6-1　江苏中部沿海各区域潮沟等级数量　　　　（单位：条）

区域		1 级	2 级	3 级	4 级	5 级	6 级	总计
沿岸潮滩	Ⅰ区	1822	370	81	17	5	1	2296
	Ⅱ区	1617	354	83	24	7	1	2086
	Ⅲ区	599	140	34	8	2	1	784
	Ⅳ区	1047	214	49	13	3	0	1326
	Ⅴ区	1304	255	65	15	5	1	1645
	总计	6389	1333	312	77	22	4	8137
辐射沙洲	亮月沙	109	28	3	0	0	0	140
	东沙	1314	353	86	23	3	0	1779
	高泥—竹根沙	731	204	45	5	0	0	985
	条子泥	589	163	43	7	1	0	803
	总计	2743	748	177	35	4	0	3707
总计		9132	2081	489	112	26	4	11844

本书选取的沿岸 25 个潮沟系统各等级数量及统计如表 6-2 和图 6-12 所示。由图可知，沿岸潮沟由北至南整体呈先减少后增多趋势，单独区块内潮沟数量由北至南同样表现为先减少后增多，且各区域内潮沟数量分布表现出相似性：河口附近潮沟数量在该区内最多（ⅠE、ⅡE、ⅢE、ⅣE 及ⅤD 潮沟系统），且除ⅣE潮沟系统外，等级均发育至 6 级，尤其是 ⅠE 潮沟系统，川东港口附近大片盐沼区，发育了较多 1 级小潮沟，而各区内中段潮滩潮沟数量较少（图 6-12 中浅灰格网区域），主要原因是围垦区修建使得潮滩宽度减小，抑制了潮沟发育，少数潮沟沿着围垦区边缘延伸，但多数潮沟在围垦区附近消亡。

表 6-2　沿岸典型潮沟等级数量统计　　　　（单位：条）

	1 级	2 级	3 级	4 级	5 级	6 级
ⅠA	156	32	9	1	1	0
ⅠB	88	16	2	1	0	0
ⅠC	89	14	3	1	0	0
ⅠD	360	62	15	3	1	0

续表

	1 级	2 级	3 级	4 级	5 级	6 级
I E	993	230	51	9	3	1
II A	329	52	23	3	1	0
II B	189	36	9	3	1	0
II C	177	40	8	2	1	0
II D	162	44	10	3	1	0
II E	265	63	18	5	1	1
III A	103	27	5	2	1	0
III B	24	7	2	1	0	0
III C	28	6	1	0	0	0
III D	44	9	1	0	0	0
III E	364	79	22	5	2	1
IV A	108	13	4	2	1	0
IV B	68	15	5	2	1	0
IV C	51	12	3	1	0	0
IV D	117	25	7	1	0	0
IV E	214	46	7	2	1	0
V A	109	16	3	1	0	0
V B	109	25	7	2	1	0
V C	242	50	14	4	1	0
V D	562	105	22	5	2	1
V E	87	21	6	2	1	0

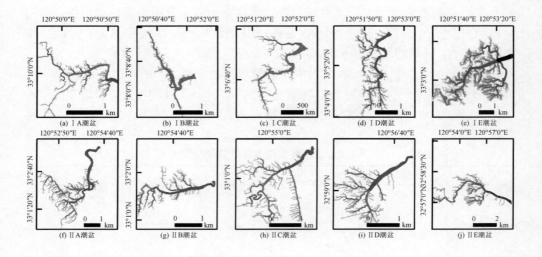

(a) I A潮盆　(b) I B潮盆　(c) I C潮盆　(d) I D潮盆　(e) I E潮盆
(f) II A潮盆　(g) II B潮盆　(h) II C潮盆　(i) II D潮盆　(j) II E潮盆

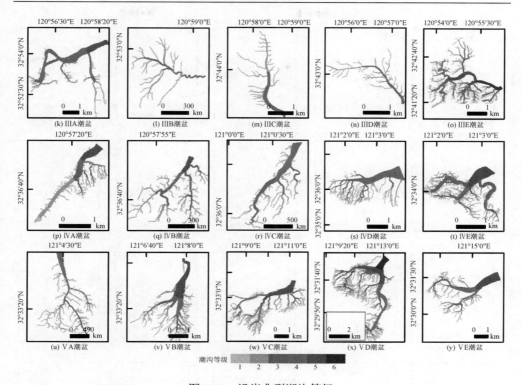

图 6-12　沿岸典型潮沟等级

（2）辐射沙洲潮沟等级。辐射沙洲 28 个潮沟系统的各等级潮沟情况如图 6-13 和图 6-14 所示。辐射沙洲潮沟较少发育至 5 级，大多仅至 3～4 级，高等级潮沟集中在东沙、高泥及条子泥的向海一侧［图 6-13（e）～（t）及（y）～（B）］，亮月沙与条子泥向岸一侧的潮沟系统等级较低［图 6-13（a）～（d）及（u）～（x）］，部分仅发育至 2 级。对比辐射沙洲向岸与向海两侧潮沟，从亮月沙至高泥—竹根沙北部，向岸侧潮沟数量多于向海侧，高泥—竹根沙南部至条子泥的向岸侧潮沟数量少于向海侧。另外，尽管辐射沙洲水动力条件比沿岸区域更复杂，但受限于潮滩高程与稳定性，辐射沙洲上发育的潮沟系统的潮沟数量远小于沿岸区域。

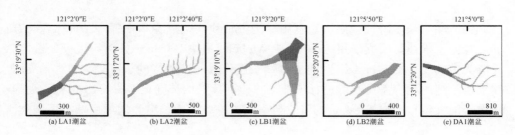

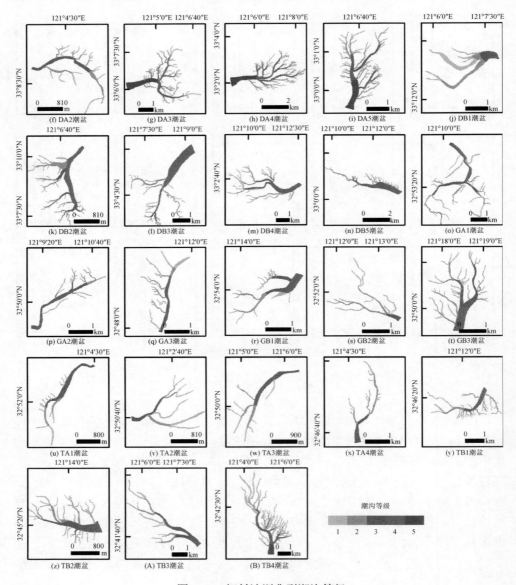

图 6-13　辐射沙洲典型潮沟等级

（3）潮沟长度特征。潮沟长度用潮沟中轴线（刘燕春和张鹰，2011；魏士春等，2007）描述。研究使用 ArcGIS 中 ArcScan 模块，对每一条潮沟进行矢量化，提取其中轴线［图 6-11（d）］，将中轴线长度作为对应潮沟的长度。本书对各沿岸和辐射沙洲的潮沟系统长度进行统计，并计算其平均长度。由图 6-15 可知，沿岸潮沟长度大致呈现如下特征：①自北至南潮沟总体平均长度先增大后减小再增大；

②多数潮沟系统遵循"潮沟等级越高，平均长度越长"的规律。分析其原因如下：
Ⅲ区潮沟总体平均长度最长，主要因为其低潮带连接辐射沙洲，潮滩较为宽阔，
且与西洋西潮汐水道和黄沙洋潮汐水道相连，水量丰富，为潮沟长度延伸提供了
条件。同时，弶港岸外潮滩是滩涂围垦潜力区域，且连接多条岸内沟渠，利于潮
沟发育，该区域多发育在中高潮带 1、2 级潮沟，平均长度均远高于其他区域。另
外，由于部分围垦区附近盐沼植被生长，抑制了潮沟沿水流方向延伸，因此盐沼
区内的 1 级潮沟多发育为细短的小潮沟。

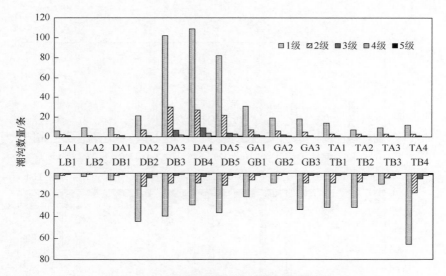

图 6-14　辐射沙洲典型潮沟等级数量统计

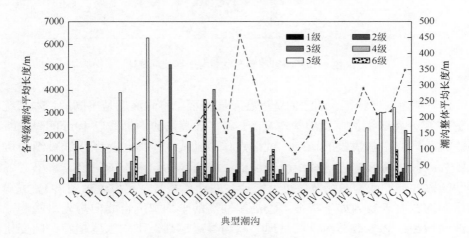

图 6-15　沿岸典型潮沟平均长度统计

辐射沙洲典型潮沟系统不同等级潮沟平均长度统计如图 6-16 所示,其特征表现如下:①不同沙洲的潮沟平均长度,高泥—竹根沙>条子泥>亮月沙>东沙;②向岸与向海两侧潮沟,亮月沙与东沙的向海一侧潮沟长度更长,高泥—竹根沙与条子泥则是向岸一侧潮沟长度更长;③不同等级潮沟,其平均长度同样遵循等级越高长度越长的规律。另外,与沿岸潮沟相比,辐射沙洲的低级潮沟长度更长,如沿岸 1 级潮沟平均长度多分布于 60～150m,而辐射沙洲多位于 200～500m;而较高级如 4 级、5 级潮沟平均长度相当,因此辐射沙洲潮沟整体较沿岸潮沟更长。

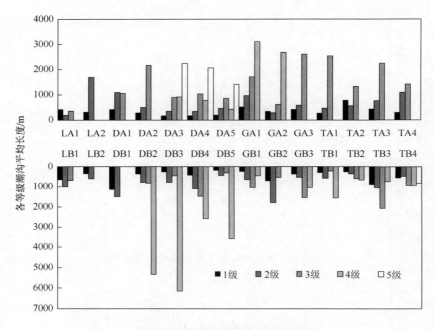

图 6-16　辐射沙洲典型潮沟平均长度统计

(4)潮沟宽度特征。潮沟的宽度在不同截面、不同深度是不同的,本书统计的宽度 W 是每条潮沟岸宽的平均宽度。将每条潮沟的中轴线以 10m 间隔打断成等距线段,取这些线段的端点,过端点作中轴线的垂线,每条垂线被潮沟边界截断为线段,将潮沟内这些线段长度的平均值作为该潮沟的宽度。本书对各沿岸和辐射沙洲的潮沟系统宽度进行统计,并计算其平均宽度。由图 6-17 可知,沿岸潮沟宽度表现为如下特征:①沿岸潮沟的平均宽度自北向南先平稳略减,后波动增加;②多数潮沟系统呈现"潮沟等级越高,平均宽度越宽"的变化特征。不同区域潮沟宽度的差异,主要与潮沟的进潮量和潮差有关。琼港口以南潮滩直面黄沙洋潮汐通道，水量丰富、进潮量大，小洋口附近平均潮差达 6.86m（燕守广，2002），远高于弶港口以北区域，涨潮时潮水迅速上涌，对潮沟进行横向侵蚀，大大拓宽了该区域潮沟沟口宽度，使得Ⅳ区与Ⅴ区的潮沟整体平均宽度大于其他区域。

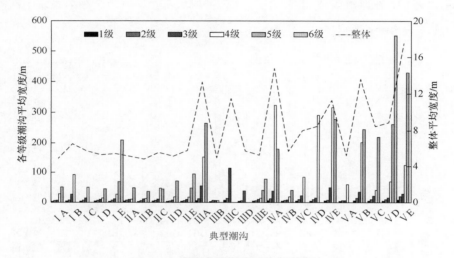

图 6-17　沿岸典型潮沟平均宽度统计

辐射沙洲典型潮沟系统不同等级潮沟的平均宽度如图 6-18 所示，其展现的辐射沙洲潮沟宽度特征如下：①从不同沙洲的角度来看，潮沟整体平均宽度由大到小顺序如下：东沙（30.10m）＞亮月沙（27.97m）＞条子泥（25.36m）＞高泥—竹根沙（21.35m）。潮沟宽度集中分布在 5~10m。②从沙洲向岸、向海不同侧潮沟的角度来看，每个沙洲都呈现出向海一侧潮沟平均宽度大于向岸一侧潮沟的特征。③从不同等级的潮沟宽度差异角度来看，所有潮沟系统都遵循"潮沟等级越高，平均宽度越宽"的变化规律。另外，与沿岸潮沟相比，辐射沙洲潮沟的平均宽度与不同等级潮沟宽度增量均更大，这不仅与辐射沙洲水动力条件更复杂、沿岸潮滩受沙洲庇护进潮量较小有关，而且与沿岸植物生长对潮沟侧向侵蚀的阻碍作用有关。

（5）潮沟深度特征。潮沟深度 D 用每条潮沟的最大深度表示，采用前文提及的 APMECF 中的 MNA 方法将潮沟这一连续负地形的像元值转化为正值，并取每条潮沟对应栅格范围内的最大像元值作为该条潮沟的深度。本书对沿岸典型潮沟平均深度进行了统计（图 6-19），各等级潮沟平均深度最深 2.55m，其变化特征如下：①自北向南潮沟深度先增大后减小后增大再减小；②低等级潮沟深度向高等级先增大后减小，这主要受涨潮流与落潮流的双重作用。涨潮时潮水流速快，并迅速漫滩，此时潮水对潮沟主要是横向侵蚀，即拓宽潮沟宽度，因此最高级潮沟的深度值往往不会很大；落潮时，滩面水以漫流形式退回，当至某一水深时，滩面对水流的摩阻力开始起主要作用，即坡度成为控制水流的主要因素，因此，潮沟中下段除了接受上段退回的落潮水以外，还要容纳滩面的归槽水（张忍顺和王雪瑜，1991），在落潮阶段始终有沟渠水流冲刷底部，导致一个潮沟系统中次高级潮沟深度通常最大。

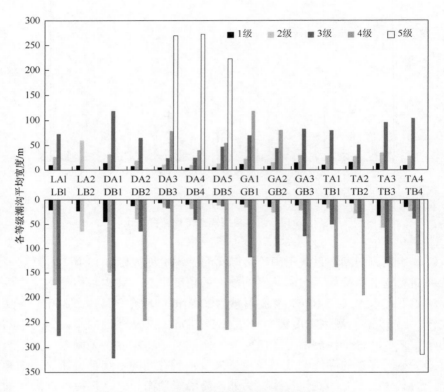

图 6-18　辐射沙洲典型潮沟平均宽度统计

辐射沙洲典型潮沟系统不同等级潮沟的深度值均不超过 1m，最深 0.82m，总体较沿岸潮沟更浅，且不同等级间潮沟深度差值更小。具体特征如下：①沙洲整体潮沟深度顺序，东沙（0.43m）＞高泥—竹根沙（0.42m）＞条子泥（0.41m）＞亮月沙（0.37m）；②对比沙洲向海与向岸两侧潮沟深度，不同沙洲其大小对比结果不同，亮月沙与东沙为向岸＞向海，高泥—竹根沙两侧相近，条子泥为向岸＜向海；③与沿岸潮沟相同，从 1 级潮沟向最高级潮沟深度先增大后减小。

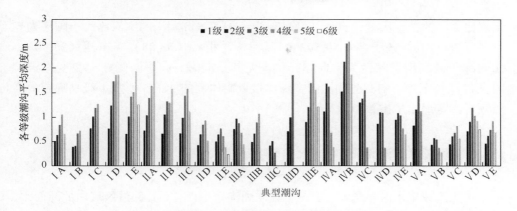

图 6-19　沿岸典型潮沟平均深度统计

（6）潮沟宽深比特征。潮沟的宽深比 WD 很大程度上取决于潮沟临界抗冲刷能力，用潮沟宽度 W 与深度 D 的比值表示。潮流下切形成潮沟过程中，由于潮沟底部泥沙相较于潮沟边壁更稳定，且底部流速小于侧面流速，因此边壁泥沙更易被潮水冲刷，使得潮沟剖面多为宽浅型（吕亭豫等，2016）。不同区域、不同等级的潮沟宽深比不同，沿岸典型潮沟宽深比如图 6-20 所示，整体宽深比集中在 5～20 区间内，最大值为 34.27。其特征可以总结如下：①潮盆整体宽深比由北向南经历增大（Ⅰ区、Ⅱ区至Ⅲ区）—减小（Ⅲ区至Ⅳ区）—增大（Ⅳ区至Ⅴ区）的变化过程；②1 级潮沟至最高级潮沟宽深比呈指数型增长。

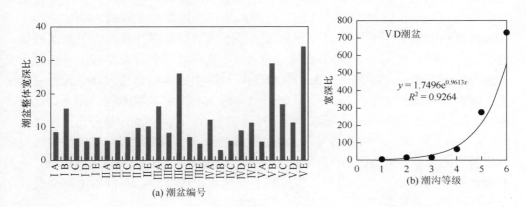

$$y = 1.7496e^{0.9613x}$$
$$R^2 = 0.9264$$

（a）潮盆编号

（b）潮沟等级

图 6-20　沿岸典型潮沟宽深比

与沿岸潮沟相比，辐射沙洲潮沟的宽度更宽，深度更浅，因此宽深比更大，最大可达 1861.97。由于不同沙洲上潮沟的平均深度相近，因此潮沟宽度成为影响宽深比大小的决定因素，具体特征表现为：①各沙洲潮沟的宽深比大小顺序为亮月沙（76.11）＞条子泥（59.59）＞高泥—竹根沙（53.88）＞东沙（37.30）；②向海一侧潮沟宽深比大于向岸一侧。尤其是向海、向岸两侧潮沟宽度差异大的亮月沙与东沙，向海侧潮沟的宽深比接近向岸侧的 2 倍；③从 1 级潮沟至最高级潮沟，宽深比呈指数型增长。

6.2.3　江苏中部沿海潮沟集水区特征分析

　　类比流域集水区概念，对于一个独立潮沟系统而言，其邻近区域内的滩面水，经过不断汇聚流动都会汇入该潮沟系统，这个汇流区域即该潮沟系统的集水区域，但潮沟集水区域的提取不同于河流，由于潮沟内水流流向的双向性，潮沟集水区不能仅依据高程数据进行分割（Marani et al.，2003；Steel，1996）。Chirol 等（2018）对潮沟集水区边界确定方式如下：向海一侧界线取整个潮沟的沟口，向岸一侧为围垦区边界，侧向界线根据 Marani 等（2003）提出的分水岭与相邻潮盆等距确定。这种界定方式在江苏中部潮滩不适用的原因在于，通常沿岸最高级潮沟距离较远，位于相邻主潮沟中间区域的滩面水可能不会汇入任何一个已有潮沟，而是直接汇入海洋，久而久之可能形成新的潮沟，即张忍顺等在"江苏省淤泥质海岸潮沟系统"一文中所言：在粉砂组成的潮间下带甚至不存在明显的分水滩脊（张忍顺和王雪瑜，1991）。吴德力（2014）则将潮沟集水区侧边界定义为支潮沟末梢顶点的连线。本书将这两种方式结合，即向海与向岸两侧边界分别取潮沟沟口与围垦区边界，在潮沟下段侧向边界为沟口与支潮沟末梢的连线，在相邻潮沟密集的中上段，以与相邻潮盆等距（坡度距离）线作为集水区的侧向界线。如图 6-21 所示，对于潮滩上的 A、B 潮沟，分别计算潮滩上各点到两个潮沟的坡度距离［图 6-21（a）和（b）］，取其中的最小值作为该像元距离潮滩上潮沟的距离值［图 6-21（d）］，若该值与距 A 潮沟的距离相等，则令像元值为 1，若与距 B 潮沟的距离相等，则令像元值为 2，此时该潮滩被分为两个斑块［图 6-21（e）］，斑块的公共边可作为 A、B 潮沟集水区的侧边界，结合潮沟沟口与支潮沟的连线，可得到 A、B 潮沟的集水区。基于潮沟系统的集水区范围，本书统计了潮沟的分汊率、曲率、密度和非渠化长度等特征，并分析了这些特征在不同区域、不同潮带的变化特征。

　　（1）潮沟集水区的分汊率特征。潮沟的分汊率是反映潮沟发育程度的重要指标，一般将其定义为单位面积集水面内潮沟交汇点的个数，或单位面积潮滩内潮沟交汇点的个数，单位为个/km²。公式为

$$Y = \sum N / A \qquad\qquad (6.4)$$

$$Y = \sum N / A' \tag{6.5}$$

式中，$\sum N$ 为潮沟交汇点总个数；A 为潮沟的集水面积；A' 为潮滩面积。

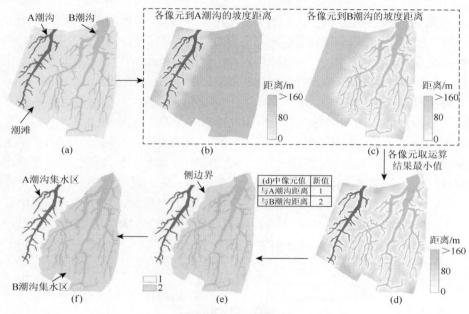

图 6-21　集水区提取

本书对沿岸 25 个潮沟集水区的分汊率进行了统计，如图 6-22 所示，其表现出的变化特征如下：①沿岸由北至南各潮沟集水区的分汊率先波动减小，后增

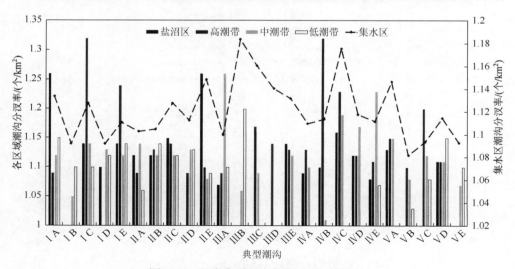

图 6-22　沿岸典型潮沟集水区分汊率统计

加，再波动减小；②从潮盆特征的分带性角度来看，尽管各独立潮盆的分汊率在各潮带内不相同，但区域整体的分汊率由盐沼区至低潮带，除Ⅲ区、Ⅴ区均经历了减小—增大—减小的过程，这一变化特征与潮盆内潮沟的密度特征相一致。盐沼区内植被的生长一方面减弱了该区域内的水动力强度，涨潮时潮水流速减慢，使得水流在遇到植物根部时更易分汊；另一方面是盐沼区内归槽水位升高，区域内更多滩面水需要排出，在滩面水汇入已有潮沟的过程中，对潮滩产生一定的冲刷，长此以往逐渐发育为连接现有潮沟的新潮沟，从而增加了分汊率。

辐射沙洲典型潮沟集水区分汊率统计如图 6-23 所示，其特征可总结为以下三点：①各沙洲整体的潮沟分汊率大小顺序为东沙＞高泥—竹根沙＞条子泥＞亮月沙，最小值小于最大值的 10%；②对比向海、向岸两侧，与辐射沙洲潮沟集水区的密度特征相似，亮月沙及东沙向岸一侧的潮沟分汊率大于向海一侧，而高泥—竹根沙与条子泥向海一侧的潮沟分汊率大于向岸一侧；③从潮沟分汊率分带性角度来看，向海一侧大多表现为低潮带的分汊率大于中潮带，而向岸一侧无明显特征。另外，与沿岸潮沟集水区的分汊率相比，辐射沙洲的潮沟分汊率小于沿岸Ⅰ区、Ⅱ区，与Ⅲ区、Ⅳ区、Ⅴ区相近。

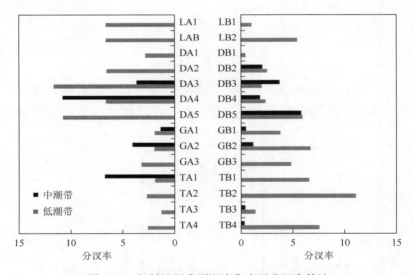

图 6-23　辐射沙洲典型潮沟集水区分汊率统计

（2）潮沟集水区的曲率特征。潮沟的曲率反映其弯曲程度，用潮沟长度与其两端的直线距离之比表示。公式为

$$R = L / L' \tag{6.6}$$

式中，L 为潮沟长度；L' 为潮沟两端的直线距离。

　　沿岸各潮带内潮沟的曲率统计如图 6-24 所示，各潮沟曲率值分布在 1.01～1.32，大多集中在 1.05～1.15。图中所表现出的变化特征具体如下：①沿岸各区块的潮沟曲率顺序为Ⅲ区＞Ⅱ区＞Ⅰ区＞Ⅴ区＞Ⅳ区，即弶港口以北区域总体大于以南区域，这可能与南部潮差大有关，即潮差大抑制了潮沟发育的弯曲度；②潮沟曲率自盐沼区向低潮带，除Ⅲ区外均表现为先增大后减小。

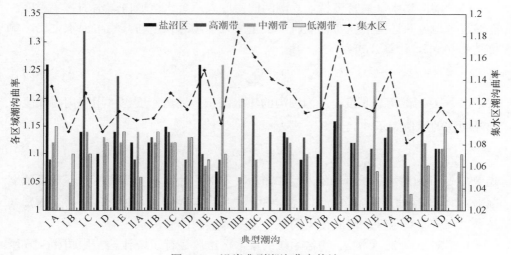

图 6-24　沿岸典型潮沟曲率统计

　　辐射沙洲典型潮沟曲率统计如图 6-25 所示。与沿岸潮沟相比，辐射沙洲的潮沟曲率较小，大多集中在 1.05～1.10，最大值仅 1.21。具体特征可总结

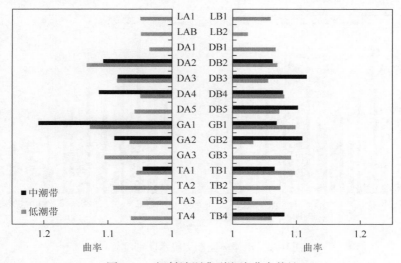

图 6-25　辐射沙洲典型潮沟曲率统计

为以下三点：①各沙洲潮沟曲率顺序为高泥—竹根沙＞东沙＞条子泥＞亮月沙；②向海与向岸两侧潮沟曲率，表现为东沙与条子泥的向海一侧大于向岸一侧，亮月沙与高泥—竹根沙的向岸一侧大于向海一侧；③对比中、低潮带上潮沟曲率，与沿岸地区相同，辐射沙洲上大多潮盆内表现为中潮带大于低潮带。

（3）潮沟集水区的密度特征。潮沟的密度表示集水区域内潮沟的密集程度，能够直观地反映潮沟的发育程度，一般定义为潮沟总长度与其集水面积之比，单位是 km/km^2。计算公式为

$$D_d = \sum L / A \qquad\qquad (6.7)$$

式中，$\sum L$ 为潮沟总长度；A 为潮沟的集水面积。潮沟密度也可用潮沟总长度与潮滩面积的比值表示，其计算公式为

$$D_d = \sum L / A' \qquad\qquad (6.8)$$

式中，$\sum L$ 为潮沟总长度，A' 为潮滩面积。本书中计算集水区密度时，对于独立潮沟-潮盆系统使用的是单位集水区面积的潮沟总长度，而对于区域的所有潮沟系统难以界定其集水区，因此使用的是单位潮滩面积的潮沟总长度。

本书对沿岸 25 个潮沟-潮盆系统的集水区密度进行了统计，结果如图 6-26 所示，其表现出的特征如下：①沿岸潮沟集水区的密度由北向南先减小后增加再减小；②从潮滩内各分带的潮沟密度看，除Ⅲ区外，均呈现从盐沼区向低潮带先减小后增大再减小的变化特征。中潮带是潮沟发育最为密集的区域，主要原

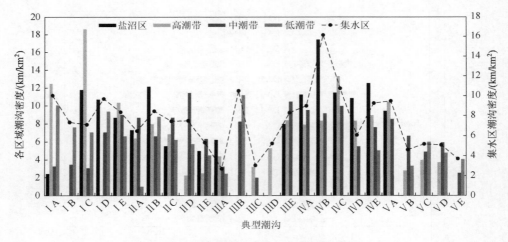

图 6-26　沿岸典型潮沟集水区密度统计

因是该区域受海水频繁灌溉，为了使滩面水尽快排出，发育了较多潮沟；相比之下低潮带受海水冲刷较大，流速快，潮沟较少分汊为支潮沟，导致该区域潮沟密度较小。

辐射沙洲 28 个潮盆内潮沟密度统计如图 6-27 所示。其呈现的辐射沙洲潮沟密度特征如下：①各沙洲整体的潮沟密度大小顺序为东沙＞高泥—竹根沙＞条子泥＞亮月沙，最大值与最小值之间相差一倍；②对比向海与向岸两侧，亮月沙、东沙的向岸一侧潮沟密度大于向海一侧，而高泥—竹根沙、条子泥向海一侧的潮沟密度大于向岸一侧，且向岸一侧潮沟密度自最北端的亮月沙至最南端的条子泥大致呈减小趋势，而向海一侧潮沟密度自亮月沙至条子泥呈增加趋势；③对比中、低潮带上潮盆内潮沟密度，向海一侧大多表现为低潮带密度大于中潮带，而向岸一侧无明显特征。

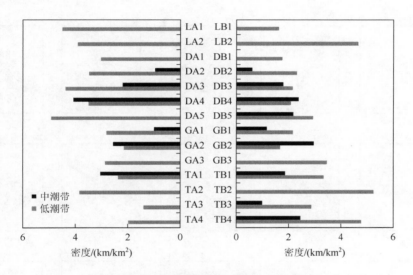

图 6-27 辐射沙洲典型潮沟集水区密度统计

（4）潮沟集水区非渠化长度（unchanneled length，UL）特征。上述潮沟集水区的密度特征仅从数值角度描述潮沟的密度，缺乏空间分布信息（Marani et al., 2003）。非渠化长度是定量描述潮沟系统渠化程度的重要测度，是对基于水力学的径流测算在形态学上的估算，且能够表征潮沟集水区内渠化密度的空间分布，对评价分析潮沟系统发育程度有重要意义（Chirol et al., 2018）。该指标定义为：集水区内所有点到潮沟系统的最小坡度距离（Lohani et al., 2006），该值越小，该区域的渠化程度越高，潮沟密度及排水效率也越高。鉴于江苏中部沿海滩涂平均坡度范围为 0.2‰～0.5‰，本书用水平距离代替坡度距离进行计算。以研究区各潮沟集水区作为目标数据，使用 ArcGIS 的欧氏距离工具，计算江苏中部沿海各集水区内每个非潮沟像元点到潮沟系统的最小水平距离，即为非渠化长度。

本书对沿岸与辐射沙洲共 53 个潮沟集水区的非渠化长度进行计算，空间化结果如图 6-28 和图 6-29 所示。通过观察各集水区的非渠化长度，发现其因不同区域（如沿岸Ⅳ区的非渠化长度值整体较小）、不同集水面积（如ⅢB 潮沟集水面积较小，其非渠化长度值也较小）、不同形态特征（如曲率、分汊率、密度等）不尽相同。从独立潮沟集水区非渠化密度的空间分布角度来看，非渠化长度的高值分布除集水区的边缘区域以外，较多出现在弯曲度较大潮沟的凹处及支潮沟包围的非潮沟区域，且辐射沙洲的集水区非渠化长度总体大于沿岸地区，沿岸地区的值大多分布在 0～800m，少量值大于 800m，而辐射沙洲多集中在 0～1000m，少量数值甚至大于 1000m。

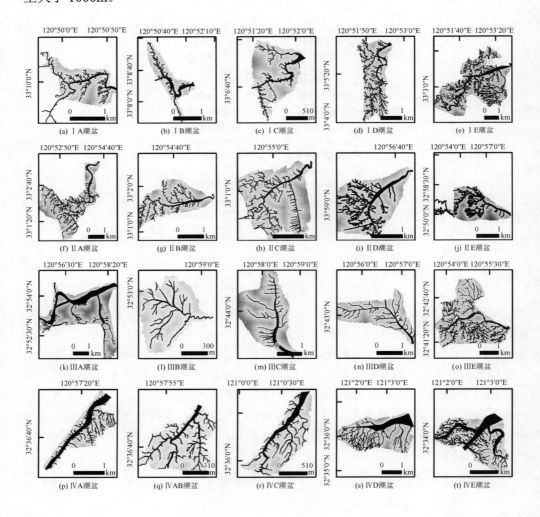

(a) ⅠA潮盆　　(b) ⅠB潮盆　　(c) ⅠC潮盆　　(d) ⅠD潮盆　　(e) ⅠE潮盆

(f) ⅡA潮盆　　(g) ⅡB潮盆　　(h) ⅡC潮盆　　(i) ⅡD潮盆　　(j) ⅡE潮盆

(k) ⅢA潮盆　　(l) ⅢB潮盆　　(m) ⅢC潮盆　　(n) ⅢD潮盆　　(o) ⅢE潮盆

(p) ⅣA潮盆　　(q) ⅣAB潮盆　　(r) ⅣC潮盆　　(s) ⅣD潮盆　　(t) ⅣE潮盆

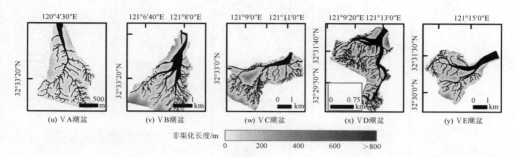

图 6-28　沿岸典型潮沟集水区非渠化长度

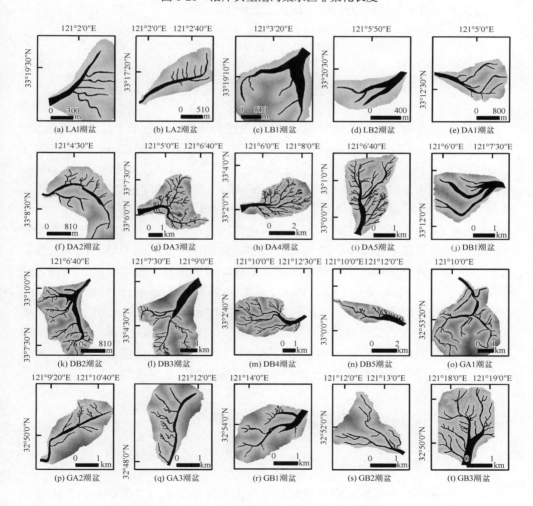

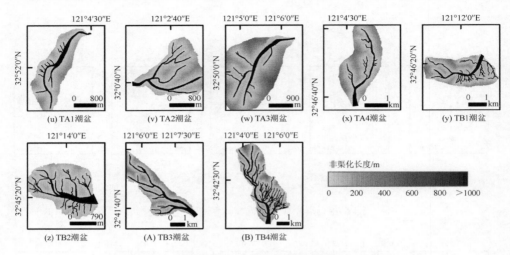

图 6-29　辐射沙洲典型潮沟集水区非渠化长度

6.3　海岸带潮沟演变规律及稳定性分析

作为潮滩上最为活跃的地貌单元，潮沟系统的地貌形态近似于陆地河流系统，在宽阔的潮滩上常发育成树枝状、平行状、羽状等（Ichoku and Chorowicz，1994；Rinaldo et al.，1999），且多生长发育在潮汐作用明显的粉砂淤泥质海岸（Hughes，2012；侯明行等，2014）。不同于陆地河流等单向流系统，潮沟系统既受涨落潮流、波浪等控制，还可能受陆地入海径流、涵闸排水等影响（张忍顺和王雪瑜，1991；Rinaldo et al.，1999）。在潮流、波浪、风暴潮、泥沙供给、人类活动、海平面变化等诸多因素的共同作用下，潮沟系统的形态敏感、多变，动力地貌过程尤为复杂，常表现出频繁摆动、切滩裁弯、相互袭夺、旁向侵蚀、溯源侵蚀、底蚀、淤死与活化等活动（Harvey，1987；Rozas et al.，1988；Whitehouse et al.，2000；张忍顺等，2002；Rizzetto and Tosi，2012；van den Bruwaene et al.，2012），以上活动贯穿了整个潮滩的演化全过程，在很大程度上决定了相邻汇水滩面（潮盆）的稳定性，对沿海堤坝、海闸及围垦工程等海洋工程造成一定的威胁。因此，对潮沟系统的演变规律及其稳定性进行研究具有重要的理论及实践意义。

6.3.1　江苏中部沿海潮沟系统演变规律分析

1. 潮沟中轴线提取及偏移量计算

潮沟系统中轴线提取。潮沟提取结果很大程度上受到潮位的影响。若影像成像时刻潮位高，整个沙洲出露面积小，则基于该遥感光学影像提取的潮沟范围很大程度上会大于基于低潮位成像时刻的潮沟提取结果（图 6-30）。在计算潮沟系统偏移量时，基于面状数据的偏移量计算较为困难且精度较低，因此本书将潮沟提取的面状结果转化成线状数据，通过计算潮沟中轴线的偏移距离来获得潮沟系统的偏移量。

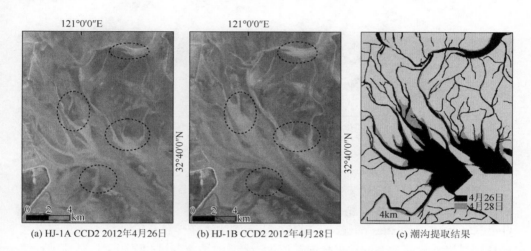

(a) HJ-1A CCD2 2012年4月26日　　　(b) HJ-1B CCD2 2012年4月28日　　　(c) 潮沟提取结果

图 6-30　临近成像时间不同潮位下光学影像潮沟提取结果对比

　　目前关于面状要素中轴线的提取方法主要有以下三种：一是垂线法；二是栅格形态变换法；三是基于矢量数据，利用约束 Delaunay 不规则三角网提取中轴线的方法。本书借鉴了魏士春等（2007）提出的中轴线提取方法，利用 ArcGIS 的 ArcScan 模块，对潮沟系统进行自动矢量化，得到潮沟中轴线，并与基于数学形态学的骨架线提取方法进行了对比。总体而言，两种提取方法都能较好地将潮沟中轴线提取出来，但基于 ArcScan 自动矢量化的方法在复杂节点处（潮沟分汊处），由于比较难确定中心像元的准确位置，提取效果很不理想 [图 6-31（a）]；基于数学形态学的潮沟中轴线提取方法，是从图像外缘开始往内一步步腐蚀，最后保留一个像素宽度的图像作为原始图像的骨架，因此其在潮沟分汊处不会存在上述问题，但其在潮沟末端处朝潮沟两侧顶点方向收缩 [图 6-31（b），黑色虚框处]，而不是收敛于潮沟末端的中点处，在后续工作中，为方便处理，本书直接将中轴线的端点与潮沟端口处的中点连接 [图 6-31（b），黑色虚线]，得到最终用于潮沟偏移量计算的中轴线数据集。

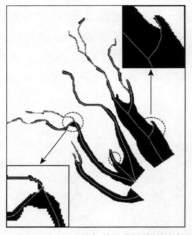
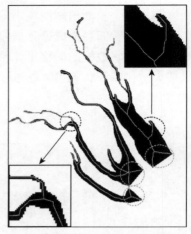

(a) 基于ArcScan自动矢量化中轴线提取结果　　　(b) 基于数字形态学中轴线提取结果

图 6-31　不同方法下中轴线提取结果对比图

　　缓冲区叠置统计分析方法的潮沟偏移量计算。本书借鉴了 Havard Tveite 提出的关于线性地理数据集精度和完整性评价的方法，将缓冲区叠置统计方法（buffer-overlay-statistics method，BOS）引入潮沟系统偏移量的计算中来。该方法的原理是以前后两次潮沟偏移量的差值为指针，通过改变缓冲区距离迭代地进行缓冲区、叠合分析，以获得潮沟偏移量的最佳值（图 6-32）。具体实现步骤为：①确定初始缓冲区距离，并构建相邻两个时刻的潮沟缓冲区；②对生成的缓冲区进行叠合分析，统计叠合分析后生成的各种类型多边形的面积，并用式（6.9）计算潮沟偏移量的初值；③将缓冲区距离增大 b 后，重复此过程，直到计算的偏移量数值趋于稳定[图 6-32（b）]（前后数值差值在阈值 d 内）。此时，可获得该时期潮沟偏移量的终值。通过用户动态交互输入缓冲区距离增量 b 以及阈值 d，该方法可以对不同尺度的潮沟变化进行定量计算。

$$\text{offset}_i = \pi b_i \frac{\text{Area}[\overline{\text{Buffer}(TC_2)} \bigcap \text{Buffer}(TC_1)]}{\text{Area}[\text{Buffer}(TC2)]} \qquad (6.9)$$

式中，offset_i 为迭代第 i 次的潮沟偏移量；b_i 为迭代第 i 次的缓冲区距离；TC_1、TC_2 为 t_1 时刻、t_2 时刻的潮沟系统；$\text{Buffer}(TC_1)$ 为潮沟 TC_1 的缓冲区区域（面积）；$\overline{\text{Buffer}(TC_2)} \bigcap \text{Buffer}(TC_1)$ 为 TC_1 缓冲区内 TC_2 缓冲区外的多边形区域[图 6-32（a）]。

2. 潮沟系统局部分区空间变化特征分析

　　基于光学遥感影像的潮沟提取结果不带有其他属性信息，在后期的分析中需根据具体需求为潮沟提取结果添加各种属性字段。为方便后期对潮沟偏移情况进行更为细致地分析，本书根据潮沟自身分布特征，保持了潮沟系统的完整性，将整个研究区划分为 4 个局部区域：条子泥西北侧区域，主要包含死生港和西大港北段的潮沟系统；条子泥东侧区域，主要是东大港和高泥港区域的潮沟系统；条子泥西南侧区域，包括小灯桩港、横港及西大港南侧区域的潮沟系统；条子泥以南沿岸区域，南起弶港河口，北至掘茸口河口。并将整个区域内潮沟划分为 19 个系统，即为潮沟提取结果添加了系统分区这一属性信息（图 6-33）。图中不同颜色代表不同的系统分区，西北侧区域包含潮沟系统 13、系统 14、系统 15 及系统 16；东侧区域内有潮沟系统 17、系统 18 和系统 19；潮沟系统 11 和潮沟系统 12 分布在西南侧区域；条子泥以南的沿岸区域则包含潮沟系统 1~10 共 10 个潮沟系统。

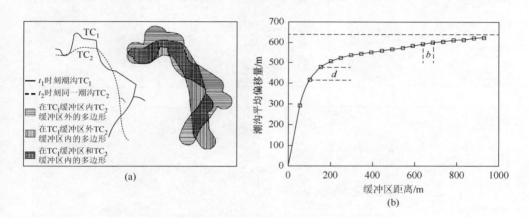

图 6-32　基于缓冲区叠置统计法示意图

为进一步探讨研究区内各潮沟系统局部偏移特征，本书分别计算了四个局部区域内 19 个潮沟系统在各时相上的偏移量。由于系统分区工作需要对每一景提取结果的每一条潮沟人工地添加系统分区属性，在这个过程中需要判断每一条潮沟属于哪个系统，以便能使不同时相的潮沟在系统分区上能够一一对应，工作量很大。因此，本书只对 2010~2013 年潮沟提取结果进行了系统分区。为了定量比较各潮沟系统的稳定性，本书使用变异系数（coefficient of variation）指标进行衡量。变异系数又称离散系数，用于概率分布离散程度的量度，定义为标准差除以平均值，其计算公式如下：

$$CV = \left(\frac{\sqrt{\dfrac{1}{N}\sum_{i=1}^{N}(x_i - \overline{x})^2}}{\overline{x}} \right) \times 100\% \qquad (6.10)$$

式中，CV 为变异系数；N 为样本总量；x_i 为第 i 个样本；$\bar{x}$ 为样本数据平均值。变异系数越大，说明数据离散程度越高，潮沟越不稳定。

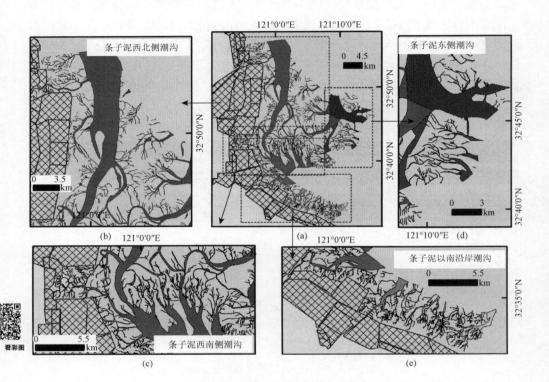

图 6-33　研究区分区及潮沟系统划分

　　从图 6-33 可以看出，条子泥以南沿岸潮沟系统平均偏移量最小，且各时间段内潮沟偏移距离相对其他三个区域较为稳定。条子泥西南侧潮沟系统发育充分，分支众多，整体形态特征较为复杂，潮沟系统 11 和系统 12 平均偏移距离在不同时间段差异大，变异系数分别为 77.46% 和 64.20%，最大偏移量与最小偏移量之间差异显著，且该区域内，两个潮沟系统平均偏移量都在 300m 以上，总体偏移量大，系统表现为不稳定状态。条子泥西北侧各潮沟偏移距离普遍较大，尤其是靠近围垦区的系统 13 和处于西洋东侧的系统 15 是平均偏移量最大的两个潮沟系统。条子泥东侧潮沟在各时间段的偏移量的变化相对较小。另外，在所有统计的时间段中，研究区内 19 个潮沟系统平均偏移量前三的值基本都集中在以下三个时间段：第一个时间段是 2010 年 7 月 31 日至 11 月 27 日；第二个时间段是 2013 年 7 月 11 日至 8 月 12 日；第三个时间段是 2013 年 8 月 12 日至

10 月 11 日。这也从区域分析层面证明了研究区内各潮沟系统在夏秋季节平均偏移量较冬春季节大。

3. 江苏中部沿海主要潮汐通道移动规律分析

条子泥沙洲内 5 条主干水道：死生港、小灯桩港—内王家槽、西大港、东大港以及高泥港贯穿整个潮滩范围，主干水道的移动基本决定了整个潮滩的移动趋势。其中，西大港是条子泥滩面上最为重要的潮汐通道，它从南到北贯穿条子泥中部，把条子泥分为东西两部分；小灯桩港—内王家槽位于条子泥区域的西南近岸区域，承担着条子泥潮滩西南区域滩面的落潮水归槽和泥沙输送的功能；死生港是条子泥区域西北部最重要的潮汐通道，它与小灯桩港—内王家槽串通，将陆岸潮滩与条子泥潮滩分开；东大港南与外王家槽相通，北与西大港相连，在长期的演变过程中，形态发生了很大的改变；高泥港位于条子泥与高泥交界处，北部直接与西洋相连，南部与外王家槽北部相连。在前期潮沟系统时序平均偏移量的分析中，本书研究发现 2009 年至今，死生港、西大港、东大港以及高泥港的位置和形态都发生了很大的变化（图 6-34）。

本书基于各时相遥感影像，提取了 2009~2018 年条子泥沙洲内的四条主干水道，并分别对各主干水道的时空演变规律进行分析。图 6-35 展示了 2009~2018 年 10 年间各主干道的移动过程，图中不同灰度代表不同年份的主干水道。从图中可以明显地看出，2010~2018 年西大港总体持续往东南方向移动（2009 年主干水道被遮住，2009~2010 年，西大港朝西移动）。通过对比分析近 10 年主干水道的移动趋势，基本可以断定条子泥区域在 2009~2018 年沙洲整体往东南方向移动。

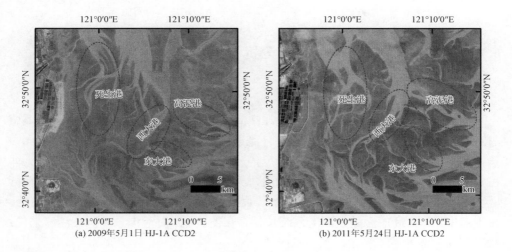

(a) 2009 年 5 月 1 日 HJ-1A CCD2　　　(b) 2011 年 5 月 24 日 HJ-1A CCD2

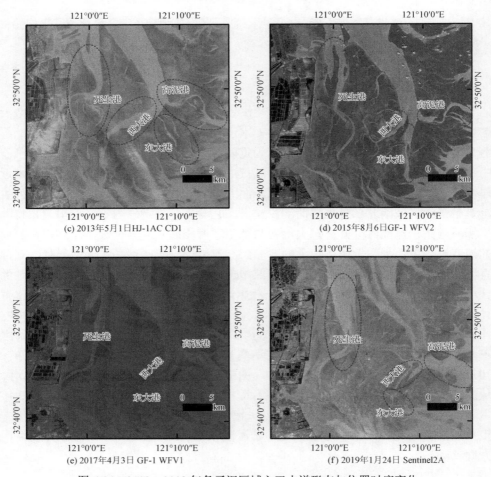

图 6-34　2009～2018 年条子泥区域主干水道形态与位置时序变化

6.3.2　江苏中部沿海潮滩稳定性分析

1. 潮沟系统全局空间变化特征分析

为把握研究区内潮沟系统稳定性在空间上的分异规律，本书采用长时序遥感与 GIS 空间叠置分析相结合的方法进行稳定性分析，若同一个地貌单元在像元中长期存在，则视该地貌单元稳定；相反，若同一区域地貌类型频繁变化，视为非稳定。通过统计区域内潮沟出现的频次，分析潮沟系统稳定性特征。本书把目标区域内 2009～2018 年所有时序潮沟系统数据进行频次叠加分析。需要注意的是，在本书中，频次高的区域是潮沟系统长期存在的区域，对潮沟系统所在潮滩来说，频次越高，潮滩越不稳定。

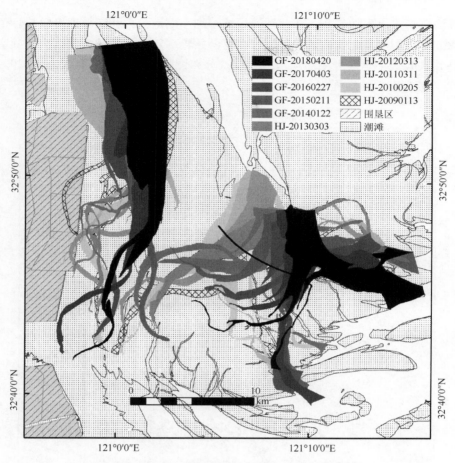

图 6-35　2009～2018 年条子泥区域主干水道移动规律

　　基于 71 景影像所提取的潮沟出现频次分布如图 6-36 所示。图中从黑色过渡到灰色分别代表潮沟出现 1 次到潮沟出现 71 次。频次高的区域代表潮沟长期存在，可称其为稳定潮沟。从潮沟系统频次统计图中可以看出，整个研究区域内有 13 个稳定的、较为完整的大型潮沟系统。其中，条子泥区域以南沿岸潮滩上分布有 5 条较为完整的稳定潮沟系统，且图中这些潮沟系统的支流轮廓也较为清晰，说明此区域潮沟系统相对稳定，在 2009～2018 年摆动幅度较小；在整个条子泥沙洲，潮沟出现频次较高的区域主要位于与外海相连的几大主干水道处，如条鱼港、外王家槽、高泥港、东大港、西大港、死生港等大型潮汐通道附近。潮沟出现频次较低的区域主要位于近岸区域及条子泥潮滩腹部区域。从频次分布图中可以看出条子泥腹部潮滩区域分布有大量错综复杂的细小潮沟，且相比于大型潮沟，这些细小潮沟在频次分布图中显得更加混乱复杂，这也反映了位于潮滩中上部的小尺度潮沟在形态上更加易变,在此潮滩区域,细小潮沟消亡和新增速度较快。值得注意的是,图中东北偏南潮滩区域分布有两条轮廓较为清楚的大型潮沟,其实这两高频次区域都是西大港潮沟水道,频次分布图直观地反映了西大港在 2009~2018 年持续东移的过程。

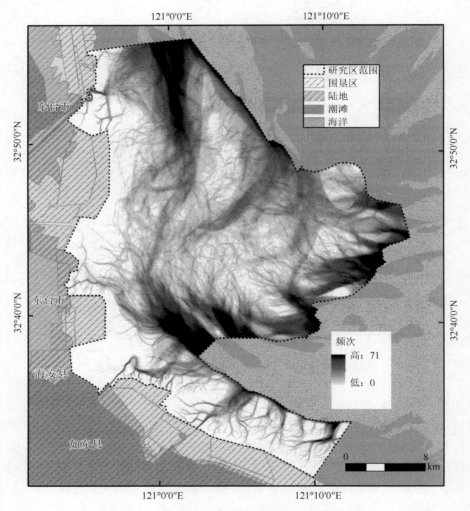

图 6-36　2009~2018 年潮滩上潮沟出现频次分布图

2018 年 5 月海安撤县设市

2. 江苏中部沿海潮滩稳定性分析

本书中把潮沟出现频次≤5 的滩面定义为稳定潮滩,将潮沟出现频次为 6~10

的滩面定义为基本稳定潮滩，若滩面上潮沟出现频次＞10 则为易变滩面。其中，稳定潮滩面积达 248.18km^2，占整个滩面面积的 28.26%；基本稳定潮滩面积 127.48km^2，占整个滩面面积的 14.51%；易变潮滩面积达 502.61km^2，占整个滩面面积的 57.23%。这意味着整个研究区内有一半以上的潮滩潮沟系统活跃。研究区潮滩稳定性空间分布见图 6-37。研究区内稳定性潮滩基本分布在近岸潮滩及条子泥沙洲的腹部几大主干水道之间。

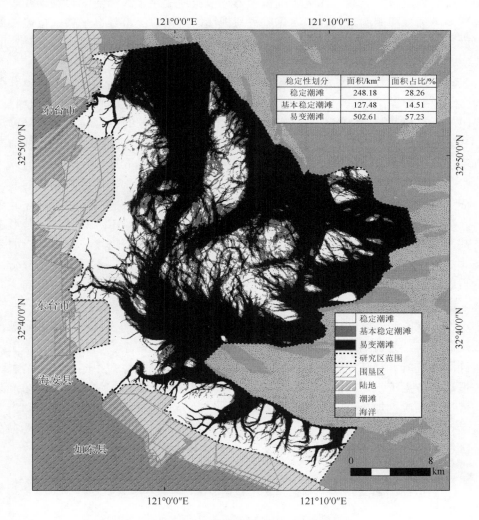

图 6-37　研究区潮滩稳定性空间分布图

6.4　本　章　小　结

潮沟系统作为潮滩上最活跃的地貌单元，是潮滩与水下岸坡区物质与能量交换的通道，在潮流、波浪、风暴潮、人类活动等因素的综合作用下，潮沟系统敏感、多变，对邻近海堤、港口等沿海工程构成极大威胁。江苏中部沿海是我国潮沟系统最为发育的区域，在区域沉积动力环境快速变化、人类活动影响加剧等背景下，亟须掌握潮沟系统地貌演化过程与规律，为沿海经济社会平稳、持续发展提供决策支持。针对潮沟系统因海岸带复杂地理环境与自组织网络结构而导致的提取难、表征难、分析难等关键问题，本章完成了如下研究：

（1）基于 LiDAR DEM 数据和高分辨率多光谱卫星影像，分别提出了一套潮沟自动提取的算法。结合目标潮沟系统在高程属性中作为连续负地形的几何属性，提出了针对机载 LiDAR DEM 数据的顾及剖面形态特征的全自动潮沟提取算法（APMECF），并基于多光谱高分辨率遥感影像，从目标潮沟系统的几何特征信息入手，提出了顾及局部微分几何结构的多尺度潮沟系统提取算法（MLDSI）。

（2）以高分辨率 LiDAR DEM 数据为基础，对江苏中部沿海潮沟系统的形态特征进行定量提取，分析其沿岸、沿辐射沙洲、沿潮带的分布与变化特点。针对研究选取的沿岸及辐射沙洲的典型潮沟系统，基于 LiDAR DEM 数据计算其形态特征及其集水区特征（等级、长度、宽度、深度、宽深比、密度、分汊率、曲率及非渠化长度），分析潮沟的长、宽、深度与潮沟等级的关系，不同潮带的分带性特点以及各潮带在沿岸和辐射沙洲的变化规律，对比在辐射沙洲各沙洲之间，向海、向岸两侧的特征差异，讨论差异性原因。

（3）以多源、时间序列光学遥感影像为基础数据源，构建江苏中部沿海潮沟系统数据集，分析潮沟系统动态演变过程及其稳定性在时空上的分异规律。引入缓冲区叠置统计算法计算区域内潮沟系统平均偏移量，通过对不同分区潮沟系统的摆动和各主干水道的演变分析区域内潮沟系统在局部范围的演变规律；通过潮沟数据集频次叠加分析，揭示潮沟系统总体空间分异规律，并依据区域内潮沟系统活跃程度对潮滩做了稳定性划分。研究结果表明：区域内潮沟系统的摆动存在分区性。

第7章 南黄海浒苔提取与暴发环境因素分析

我国拥有约 1.8 万 km 的大陆海岸线，2017 年中国海洋生产总值超过了 7.7 万亿元。然而，随着海洋资源开发力度的加大，海洋生态环境问题日益凸显：固体废弃物、重金属、养殖废水及海洋溢油等污染源入海加速了海水质量劣化，近岸海水富营养化导致海洋生物多样性严重减少；填海造地等近岸工程使海岸沉积动力环境改变；河口淤积和海岸侵蚀等问题逐步呈现，滨海湿地面积萎缩。超出海洋环境容纳能力的开发与排放所带来的问题在近十几年来与日俱增，新的海洋生态环境问题开始显露。例如，2008 年青岛海域遭遇浒苔（*Ulva prolifera*）入侵，分布面积达到 33000km^2（李大秋等，2008），该事件的发生将浒苔这一海洋生物引入了我国大众视野。

浒苔属绿藻纲，石莼科，石莼属。其自身无毒，但在适宜条件下会暴发性繁殖，大面积覆盖在海面的浒苔会直接影响阳光入射到海水中，并消耗海水中氧气。当浒苔生命周期结束后发生腐烂分解，这一过程严重消耗水中溶解氧，导致局部水域出现无氧区，严重影响其他海洋生物的正常生长甚至导致其死亡。由于浒苔等大型绿藻暴发时整个海面呈绿色，因此浒苔这一类大型藻类暴发性繁殖、聚集现象称为"绿潮"。在我国，"绿潮"与"赤潮"并列为严重的海洋生态灾害现象（张苏平等，2009）。

绿潮侵袭在世界范围内也时有发生。例如，20 世纪 70 年代，英国南海岸、兰斯顿港口大面积绿潮暴发（Taylor，1999）；1992～2000 年，芬兰西部海湾绿潮连续暴发 9 年。波罗的海、北大西洋、墨西哥湾以及中国东海和黄海都是绿潮频繁出现的地区。卫星遥感技术是可以面向全球范围连续观测、实时反馈数据的先进技术，不仅克服了传统调查方法受外界条件限制大、空间信息难以获取的难题，而且能够获得长时间序列连续数据，实现对空间信息变化的更全面了解。尤其是遥感技术应用在海洋研究领域中，相对于传统实地数据调查来说，可以节约大量的人力、物力、财力，最大化降低数据获取风险，为海洋领域相关监测研究提供更多可能。

7.1 浒苔遥感提取原理与方法

最早的遥感水色产品获取于 1978 年美国 NASA 发射的雨云-7 号（Nimbus-7）极轨卫星上搭载的 CZCS 海岸带水色扫描仪，由于其灵敏度较低并且参数设置主要用于水中悬浮物质识别，因此应用较为局限，但 CZCS 作为第一代水色遥感仪，为水色遥感产品发展提供了参考雏形。随着遥感技术推进和水色卫星产品迭新，可获取数据在数量和质量上显著提升，为开展绿潮暴发因素分析及暴发趋势预测研究提供了更全面、可靠的数据。1996 年日本 ADEOS（Advanced Earth Observation Satellite）卫星上搭载了用于探测海洋水色及水温的扫描仪 OCTS（Optical Cable Transmission System），1997 年美国发射的 SeaStar 卫星上搭载了用于获取海洋生物信息数据的 SeaWiFS（Sea-Viewing Wide Field-of-View Sensor）传感器，2002 年欧空局发射的环境卫星 ENVISAT-1（Environmental Satellite-1）搭载了用于海洋水色观测的 MERIS（Medium-Resolution Imaging Spectrometer Instrument）传感器，1999 年和 2002 年美国 NASA 分别发射了两枚搭载有 MODIS（Moderate Resolution Imaging Spectro radiometer）传感器的 Terra 和 Aqua 卫星（吴克勤，1997；李四海等，2000）。截至目前，以上述卫星为代表的极地轨道卫星发展已较为成熟，其中 MODIS 和 MERIS 传感器由于其波段设置与辐射灵敏度等方面的较大优势而被广泛应用于绿潮探测领域（高中灵等，2006）。但是，MERIS 数据应用范围较为局限，而 MODIS 产品空间分辨率较低（Hu，2009），因此，对暴发性事件即时捕捉或对海洋状态连续观测还不完善（李冠男等，2014）。

2010 年 6 月韩国航空局成功发射了全球首个用于水色遥感研究的地球静止轨道海洋水色卫星 COMS，其搭载的 GOCI（Geostationary Ocean Color Imager）水色传感器，可以获取小时级时间分辨率遥感数据产品（王泉斌等，2017），因此该数据可以用于探测短期内地物变化过程。并且从发射至今，GOCI 数据已经构成了时间跨度达 10 余年的时间序列数据。因此，对开展时间序列下的南黄海绿潮浒苔暴发监测与暴发因素分析具有很大实际应用价值。

目前，已经有学者采用 GOCI 数据对南黄海绿潮浒苔监测和提取，并且取得了显著成果，但是开展大尺度（年、月）及小尺度（天）下的时间序列监测、提取并结合长年限的气候、水文等环境因素进行综合分析的研究还较为缺乏。基于遥感技术和 GIS 手段对长时间序列遥感影像及环境数据进行提取和综合分析，是深入认识南黄海浒苔暴发因素及其发展周期规律的关键手段，更是深刻认识海洋环境变迁受人类过度开发行为影响的途径。南黄海浒苔目前已经得到有效的治理，但仍未根除。因此，开展南黄海浒苔长时间持续监测和多因素关联分析、建立起黄海生态环境信息库，对掌握黄海生态环境态势、提高黄海生态环境管理水平、探索黄海管理新模式具有重要意义。

7.1.1　浒苔遥感提取算法

从 2008 年起每年春末夏初我国南黄海都会出现严重浒苔灾害（Wang et al.，2015；Liu et al.，2016b）。海洋水色卫星及产品的应用与发展进一步提高了人们对浒苔灾害的认知和理解（Cui et al.，2012；Xing et al.，2017；顾行发等，2011）。本节利用静止轨道卫星搭载的 GOCI 传感器提取 2011~2016 年发生在南黄海的浒苔灾害，分析不同生长周期浒苔暴发强度与外界水文气象要素之间关系来探索浒苔暴发机制。收集 2011~2016 年每年 5~7 月的 GOCI 影像数据，利用近似漂浮植被指数（AFAI）进行时间序列下的南黄海浒苔提取，获得了丰富且相对完整的南黄海浒苔覆盖及分布信息数据集。同时，根据降水、海表面温度、光合有效辐射、海面风场卫星数据产品，进一步分析浒苔暴发环境影响因素（刘榆莎等，2016）。目前围绕浒苔暴发的相关研究较多，但是这些研究一般是从短期角度进行分析，并局限于相对简单的环境影响因素分析。本节从长期角度全面分析南黄海浒苔近些年暴发趋势、浒苔发生发展过程的一般特征等，以及长期的水文、气象条件变化，以更加细致地了解环境因素对浒苔暴发的影响，为今后南黄海浒苔趋势性预测和控制性监测提供理论及技术手段支持。还着眼于 GOCI 数据高时间分辨率优势，通过对浒苔提取结果逐时变化对比进一步分析 GOCI 数据在实际应用中的可用性及可靠性，为今后 GOCI 数据在其他领域应用提供参考。

　　与陆地植被光谱特征相近，浒苔藻体在蓝光通道（400~490nm）及红光通道（650~680nm）各自存在吸收谷，而在绿光通道（530~570nm）和近红外通道（700~750nm）出现反射峰，在近红外波段反射率出现陡升，达到红光波段反射率 3 倍左右。不同海域水体光谱特征差异会对浒苔光谱特征产生影响。通常，清澈水域浒苔反射光谱特征与周围水体差异明显，易于判别；而浑浊度较高的近岸水域红光波段产生较高反射峰，此时浒苔与水体光谱差异较小，简单阈值分割算法难以将两者区分（叶娜等，2013；章志等，2016）。通过波段运算增加红光波段和近红外波段的光谱特征差异是浒苔识别的基本原理。常用算法有归一化植被指数算法（NDVI）、漂浮植被指数算法（FAI）和增强型植被指数（EVI）等（Garcia et al.，2013；Hu，2009；Hu et al.，2017；Son et al.，2012）。其中，FAI 受云、大气和太阳角度等外界条件影响较小，本节使用 AFAI 指数来提取浒苔，AFAI 数值大小也能够反映浒苔生长状况（Xing and Hu，2016）。

$$\text{AFAI} = R_{\text{rc, NIR}} - R'_{\text{rc,NIR}} \tag{7.1}$$

$$R'_{\text{rc,NIR}} = R_{\text{rc,RED}} + (R_{\text{rc,SWIR}} - R_{\text{rc,RED}}) \times (\lambda_{\text{NIR}} - \lambda_{\text{RED}}) / (\lambda_{\text{SWIR}} - \lambda_{\text{RED}})$$

式中，$R_{\text{rc, NIR}}$ 为近红外波段反射率；$R_{\text{rc,SWIR}}$ 为短波红外反射率；$R_{\text{rc,RED}}$ 为红外波段反射率；$\lambda_{\text{RED}} = 660\text{nm}$；$\lambda_{\text{NIR}} = 745\text{nm}$；$\lambda_{\text{SWIR}} = 865\text{nm}$。然后，利用阈值分割算法对浒苔像元进行密度分割得到阈值分割后浒苔的覆盖面积，公式如下：

$$\text{Rel.Coverage} = \frac{\text{AFAI}_{\text{Algae}} - \text{lower-AFAI}}{\text{upper-AFAI}_{\text{Algae}} - \text{lower-AFAI}} \times 0.25(\text{km}^2) \tag{7.2}$$

式中，upper-AFAI 为纯像元时 AFAI 数值大小；lower-AFAI 为像元中存在最小浒苔面积时 AFAI 数值。

7.1.2　浒苔分布结果

通过分析 2011～2016 年南黄海浒苔分布规律，发现浒苔发育于江苏岸外辐射沙脊群，暴发于南黄海中部海域，最终在山东半岛南岸进入消亡期（图 7-1），具有以下特性：①浒苔生长初期，多呈条带状及破碎斑块状，区域分布零散，漂移路径四散展开，呈现扇形扩张趋势，与辐射沙脊形态相似。②浒苔暴发盛行期，呈现大面积团块状集聚特点，在南黄海无潮点形成旋转之势，此时仍有大量条带状浒苔向该区域漂移。③浒苔消亡期，2011～2016 年漂移浒苔抵达山东半岛南岸并继续沿海岸向东北方向延伸。2015 年和 2016 年浒苔暴发强度很大，往年消亡阶段区域仍有大量浒苔聚集。

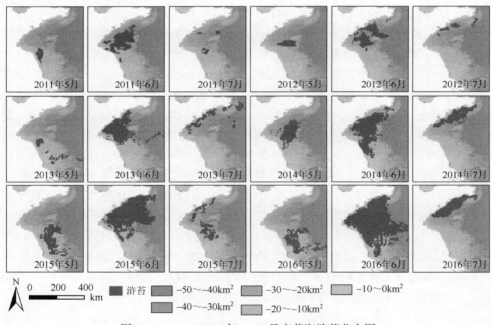

图 7-1　2011～2016 年 5～7 月南黄海浒苔分布图

辐射沙脊附近离散浒苔经过 20～30d 生长，6 月漂移到南黄海中部面积达到最大。近些年浒苔暴发面积持续增长，强度不断增强，最大覆盖面积出现在 2016 年，达到 29215km²，约为 2012 年最大覆盖面积（3526km²）的 8 倍。其他年份最大覆盖面积分别是：3887.25km²（2011 年），7173.5km²（2013 年），5414.25km²（2014 年）。年平均覆盖面积方面，2016 年最大，为 7185.97km²，之后是 2014 年、2013 年、2011 年、2012 年，年平均覆盖面积分别为 4132.20km²、4118.15km²、1679.00km²、1528.44km²。

7.1.3　浒苔密集度分布特征

对 2011～2016 年浒苔提取结果进行分析，其发生过程可归结为"分散发育、聚集暴发以及扩散消亡"趋势（Smetacek and Zingone，2013；矫新明等，2017）。总体来看，浒苔分布密集度呈现先增后减态势，在生长初期及消亡阶段分布密集度明显低于浒苔暴发期密集度（图 7-2）。虽然 2011 年浒苔整体暴发强度低于其他各年（除 2012 年），但其暴发期分布密集度却达到了最大值，2013～2016 年浒苔暴发期分布密集度基本不变，表明密集度达到 0.25 时，其生长状态趋于饱和，达到该年最大暴发密集度。

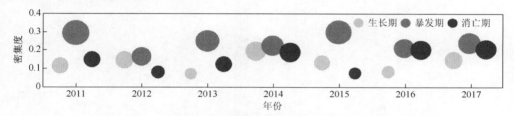

图 7-2　2011～2016 年不同时期浒苔分布密集度特征

7.2　南黄海浒苔暴发分布特征规律

7.2.1　浒苔空间分布特征

漫衰减系数（K_d（490））表征水体的透光层深度，数值越低光在水中穿透能力越强。图 7-3 中近岸水域 K_d（490）数值在 0.3 左右，此时浒苔小块团状分布在

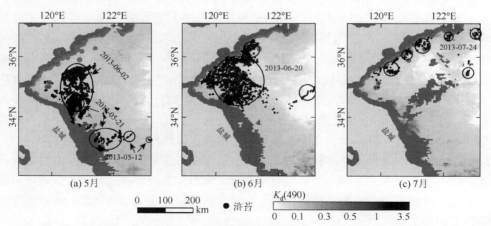

图 7-3　2013 年浒苔分布与海水漫衰减系数 [K_d（490）] 空间关系

辐射沙洲附近（2013 年 5 月 12 日和 2013 年 5 月 21 日）；6 月 2 日浒苔往北漂移到南黄海中部面积迅速增长，这个区域的 K_d（490）数值为 0.1，6 月 20 日时浒苔覆盖度最大；7 月 24 日，山东半岛零星出现浒苔。浒苔漂移到 34°N 清水区后开始大面积增长，因为在这个区域藻体可以接收更多的光照。

图 7-3 中显示浒苔适宜生长在海水比较清澈的水域（水深 20～30m），以接受更多光照进行光合作用。5 月浒苔覆盖在水深 20m 的海域面积为 5500km^2；6 月浒苔漂移到南黄海中部开始迅速繁殖，平均水深在 25～30m；7 月下旬到达山东半岛时，水深 25m 的区域覆盖面积达到 8200km^2（图 7-4）。

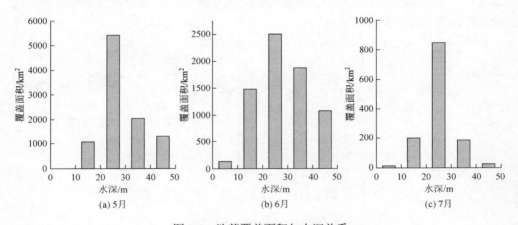

图 7-4　浒苔覆盖面积与水深关系

7.2.2　浒苔年际漂移规律及热点暴发区

浒苔漂移轨迹是进行浒苔监测和开展浒苔暴发预测预警的重要参考（张苏平等，2009）。通过重心提取得到 2011～2016 年浒苔的漂移轨迹，并根据 AFAI 数值来确定浒苔暴发的热点区域（图 7-5）。2011 年浒苔暴发过程迅速，前期浒苔向北偏西漂移，后期北偏东，在纬度分量上漂移距离相对其他各年幅度最小；2015 年浒苔暴发规模巨大，在进入消亡阶段后，巨大的浒苔生物量在海岸阻挡下出现持续大规模（西）南向漂移，自北向南逐步消亡；2013 年、2015 年及 2016 年在 6 月浒苔盛行期间（中期），西向分量上浒苔漂移距离相较于其他各年明显增加 [图 7-5（a）]。江苏岸外辐射沙脊以北是浒苔生长"热点"，在风和海流作用下由北向中部集合；到达江苏中部进入大面积集聚暴发时期，南黄海中部为浒苔最适宜生长区域；后期"热点"区域沿着山东半岛附近延伸。在富营养化程度高的沿海区域，消亡阶段浒苔没有出现大范围"热点"区域 [图 7-5（b）]。

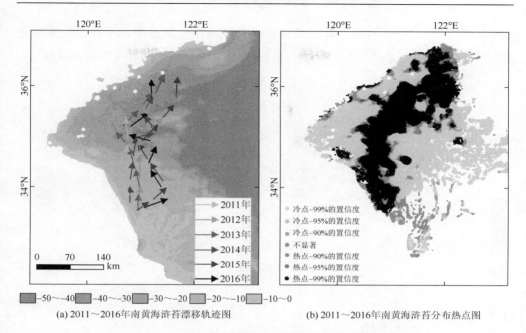

(a) 2011～2016年南黄海浒苔漂移轨迹图　　　　(b) 2011～2016年南黄海浒苔分布热点图

图 7-5　2011～2016 年南黄海浒苔漂移轨迹及热点分布图

南黄海海域海面风场是影响海水表层流流向及驱动浒苔漂移的主要作用力（Lee et al.，2011；黄容等，2013；王宁等，2013），根据 2011～2016 年的 ASCAT 月平均风场数据，研究了风力在浒苔移动过程中的实际作用。通过对 2011～2016 年 5 月、6 月和 7 月风向进行累加统计，绘制出各月风向频率玫瑰图（图 7-6）。浒苔漂移基本路径与 5～7 月风向具有很强的相关性，该时间盛行风向以南风为主，符合浒苔一路向北主线漂移轨迹；6 月持续的东南风是浒苔在生长初期沿西北方向移动及之后推动进入暴发盛行期向海州湾区域（西北方向）扩散的主要驱动力；7 月，浒苔在完全由南风主导的风力带动下到达山东半岛，受到海岸阻挡漂移方向发生变化。

7.2.3　浒苔日漂移规律

2017 年 5 月 27 日选择 3 个区域观察一天中浒苔每个时刻位移的变化。区域一浒苔先向东方向漂移，随后 3 个小时中转向东北方向，之后逐步转向北继续移动；区域二浒苔在 8 小时内持续向北偏东北方向漂移；区域三浒苔先向东南方向移动，之后转向北方移动；将当日第一景及第八景提取结果叠加对比，发现浒苔在一天中的位移显著。通过计算浒苔斑块逐时位移距离和逐时漂移速率，发现各子区域中浒苔漂移速率基本维持在 0.4～0.7m/s，区域一速度最快，最大速率

0.69m/s；区域二中浒苔整体漂移速率相对其他两个区域偏低，平均移动速率为 0.42m/s，而区域一及区域三平均移动速率分别为 0.55m/s 和 0.54m/s（表 7-1）。

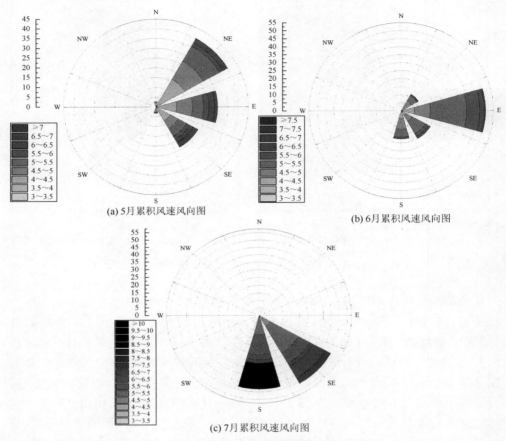

图 7-6　2011～2016 年 5～7 月风向频率分布图（单位：m/s）

表 7-1　分区域浒苔逐时位移变化情况

影像编号	区域一		区域二		区域三	
	位移/m	速率/（m/s）	位移/m	速率/（m/s）	位移/m	速率/（m/s）
00-01	2470.13	0.69	1430.95	0.40	2399.74	0.67
01-02	2346.08	0.65	1772.39	0.49	2143.49	0.60
02-03	1735.79	0.48	1537.27	0.43	2252.42	0.63
03-04	2487.09	0.69	1288.93	0.36	1865.32	0.52
04-05	1926.19	0.54	1565.38	0.43	1270.54	0.35
05-06	1534.59	0.43	1653.17	0.46	1531.96	0.43
06-07	1919.83	0.53	1587.54	0.44	2396.09	0.67
00-07	9956.13	0.40	7890.14	0.31	11721.09	0.47

7.3　南黄海浒苔暴发环境驱动因素分析

7.3.1　浒苔不同生长阶段划分及相关关系

浒苔暴发时间通常在 5 月中旬，结束时间为 8 月上旬，2011 年浒苔的开始及结束时间与其他各年相比相对滞后，2012 年暴发最盛行期及结束时间提前 10d 左右，整个生长阶段的持续时间平均在 81d，而 2013 年持续时间为 6 年中最长（表 7-2）。

表 7-2　2011～2016 年浒苔暴发过程时间节点

年份	开始时间	暴发时间	登陆时间	结束时间
2011	5 月 27 日	6 月 13 日	6 月 18 日	8 月 14 日
2012	5 月 18 日	6 月 6 日	6 月 13 日	7 月 29 日
2013	5 月 11 日	6 月 18 日	6 月 22 日	8 月 11 日
2014	5 月 13 日	6 月 18 日	6 月 23 日	8 月 6 日
2015	5 月 16 日	6 月 12 日	6 月 21 日	8 月 6 日
2016	5 月 16 日	6 月 16 日	6 月 25 日	8 月 5 日

表 7-3 从 2011～2016 年中选择三景数据表示初期、暴发期和消亡的三个浒苔生长阶段状态。生长率比覆盖面积更能表现浒苔各阶段态势，选取临近暴发最盛行日期前后两期影像得到生长速率和衰减速率。浒苔在前期生长速率较高，后期生长速率与前期的生长速率基本相同，平均衰减速率–17%左右。2012 年浒苔前期生长速率最低，仅为 1.18%；2015 年及 2016 年这两年的生长和衰减速率较高，都达到了 20%以上。AFAI 数值与浒苔面积的相关度达到 $R^2 = 0.74$ [图 7-7（b）]；生长期和暴发期浒苔相关关系达到 $R^2 = 0.78$ [图 7-7（d）]；生长初期浒苔的覆盖面积对暴发期浒苔面积影响很大，相关关系达到 $R^2 = 0.93$ [图 7-7（c）]。

表 7-3　2011～2016 年浒苔暴发过程中覆盖面积和变化速率

日期	AFAI	浒苔覆盖面积/km^2	有效浒苔覆盖面积/km^2
2011-06-01	0.0055	476	53.29
2011-06-13	0.0052	2534	226.33
2011-06-20	0.0056	1252	202.78
2012-05-21	0.0008	838	20.81
2012-06-20	0.0015	1550	56.18
2012-07-11	0.0034	951	18.07

续表

日期	AFAI	浒苔覆盖面积/km²	有效浒苔覆盖面积/km²
2013-05-21	0.0033	997	98.7
2013-06-20	0.0086	4184	516
2013-07-24	0.0025	1007	38.19
2014-05-23	0.0034	1832	101.91
2014-06-18	0.0081	4957	536.05
2014-07-07	0.007	2419	206
2015-05-20	0.0036	3428	236.48
2015-06-21	0.0101	6133	995.21
2015-07-29	0.0024	1723	37.66
2016-05-19	0.0032	2769	169
2016-06-17	0.0075	9173	908
2016-07-13	0.0134	2909	317

7.3.2　环境要素对浒苔暴发的影响

　　浒苔暴发具有显著周期性，浒苔在各个生长阶段（初期、暴发期和末期）受环境要素作用各不相同，厘清环境要素对不同生长阶段浒苔暴发强度的影响，对浒苔预防和治理至关重要（Jin et al.，2018；Zhang et al.，2014）。浒苔生长环境条件主要包括海表面温度、降水、光合有效辐射和风速四个因素，将浒苔生长状态（覆盖度、AFAI 数值）与环境要素进行关联，得到不同生长阶段下制约浒苔生长规模的环境要素（图 7-8）。图中环境要素距平均数值使用 2007～2016 年均值得到。

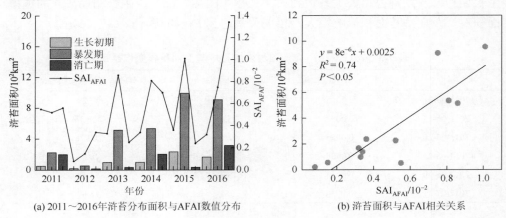

(a) 2011～2016年浒苔分布面积与AFAI数值分布　　　　　(b) 浒苔面积与AFAI相关关系

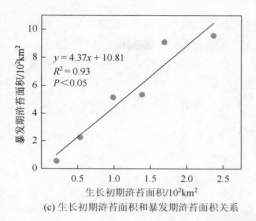

(c) 生长初期浒苔面积和暴发期浒苔面积关系

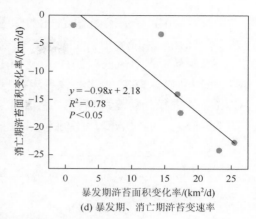

(d) 暴发期、消亡期浒苔变速率

图 7-7　浒苔不同生长阶段相关关系图

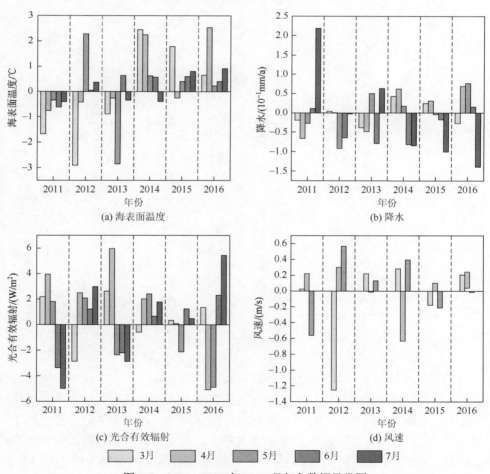

图 7-8　2011～2016 年 3～7 月气象数据异常图

2014~2016 年海表面温度（SST）整体呈现较高水平，高值出现时间不统一[图 7-8（a）]。2012 年 5 月过高的 SST 及光照条件使浒苔暴发盛行日期提前，但 3 月 SST 为 6 年中最低；2011 年及 2013 年浒苔最终消亡时间相较于其他各年推后一周左右，SST 相比其他各年都呈现较低水平。对 SST 和浒苔的面积及 AFAI 数值进行分析，可以看出 3 月 SST 对生长初期浒苔面积影响较大，$R^2 = 0.74$ [图 7-9（a）]，但对 AFAI 的影响较小 [图 7-9（b）]。

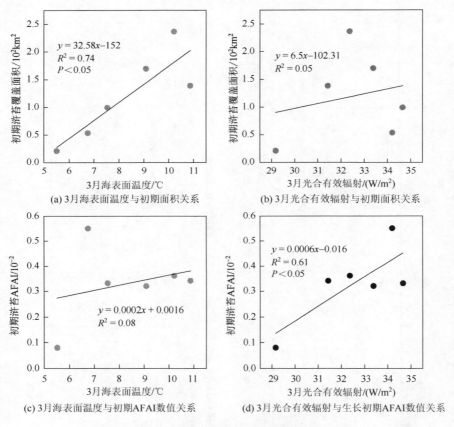

图 7-9　环境要素对生长初期浒苔影响

2012 年 3 月和 4 月降水较少，2013~2016 年 4 月和 5 月，江苏近岸辐射沙脊区附近降水都明显高于往年，而这 4 年中浒苔暴发规模也高于其他 2 年；6 月浒苔漂移至南黄海中部海域，6 月南黄海中部降水较少，光照偏多适宜浒苔迅速繁殖[图 7-9（b）]。降水影响 5 月浒苔生长状态，其中与暴发期浒苔面积变化率相关关系达到 $R^2 = 0.8$ [图 7-10（a）]，与 AFAI 的关系为 $R^2 = 0.54$ [图 7-10（c）]。

对 2011～2016 年各月光合有效辐射（PAR）距平值进行对比［图 7-8（c）］，发现在浒苔暴发强度最大的两年（2015 年及 2016 年）中 7 月的 PAR 值都高于平均值，尤其是 2013 年月平均 PAR 值均高于平均值；2012 年 4～7 月的 PAR 较高，但 3 月的 PAR 值最低，直接影响浒苔前期发育（Keesing et al.，2016）。

从风速来看，2012 年 4 月风速为 6 年中最低，所以浒苔漂移距离较短，长期处于相同海洋环境中；2015 年 5 月风速也低于历史均值，但是该年的海表面温度和光照强度有利于藻类前期集聚。图 7-8（d）中 2012 年 5 月风速较大时，浒苔暴发强度都相对强烈。风速与海面浒苔覆盖面积变化率和 AFAI 相关关系分别为 $R^2 = 0.65$ 和 $R^2 = 0.61$［图 7-10（b）和（d）］。

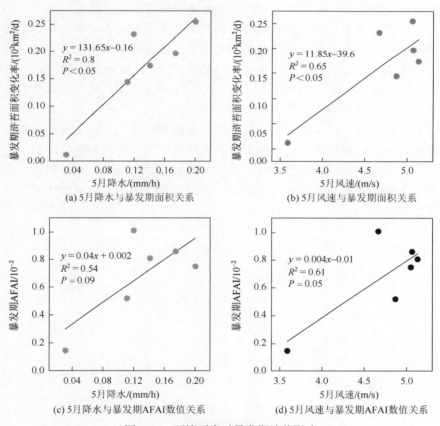

(a) 5 月降水与暴发期面积关系　　　　　(b) 5 月风速与暴发期面积关系

(c) 5 月降水与暴发期 AFAI 数值关系　　　(d) 5 月风速与暴发期 AFAI 数值关系

图 7-10　环境要素对暴发期浒苔影响

7.4　本章小结

利用遥感技术监测浒苔暴发过程并且厘清环境气象要素与浒苔发生强度之间

的关系，对于浒苔灾害预防和治理具有重要意义。本章基于 GOCI 影像提取了 2011～2016 年南黄海浒苔分布面积及生长状况，并将浒苔生长周期分为生长初期、暴发期和消亡期三个阶段；通过水文、气象环境等数据分析了不同生长周期浒苔暴发强度的影响因素，加深了对浒苔暴发一般规律及其所受环境驱动影响的认识。研究具体内容和结果包括：

（1）提取南黄海浒苔年际暴发强度及空间分布状态。2011 年起南黄海浒苔暴发强度呈现显著增长趋势，2016 年浒苔暴发规模达到历史之最，最大覆盖面积达到 29215km^2，约为 2012 年覆盖面积（3526km^2）的 8 倍。南黄海浒苔发生发展过程中呈现"分散发育，聚集暴发，扩散消亡"的整体趋势，其漂移轨迹受到海面风场的直接影响，其中南黄海中部的清澈水域是浒苔暴发"热点"区域。

（2）构建浒苔生长周期关系模型，将其划分为生长初期、暴发期和消亡期三个阶段。浒苔不同生长周期暴发规模相互影响。通过浒苔分布位置、覆盖面积和 AFAI 将浒苔划分为三个生长阶段，AFAI 大小与浒苔面积的相关性较高（$R^2 = 0.74$）；消亡期和暴发期浒苔相关系数达到 $R^2 = 0.78$，浒苔生长初期分布面积也直接作用于暴发期的面积（$R^2 = 0.93$）。

（3）厘清光照、降水及海表面温度等环境要素与浒苔不同生长阶段暴发强度作用关系。3 月辐射沙洲的海表面温度和光照会影响浒苔在初级阶段的生物量，其中海表面温度与初期浒苔覆盖面积的相关关系达到 $R^2 = 0.74$；漂移过程中浒苔发生规模主要受到 5 月降水和风速影响，漂移过程中浒苔不断更新生长环境满足自身生长需要。

参 考 文 献

艾金泉. 2014. 闽江河口盐沼植被遥感识别与制图. 福州：福建师范大学.

陈才俊. 1991. 江苏淤长型淤泥质潮滩的剖面发育. 海洋与湖沼，（4）：360-368.

陈洪全，张忍顺，王艳红. 2006. 互花米草生境与滩涂围垦的响应——以海州湾顶区为例. 自然
　　资源学报，21（2）：280-286.

陈基炜，梅安新，袁江红. 2005. 从海岸滩涂变迁看上海滩涂土地资源的利用. 上海地质，26（1）：
　　18-20.

陈军冰，王乘，郑垂勇，等. 2012. 沿海滩涂大规模围垦及保护关键技术研究概述. 水利经济，
　　30（3）：1-5.

陈君. 2002. 江苏岸外条子泥沙洲潮盆-潮沟系统特征及其稳定性. 南京：南京师范大学.

陈君，王义刚，张忍顺，等. 2007. 江苏岸外辐射沙脊群东沙稳定性研究. 海洋工程，25（1）：
　　105-113.

陈君，王义刚，蔡辉. 2010. 江苏沿海潮滩剖面特征研究. 海洋工程，28（4）：90-96.

陈鹏飞，杨飞，杜佳. 2013. 基于环境减灾卫星时序归一化植被指数的冬小麦产量估测. 农业工
　　程学报，29（11）：124-131.

陈翔. 2012. 基于多源遥感数据的九段沙潮沟信息提取及研究. 上海：上海海洋大学.

陈小兵，杨劲松，姚荣江，等. 2010. 基于大农业框架下的江苏海岸滩涂资源持续利用研究. 土
　　壤通报，41（4）：860-866.

陈效逑，王林海. 2009. 遥感物候学研究进展. 地理科学进展，28（1）：33-40.

陈勇，何中发，黎兵，等. 2013. 崇明东滩潮沟发育特征及其影响因素定量分析. 吉林大学学报，
　　43（1）：212-219.

崔承琦，印萍. 1994. 黄河三角洲潮滩发育时空谱系. 中国海洋大学学报（自然科学版），（S3）：
　　51-61.

戴科伟. 2007. 江苏盐城湿地珍禽国家级自然保护区生态安全研究. 南京：南京师范大学.

党福星，丁谦. 2003. 利用多波段卫星数据进行浅海水深反演方法研究. 海洋通报，（3）：55-60.

邓自发，安树青，智颖飙，等. 2006. 外来种互花米草入侵模式与爆发机制. 生态学报，26（8）：
　　2678-2686.

丁贤荣，康彦彦，葛小平，等. 2011. 辐射沙脊群条子泥动力地貌演变遥感分析. 河海大学学报
　　（自然科学版），39（2）：231-236.

董芳. 2003. 基于陆地卫星 TM/ETM + 和 GIS 的济南城区扩展动态监测研究. 泰安：山东农业
　　大学.

杜国庆，史照良，龚越新，等. 2007. LIDAR 技术在江苏沿海滩涂测绘中的应用研究. 城市勘测，
　　（5）：23-26.

杜红艳，张洪岩，张正祥. 2004. GIS 支持下的湿地遥感信息高精度分类方法研究. 遥感技术与

应用，19（4）：244-248.

杜家笔. 2012. 南黄海辐射沙脊群沉积物输运与地貌演变. 南京：南京大学.

樊辉，黄海军. 2004. 黄河三角洲潮滩潮沟近期变化遥感监测. 地理学报，59（5）：723-730.

高金耀，金翔龙，吴自银. 2003. 多波束数据的海底数字地形模型构建. 海洋通报，22（1）：30-38.

高敏钦. 2011. 南黄海辐射沙脊群冲淤变化研究. 南京：南京大学.

高抒. 2009. 沉积物粒径趋势分析：原理与应用条件. 沉积学报，27（5）：82b-83b.

高抒，朱大奎. 1988. 江苏淤泥质海岸剖面的初步研究. 南京大学学报（自然科学版），24（1）：
　　75-84.

高占国. 2006. 长江口盐沼植被的光谱特征研究. 上海：华东师范大学.

高中灵，汪小钦，陈云芝. 2006. Meris 遥感数据特性及应用. 海洋技术学报，25（3）：61-65.

宫鹏. 2000. 数字表面模型与地形变化测量. 第四纪研究，20（3）：247-251.

龚政，窦希萍，张长宽，等. 2010. 江苏沿海滩涂围垦对闸下港道淤积的影响. 水利水运工程学报，（1）：
　　73-78.

龚政，耿亮，吕亭豫，等. 2017a. 开敞式潮滩-潮沟系统发育演变动力机制——Ⅱ. 潮汐作用. 水科学
　　进展，28（2）：231-239.

龚政，吕亭豫，耿亮，等. 2017b. 开敞式潮滩-潮沟系统发育演变动力机制——Ⅰ. 物理模型设
　　计及潮沟形态. 水科学进展，28（1）：86-95.

龚政，严佳伟，耿亮，等. 2018. 开敞式潮滩-潮沟系统发育演变动力机制——Ⅲ. 海平面上升
　　影响. 水科学进展，29（1）：109-117.

巩加龙，肖艳芳，蔡晓晴，等. 2014. 空间分辨率对绿潮覆盖面积、密集度卫星遥感信息提取的
　　影响. 激光生物学报，23（6）：579-584.

顾晨，黄微，李先华. 2011. 基于多波束声纳［呐］数据与反射模型的水下地形重建. 测绘科学，
　　36（4）：80-82.

顾行发，陈兴峰，尹球，等. 2011. 黄海浒苔灾害遥感立体监测. 光谱学与光谱分析，31（6）：1627-1632.

郭永飞，韩震. 2013. 基于 SPOT 遥感影像的九段沙潮沟信息提取及分维研究. 海洋与湖沼，44（6）：
　　1436-1441.

韩震，金亚秋. 2005. 星载红外与微波多源遥感数据提取长江口淤泥质潮滩水边线信息. 自然科
　　学进展，15（8）：1000-1006.

韩震，恽才兴，蒋雪中，等. 2003. 温州地区淤泥质潮滩冲淤遥感反演研究. 地理与地理信息科学，（6）：
　　31-34.

韩震，恽才兴，戴志军，等. 2009. 淤泥质潮滩高程及冲淤变化遥感定量反演方法研究——以长
　　江口崇明东滩为例. 海洋湖沼通报，（1）：12-18.

郝建亭，杨武年，李玉霞，等. 2008. 基于 FLAASH 的多光谱影像大气校正应用研究. 遥感信息，
　　（1）：78-81.

何华春，邹欣庆，李海宇. 2005. 江苏岸外辐射沙脊群烂沙洋潮流通道稳定性研究. 海洋科学，
　　29（1）：12-16.

何茂兵. 2008. 基于 3S 技术的九段沙湿地 DEM 构建及动态变化研究. 上海：华东师范大学.

何茂兵，吴健平. 2008a. 基于多时相遥感数据的九段沙潮滩高程获取. 长江流域资源与环境，17（2）：
　　310-316.

何茂兵，吴健平. 2008b. 基于遥感的九段沙湿地 DEM 构建及动态变化分析. 海洋科学，32（10）：24-29.

何美梅. 2008. 结合地面高光谱遥感与卫星遥感监测崇明东滩互花米草的入侵. 上海：复旦大学.

侯明行，刘红玉，张华兵. 2014. 盐城淤泥质潮滩湿地潮沟发育及其对米草扩张的影响. 生态学报，34（2）：400-409.

侯西勇，徐新良. 2011. 21 世纪初中国海岸带土地利用空间格局特征. 地理研究，30（8）：1370-1379.

胡炜. 2012. 易变海岸带潮滩高程模型遥感反演方法研究. 南京：南京大学.

胡永德. 2014. 海量光谱数据降维方法的研究与应用. 威海：山东大学.

黄海军. 2002. 苏北陆岸岸滩主要潮沟近期变迁的遥感解译. 海岸工程，（1）：24-28.

黄海军，樊辉. 2004. 黄河三角洲潮滩潮沟近期变化遥感监测. 地理学报，（5）：723-730.

黄海军，李成治. 1998. 南黄海海底辐射沙洲的现代变迁研究. 海洋与湖沼，29（6）：640-645.

黄华梅. 2009. 上海滩涂盐沼植被的分布格局和时空动态研究. 上海：华东师范大学.

黄家柱，尤玉明. 2002. 长江南通河段卫星遥感水深探测试验. 水科学进展，（2）：235-238.

黄容，马艳，郭丽娜，等. 2013. 2008—2011 年浒苔影响青岛的海面风观测资料特征分析. 海洋预报，30：30-35.

黄易畅，王文清. 1987. 江苏沿岸辐射状沙脊群的动力机制探讨. 海洋学报，（2）：209-215.

黄增，于开宁. 1996. 秦皇岛市海岸线侵淤变化规律研究. 河北地质学院学报，（2）：136-143.

贾建军，汪亚平，高抒，等. 2005. 江苏大丰潮滩推移质输运与粒度趋势信息解译. 科学通报，（22）：2546-2554.

江彬彬，张霄宇，杜泳，等. 2015. 基于 GOCI 的近岸高浓度悬浮泥沙遥感反演：以杭州湾及邻近海域为例.浙江大学学报（理学版），42（2）：220-227.

蒋兴伟，林明森，张有广. 2016. 中国海洋卫星及应用进展. 遥感学报，20（5）：1185-1198.

矫新明，袁广旺，毛成责，等. 2017. 2015 年南黄海海域浒苔时空分布特征. 杭州师范大学学报（自然科学版），16（1）：51-56.

金惠淑，鱼京善，孙文超，等. 2013. 基于 GOCI 遥感数据的湖泊富营养化监测研究. 北京师范大学学报（自然科学版），49（z1）：271-274.

靳晓华. 2011. 江苏盐城国家自然保护区业务化遥感监测技术研究. 呼和浩特：内蒙古师范大学.

康彦彦，丁贤荣，葛小平. 2015. 遥感与水动力模型相结合的宽大潮滩历史地形反演. 河海大学学报（自然科学版），43（6）：531-536.

柯新利，边馥苓. 2010. 基于 C5.0 决策树算法的元胞自动机土地利用变化模拟模型. 长江流域资源与环境，19（4）：403-408.

李成治，李本川. 1981. 苏北沿海暗沙成因的研究. 海洋与湖沼，12（4）：321-331.

李大秋，贺双颜，杨倩，等. 2008. 青岛海域浒苔来源与外海分布特征研究. 环境保护，（1b）：45-46.

李飞. 2014. 南黄海辐射沙洲内缘区演变驱动机制及围垦布局研究. 南京：南京师范大学.

李冠男，王林，王祥，等. 2014. 静止水色卫星 GOCI 及其应用进展. 海洋环境科学，33（6）：966-971.

李海清，殷勇，施扬，等. 2011. 江苏如东潮滩微地貌及现代沉积速率. 古地理学报，13（2）：150-160.

李海宇，王颖. 2002. GIS 与遥感支持下的南黄海辐射沙脊群现代演变趋势分析. 海洋科学，（9）：61-65.

李杭燕. 2010. 时间序列 NDVI 数据集重建方法研究. 兰州：兰州大学.

李恒鹏, 杨桂山. 2001. 基于 GIS 的淤泥质潮滩侵蚀堆积空间分析. 地理学报, (3): 278-286.

李加林. 2006. 基于 MODIS 的沿海带状植被 NDVI/EVI 季节变化研究: 以江苏沿海互花米草盐
    沼为例. 海洋通报, 25 (6): 91-96.

李加林, 杨晓平, 童亿勤. 2007. 潮滩围垦对海岸环境的影响研究进展. 地理科学进展, (2):
    43-51.

李婧, 高抒, 李炎. 2006. 江苏海岸王港地区盐沼植被变化的 TM 图像分析. 海洋科学, 30 (5):
    52-57.

李茂田, 陈中原. 2004. 长江九江段 40 年来河道演变的 DEM 研究. 水科学进展, (3): 330-335.

李鹏, 杨世伦, 杜景龙, 等. 2005. 长江口外高桥新港区岸段河槽冲淤 GIS 分析. 地理与地理信
    息科学, 21 (4): 24-27.

李清, 殷勇. 2013. 南黄海辐射沙脊群里磕脚 11DT02 孔沉积相分析及环境演化. 地理研究,
    1843-1855.

李胜强, 张福春. 1999. 物候信息化及物候时空变化分析. 地理科学进展, 18 (4): 3-5.

李四海, 王宏, 许卫东. 2000. 海洋水色卫星遥感研究与进展. 地球科学进展, 15 (2): 190-196.

李天祺, 朱秀芳, 潘耀忠, 等. 2015. 环境星 NDVI 时间序列重构方法研究. 遥感信息, 30 (1):
    58-65.

廖华军, 李国胜, 王少华, 等. 2014. 近 30 年苏北滨海滩涂湿地演变特征与空间格局. 地理科
    学进展, 33 (9): 1209-1217.

凌成星. 2013. WorldView-2 八波段影像支持下的湿地信息提取与地上生物量估算研究. 北京: 中
    国林业科学研究院.

刘汉丽, 裴韬, 周成虎, 等. 2011. 结合 MNF 变换与灰值形态学的三江平原多光谱、多时相
    MODIS 遥感影像分类. 武汉大学学报 (信息科学版), 36 (2): 153-156, 253.

刘猛, 沈芳, 葛建忠, 等. 2013. 静止轨道卫星观测杭州湾悬浮泥沙浓度的动态变化及动力分析.
    泥沙研究, (1): 7-13.

刘秀娟, 高抒, 汪亚平. 2010. 淤长型潮滩剖面形态演变模拟: 以江苏中部海岸为例. 地球科学
    (中国地质大学学报), 35 (4): 542-550.

刘燕春, 张鹰. 2011. 遥感中轴线法在江苏辐射沙洲潮沟演变监测中的应用. 海洋科学, 35 (2):
    72-76.

刘永超, 李加林, 袁麒翔, 等. 2016. 人类活动对港湾岸线及景观变迁影响的比较研究——以中
    国象山港与美国坦帕湾为例. 地理学报, 71 (1): 86-103.

刘永学, 张忍顺, 李满春. 2004a. 应用卫星影像系列海图叠合法分析沙洲动态变化——以江苏
    东沙为例. 地理科学, (2): 199-204.

刘永学, 张忍顺, 李满春. 2004b. 质心分析法在小沙洲动态演化分析中的应用——以江苏辐射
    沙洲亮月沙为例. 海洋通报, (1): 69-75.

刘永学, 李满春, 张忍顺. 2004c. 江苏沿海互花米草盐沼动态变化及影响因素研究. 湿地科学,
    2 (2): 116-121.

刘勇卫. 1988. 日本的地球观测卫星计划. 遥感技术与应用, 3 (3): 5-12.

刘榆莎, 王东, 徐晓婷, 等. 2016. 温度和盐度对浒苔生长和光合生理特性的影响. 水生生物学
    报, 40 (6): 1227-1233.

陆惠文，杨裕利. 1995. 烟台市海岸带遥感研究. 武测科技，（4）：39-41.

陆丽云. 2002. 江苏非侵蚀海岸盐沼的消长、恢复与重建. 南京：南京师范大学.

吕亭豫，龚政，张长宽，等. 2016. 粉砂淤泥质潮滩潮沟形态特征及发育演变过程研究现状. 河海大学学报（自然科学版），44（2）：178-188.

马洪羽，丁贤荣，葛小平，等. 2016. 辐射沙脊群潮滩地形遥感遥测构建. 海洋学报，38（3）：111-122.

蒙继华，杜鑫，张淼，等. 2014. 物候信息在大范围作物长势遥感监测中的应用. 遥感技术与应用，29（2）：278-285.

那晓东，张树清，李晓峰，等. 2007. MODIS NDVI 时间序列在三江平原湿地植被信息提取中的应用. 湿地科学，5（3）：227-236.

乔方利，马德毅，朱明远，等. 2008. 2008 年黄海浒苔爆发的基本状况与科学应对措施. 海洋科学进展，26（3）：409-410.

钦佩. 2006. 海滨湿地生态系统的热点研究. 湿地科学与管理，2（1）：7-11.

阙江龙，柯昶，徐兆礼，2013. 苏北浅滩沙脊潮沟地形和潮流对虾类分布的影响. 生态学杂志，32（3）：661-667.

任美锷. 2006. 黄河的输沙量：过去、现在和将来——距今 15 万年以来的黄河泥沙收支表. 地球科学进展，21（6）：551-563.

任美锷，张忍顺. 1984. 潮汐汊道的若干问题. 海洋学报，（3）：352-360.

任美锷，丁方叔，万延森，等. 1986. 江苏省海岸带和海涂资源综合调查报告. 北京：海洋出版社.

单小军，唐娉，胡昌苗，等. 2014. 图像分层匹配的 HJ-1A/B CCD 影像自动几何精校正技术与系统实现. 遥感学报，18（2）：254-266.

邵虚生. 1988. 潮沟成因类型及其影响因素的探讨. 地理学报，55（1）：35-43.

沈春，项杰，蒋国荣，等. 2013. 中国近海 ASCAT 风场反演结果验证分析. 海洋预报，30（4）：27-33.

沈宏远. 1993. 对我国沿海平均海面的评述. 港工技术，（3）：53-57.

沈永明，刘咏梅，陈全站. 2002. 江苏沿海互花米草（Spartina alterniflora Loisel）盐沼扩展过程的遥感分析. 植物资源与环境学报，11（2）：33-38.

沈永明，杨劲松，张忍顺，等. 2009. 基于 TM 图像的潮滩表层沉积物含水量推算模型研究——以江苏辐射沙洲区为例. 地理科学，（3）：415-420.

沈永明，张忍顺，王艳红. 2003. 互花米草盐沼潮沟地貌特征. 地理研究，22（4）：520-527.

时海东，沈永明，康敏. 2016. 江苏中部海岸潮沟形态对滩涂围垦的响应. 海洋学报，38（1）：106-115.

时钟，陈吉余，虞志英. 1996，中国淤泥质潮滩沉积研究的进展. 地球科学进展，（6）：37-44.

舒远明，刘永学，段正域. 2007. 基于 DEM 水系提取算法的 TM 影像潮盆-潮沟系统提取方法研究. 中国地理学会 2007 年学术年会论文摘要集.

宋召军. 2006. 南黄海辐射沙洲海区悬沙及沙洲演变的遥感研究. 青岛：中国科学院研究生院（海洋研究所）.

苏国宾，陈沈良，徐丛亮，等. 2018. 基于 GF-1 影像的黄河口潮滩高程定量反演. 海洋地质前沿，34（11）：1-9.

孙超，刘永学，李满春，等. 2015. 近 25 年来江苏中部沿海盐沼分布时空演变及围垦影响分析.

自然资源学报，30（9）：1486-1498.

孙承志，唐新明，翟亮. 2009. 我国测绘卫星的发展思路和应用展望. 测绘科学，34（2）：5-7.

孙效功，杨作升. 1995. 利用输沙量预测现代黄河三角洲的面积增长. 海洋与湖沼，26（1）：76-82.

孙效功，赵海虹，崔承琦. 2001. 黄河三角洲潮滩潮沟体系的分维特征. 海洋与湖沼，32（1）：74-80.

孙永军. 2008. 黄河流域湿地遥感动态监测研究. 北京：北京大学.

田庆久，闵祥军. 1998. 植被指数研究进展. 地球科学进展，13（4）：327-333.

田庆久，王晶晶，杜心栋. 2007. 江苏近海岸水深遥感研究. 遥感学报，11（3）：373-379.

汪亚平，张忍顺. 1988. 论盐沼-潮沟系统的地貌动力响应. 科学通报，43（21）：2315-2320.

汪亚平，陈君. 1997. 潮沟流速与潮位变化率的回归分析. 南京师大学报（自然科学版），20（3）：85-89.

汪亚平，张忍顺. 1998. 江苏岸外沙脊群的地貌形态及动力格局. 海洋科学，（3）：43-46.

汪亚平，贾建军，杨阳，等. 2019. 长江三角洲蓝图重绘的基础科学问题：进展与未来研究. 海洋科学，（10）：2-12.

汪业成. 2014. HJ 卫星归一化植被指数时间序列的异常区段校正与物候期识别. 南京：南京大学.

王爱军，高抒. 2005. 江苏王港海岸湿地的围垦现状及湿地资源可持续利用. 自然资源学报，20（6）：28-35.

王光霞，张寅宝，李江. 2006. DEM 精度评估方法的研究与实践. 测绘科学，31（3）：73-75.

王宏，李晓兵，莺歌，等. 2006. 基于 NOAA NDVI 的植被生长季模拟方法研究. 地理科学进展，25（6）：21-32.

王建，柏春广，徐永辉. 2006. 江苏中部淤泥质潮滩潮汐层理成因机理和风暴沉积判别标志. 沉积学报，24（4）：562-569.

王建国，陈树果，张亭禄. 2016. 基于 MODIS 陆地波段的近岸水体浊度遥感方法. 海洋技术学报，35（4）：20-25.

王宁，曹丛华，黄娟，等. 2013. 基于遥感监测的黄海绿潮漂移路径及分布面积特征分析. 防灾科技学院学报，15：24-29.

王卿，汪承焕，黄沈发，等. 2012. 盐沼植物群落研究进展：分布、演替及影响因子. 生态环境学报，21（2）：375-388.

王泉斌，秦平，赵晓晨. 2017. 世界首颗静止轨道海洋水色卫星应用研究进展. 海岸工程，36（2）：71-78.

王艳红，张忍顺，谢志仁，等. 2004. 相对海面变化与江苏中部辐射沙洲的变化动态. 海洋科学进展，22（2）：198-203.

王颖. 2002. 黄海陆架辐射沙脊群. 北京：中国环境科学出版社.

王颖，朱大奎. 1998. 南黄海辐射沙脊群沉积特点及其演变. 中国科学（D 辑），（5）：386-393.

王羽涵，殷勇，夏非，等. 2014. 南黄海辐射沙脊群苦水洋海域沉积地层特征及其环境演变. 南京大学学报（自然科学），50（5）：564-575.

王珍岩. 2008. 淤泥质潮滩地貌的遥感研究. 青岛：中国科学院研究生院（海洋研究所）.

王正兴，刘闯，Alfredo H. 2003. 植被指数研究进展：从 AVHRR-NDVI 到 MODIS-EVI. 生态学报，23（5）：979-987.

韦玮. 2011. 基于多角度高光谱 CHRIS 数据的湿地信息提取技术研究. 北京：中国林业科学研

究院.

魏士春, 张红日, 苏奋振, 等. 2007. 基于 ArcGIS 的面状要素中轴线提取方法研究. 地理空间信息, 5 (2): 45-47.

温兴平, 胡光道, 杨晓峰. 2007. 基于 C5.0 决策树分类算法的 ETM + 影像信息提取. 地理与地理信息科学, 23 (6): 26-29.

吴德力. 2014. 江苏中部海岸潮沟的形态特征与演变过程研究. 南京: 南京师范大学.

吴华林, 沈焕庭. 2002. GIS 支持下的长江口拦门沙泥沙冲淤定量计算. 海洋学报, 24 (2): 84-93.

吴克勤. 1997. 海洋水色卫星与水色遥感发展趋势. 海洋信息, (7): 21-22.

吴曙亮, 蔡则健. 2002. 江苏省沿海沙洲及潮汐水道演变遥感分析. 国土资源遥感, (3): 29-32.

吴曙亮, 蔡则健. 2003. 江苏沿海滩涂资源及发展趋势遥感分析. 海洋通报, 22 (2): 60-68.

吴永森, 李日辉, 吴隆业, 等. 2006. 苏北近岸水域"五条沙"侵蚀发育的卫星监测. 海洋科学进展, 24 (2): 188-194.

谢东风, 范代读, 高抒. 2005. 崇明东滩潮沟体系形成演变及其对沉积物分布的控制. 中国海洋学会 2005 年学术年会论文汇编.

辛沛, 金光球, 李凌, 等. 2009. 崇明东滩盐沼潮沟水动力过程观测与分析. 水科学进展, 20 (1): 74-79.

徐芳, 冯秀丽, 陈斌林, 等. 2013. 江苏灌河口沉积物粒度组分特征及沉积速率研究. 海洋科学, 37 (6): 83-88.

徐双全. 2005. 3S 技术在上海滩涂管理中的应用. 海洋测绘, 25 (5): 61-64.

徐志明. 1985. 崇明岛东部潮滩沉积. 海洋与湖沼, 16 (3): 231-239.

许宝荣, 杨太保, 邹松兵. 2004. 基于 DEM 的干旱区河网系统模拟: 以柴达木盆地流域为例. 遥感技术与应用, 19 (5): 315-319.

许艳, 濮励杰. 2014. 江苏海岸带滩涂围垦区土地利用类型变化研究: 以江苏省如东县为例. 自然资源学报, 29 (4): 643-652.

严士清. 2005. 苏北辐射沙洲海洋资源与可持续发展研究. 南京: 南京师范大学.

燕守广. 2002. 江苏淤长型淤泥质潮滩上潮沟的发育与演变. 南京: 南京师范大学.

杨桂山, 施雅风, 季子修. 2002. 江苏淤泥质潮滩对海平面变化的形态响应. 地理学报, (1): 76-84.

杨静, 张思, 刘桂梅. 2017. 基于卫星遥感监测的 2011—2016 年黄海绿潮变化特征分析. 海洋预报, 34 (3): 56-61.

杨世伦. 1997. 长江三角洲潮滩季节性冲淤循环的多因子分析. 地理学报, (2): 29-36.

杨世伦. 2003. 海岸环境和地貌过程导论. 北京: 海洋出版社.

杨世伦, 谢文辉, 朱骏, 等. 2001. 大河口潮滩地貌动力过程的研究: 以长江口为例. 地理学与国土研究, 17 (3): 44-48.

杨长恕. 1985. 弶港辐射沙脊成因探讨. 海洋地质与第四纪地质, (3): 35-44.

杨治家, 李本川. 1995. 江苏沿海辐射状沙脊群的动态变化. 海洋科学, (4): 63-67.

叶娜, 贾建军, 田静, 等. 2013. 浒苔遥感监测方法的研究进展. 国土资源遥感, 25 (1): 7-12.

叶乃好, 张晓雯, 毛玉泽, 等. 2008. 黄海绿潮浒苔生活史的初步研究. 中国水产科学, 15 (5): 853-859.

衣立, 张苏平, 殷玉齐. 2010. 2009 年黄海绿潮浒苔爆发与漂移的水文气象环境. 中国海洋大学学报 (自然科学版), 40 (10): 15-23.

易予晴. 2015. HJ-1A/B 卫星 CCD 影像几何校正及其不确定性分析. 北京：中国科学院大学.

殷守敬. 2010. 基于时序 NDVI 土地覆盖变化检测方法研究. 武汉：武汉大学.

尹延鸿. 1997. 潮沟研究现状及进展. 海洋地质动态，（7）：1-4.

尤坤元，朱大奎，王雪瑜，等. 1998. 苏北岸外辐射沙洲王港西洋潮流通道稳定性研究. 地理研究，（1）：3-5.

余佳，许世远. 2000. 海滨岸潮滩近 10 年冲淤变化. 福建地理，15（3）：23-25.

余兆康，高家镛，巫锡良. 1989. 中国平均海面与国家高程基准之间的偏差. 台湾海峡，（2）：3-10.

袁振杰. 2007. 渤海湾北部主要潮沟近期变化的遥感分析. 中国地理学会 2007 年学术年会论文摘要集.

恽才兴. 1983. 冲淤和滩槽泥沙交换. 泥沙研究，（4）：43-52.

恽才兴，胡嘉敏. 1982. 遥感技术在河口海岸研究中的应用. 海洋通报，（2）：61-70.

臧卓，林辉，杨敏华. 2011. ICA 与 PCA 在高光谱数据降维分类中的对比研究. 中南林业科技大学学报，31（11）：18-22.

张丙午. 1988. 卫星遥感发展状况. 沙漠与绿洲气象，8：34-41.

张东生，张君伦，张长宽，等. 1998. 潮流塑造—风暴破坏—潮流恢复—试释黄海海底辐射沙脊群形成演变的动力机制. 中国科学（D 辑：地球科学），28（5）：394-402.

张光威. 1991. 南黄海陆架沙脊的形成与演变. 海洋地质与第四纪地质，（2）：25-35.

张华国，黄韦艮. 2003. 应用 IKONOS 卫星遥感图像监测南麂列岛土地覆盖状况. 遥感技术与应用，18（5）：306-312.

张华国，郭艳霞，黄韦艮，等. 2009. 1986 年以来杭州湾围垦淤涨状况卫星遥感调查. 国土资源遥感，17（2）：50-54.

张家强，李从先，丛友滋. 1999. 苏北南黄海潮成沙体的发育条件及演变过程. 海洋学报，21（2）：65-74.

张健康，程彦培，张发旺，等. 2012. 基于多时相遥感影像的作物种植信息提取. 农业工程学报，28（2）：134-141.

张明，蒋雪中，郝媛媛，等. 2010. 遥感水边线技术在潮间带冲淤分析研究中的应用. 海洋通报，29（2）：176-181.

张明伟. 2006. 基于 MODIS 数据的作物物候期监测及作物类型识别模式研究. 武汉：华中农业大学.

张忍顺. 1984. 苏北黄河三角洲及滨海平原的成陆过程. 地理学报，51（2）：173-184.

张忍顺. 1986. 江苏省淤泥质潮滩的潮流特征及悬移质沉积过程. 海洋与湖沼，17（3）：235-245.

张忍顺，王雪瑜. 1986. 潮流作用下的水道与岸滩演变——东台县死生港的岸滩冲刷问题. 海洋工程，4（4）：84-94.

张忍顺，王雪瑜. 1991. 江苏省淤泥质海岸潮沟系统. 地理学报，58（2）：195-206.

张忍顺，陈才俊. 1992. 江苏岸外沙洲演变与条子泥并陆前景研究. 北京：海洋出版社.

张忍顺，陆丽云，王艳红. 2002. 江苏海岸侵蚀过程及其趋势. 地理研究，21（4）：469-478.

张忍顺，沈永明，陆丽云，等. 2005. 江苏沿海互花米草盐沼的形成过程. 海洋与湖沼，36（4）：358-366.

张苏平，刘应辰，张广泉，等. 2009. 基于遥感资料的 2008 年黄海绿潮浒苔水文气象条件分析.

　　　中国海洋大学学报（自然科学版），39（5）：870-876.

张彤，梅安新，蔡永立. 2004. SPOT 遥感数据在崇明东滩景观分类研究中的应用. 城市环境与城市生态，（2）：45-47.

张文祥，杨世伦，陈沈良. 2009. 一种新的潮滩高程观测方法. 海岸工程，28（4）：30-34.

张鹰，张芸，张东，等. 2009. 南黄海辐射沙脊群海域的水深遥感. 海洋学报，31（3）：39-45.

张永战，王颖. 2006. 海岸海洋科学研究新进展. 地理学报，61（4）：446-446.

张增海，曹越男，刘涛，等. 2014. ASCAT 散射计风场在我国近海的初步检验与应用. 气象，40（4）：473-481.

张长宽，陈君. 2011. 江苏沿海滩涂资源开发与保护. 第十五届中国海洋（岸）工程学术讨论会论文集（中）.

张长宽，陈君，林康，等. 2011. 江苏沿海滩涂围垦空间布局研究. 河海大学学报（自然科学版），39（2）：206-212.

张正龙. 2004. 辐射沙洲内缘区潮沟发育对人类活动的响应. 南京：南京师范大学.

章志，陈艳拢，罗锋. 2016. 基于遥感技术的 2014 年南黄海浒苔时空分布特征研究. 淮海工学院学报（自然科学版），25：80-85.

赵庚星，张万清，李玉环，等. 1999. GIS 支持下的黄河口近期淤、蚀动态研究. 地理科学，19（5）：442-445.

赵明才，韩晓宏. 1990. 中国近海海面地形及青岛站高程基准的差距. 海洋通报，（2）：15-22.

郑宗生. 2007. 长江口淤泥质潮滩高程遥感定量反演及冲淤演变分析. 上海：华东师范大学.

郑宗生，周云轩，蒋雪中，等. 2007. 崇明东滩水边线信息提取与潮滩 DEM 的建立. 遥感技术与应用，（1）：35-38.

郑宗生，周云轩，刘志国，等. 2008. 基于水动力模型及遥感水边线方法的潮滩高程反演. 长江流域资源与环境，17（5）：756-760.

郑宗生，周云轩，田波，等. 2014. 植被对潮沟发育影响的遥感研究——以崇明东滩为例. 国土资源遥感，26（3）：117-124.

周旻曦. 2016. 江苏中部沿海潮沟系统遥感监测方法研究. 南京：南京大学.

朱骏，杨世伦，谢文辉，等. 2001. 潮间带短期冲淤过程的横向差异及其定量表达——以长江口南汇滨海岸段的观测分析为例. 地理研究，（4）：423-430.

朱言江. 2017. 基于遥感数据的长江口九段沙地物散射特性分析和潮沟信息提取. 上海：上海海洋大学.

朱子先，臧淑英. 2012. 基于遗传神经网络的克钦湖叶绿素反演研究. 地球科学进展，27（2）：202-208.

宗春莉. 2010. 高维光谱空间降维技术研究. 西安：西安电子科技大学.

邹欣庆，殷勇，马劲松. 2006. 烂沙洋稳定性研究. 第四纪研究，26（3）：334-339.

Abrahams A D. 1984. Channel networks：a geomorphological perspective. Water Resources Research，20（2）：161-188.

Adam P. 1993. Saltmarsh Ecology. Cambridge：Cambridge University Press.

Adams G F，Ausherman D A，Crippen S L，et al. 1996. The erim interferometric SAR-IFSARE. Inst. of electrical and electronic engineers. Aerospace Electronic Syst Mag，11：31-35.

Adolph W，Jung R，Schmidt A，et al. 2017. Integration of TerraSAR-X，Rapideye and airborne

LiDAR for remote sensing of intertidal bedforms on the upper flats of Norderney（German Wadden Sea）. Geo-Mar Lett，37：193-205.

Ahmed M N，Yamany S M，Mohamed N，et al. 2002. A modified fuzzy c-means algorithm for bias field estimation and segmentation of MRI data. IEEE Transactions on Medical Imaging，21（3）：193-199.

Ahn J H，Park Y J，Ryu J H，et al. 2012. Development of atmospheric correction algorithm for Geostationary Ocean Color Imager（GOCI）. Ocean Science Journal，47（3）：247-259.

Al Fugura A K，Billa L，Pradhan B. 2011. Semi-automated procedures for shoreline extraction using single Radarsat-1 SAR image. Estuar Coast Shelf Sci，95：395-400.

Allen J R L. 1997. Simulation models of salt-marsh morph dynamics：some implications for high-intertidal sediment couplets related to sea-level change. Sedimentary Geology，113（3）：211-223.

Allen J R L. 2000. Morphodynamics of Holocene salt marshes：a review sketch from the Atlantic and southern North Sea coasts of Europe. Quaternary Science Reviews，19（12）：1155-1231.

Alphan H. 2012. Classifying land cover conversions in coastal wetlands in the Mediterranean：pairwise comparisons of Landsat images. Land Degradation & Development，23（3）：278-292.

Anthony E J，Dolique F，Gardel A，et al. 2008. Nearshore intertidal topography and topographic-forcing mechanisms of an Amazon-derived mud bank in French Guiana. Continental Shelf Research，28：813-822.

Atwater J F，Lawrence G A. 2010. Power potential of a split tidal channel. Renewable Energy，35（2）：329-332.

Baghdadi N，Gratiot N，Lefebvre J P，et al. 2004. Coastline and mudbank monitoring in French Guiana：contributions of radar and optical satellite imagery. Canadian Journal of Remote Sensing，30（2）：109-122.

Baily B，Pearson A W. 2007. Change detection mapping and analysis of salt marsh areas of central southern England from Hurst Castle spit to Pagham Harbour. Journal of Coastal Research，23（6）：1549-1564.

Balson P，Tragheim D，Denniss A，et al. 1996. A photogrammetric technique to determine the potential sediment yield from recession of the holderness coast，U. K.

Bassoullet P，Le Hir P，Gouleau D，et al. 2000. Sediment transport over an intertidal mudflat：field investigations and estimation of fluxes within the "baie de marennes-oleron"（France）. Continental Shelf Research，20（12-13）：1635-1653.

Beck H E，Mcvicar T R，van Dijk A I J M，et al. 2011. Global evaluation of four AVHRR-NDVI data sets：intercomparison and assessment against landsat imagery. Remote Sensing of Environment，115（10）：2547-2563.

Beck P S A，Atzberger C，Hogda K A，et al. 2006. Improved monitoring of vegetation dynamics at very high latitudes：a new method using MODIS NDVI. Remote Sensing of Environment，100（3）：321-334.

Bell P S，Bird C O，Plater A J. 2016. A temporal waterline approach to mapping intertidal areas using X-band marine RADAR. Coastal Engineering，107：84-101.

Belluco E, Camuffo M, Ferrari S, et al. 2006. Mapping salt-marsh vegetation by multispectral and hyperspectral remote sensing. Remote Sensing of Environment, 105 (1): 54-67.

Bertels L, Houthuys R, Sterckx S, et al. 2011. Large-scale mapping of the riverbanks, mud flats and salt marshes of the Scheldt basin, using airborne imaging spectroscopy and LIDAR. International Journal of Remote Sensing, 32 (10): 2905-2918.

Bird C O, Bell P S, Plater A J. 2017. Application of marine radar to monitoring seasonal and event-based changes in intertidal morphology. Geomorphology, 285: 1-15.

Blodget H W, Taylor P T, Roark J H. 1991. Shoreline changes along the Rosetta Nile Promontory-monitoring with satellite-observations. Marine Geology, 99 (1-2): 67-77.

Blott S J, Pye K. 2004. Application of LiDAR digital terrain modelling to predict intertidal habitat development at a managed retreat site: Abbotts Hall, Essex, UK. Earth Surface Processes and Landforms, 29 (7): 893-905.

Blum M D, Roberts H H. 2009. Drowning of the Mississippi Delta due to insufficient sediment supply and global sea-level rise. Nature Geoscience, 2 (7): 488.

Boak E H, Turner I L. 2005. Shoreline definition and detection: a review. Journal of Coastal Research, 21 (4): 688-703.

Bockelmann A C, Bakker J P, Neuhaus R, et al. 2002. The relation between vegetation zonation, elevation and inundation frequency in a Wadden sea salt marsh. Aquatic Botany, 73 (3): 211-221.

Boorman L. 2003. Saltmarsh review: an overview of coastal salt marshes, their dynamic and sensitivity characteristics for conservation and management. Environment, 114.

Brockmann C, Stelzer K. 2008. Optical remote sensing of intertidal flats//Remote Sensing of the European Seas. Berlin: Springer.

Busetto L, Meroni M, Colombo R. 2008. Combining medium and coarse spatial resolution satellite data to improve the estimation of sub-pixel NDVI time series. Remote Sensing of Environment, 112 (1): 118-131.

Butler D R, Walsh S J. 1998. The application of remote sensing and geographic information systems in the study of geomorphology: an introduction. Geomorphology, 21: 179-181.

Cahoon D. 2009. Coastal Wetlands an Integrated Ecosystem Approach. Amsterdam: Elsevier.

Canero C, Radeva P. 2003. Vesselness enhancement diffusion. Pattern Recognition Letters, 24 (16): 3141-3151.

Carbajal N, Montaño Y. 2001. Comparison between predicted and observed physical features of sandbanks. Estuarine Coastal and Shelf Science, 52 (4): 435-443.

Chen J. 2013. Impact of the reclamation engineering on the evolution of Jiangsu muddy coast, China. The Twenty-third International Offshore and Polar Engineering Conference.

Chen J Y, Chen H Q, Dai Z J, et al. 2008. Harmonious development of utilization and protection of tidal flats and wetlands—a case study in shanghai area. China Ocean Engineering, 22 (4): 649-662.

Chen K F, Wang Y H, Lu P D, et al. 2009. Effects of coastline changes on tide system of Yellow Sea off Jiangsu coast, China. China Ocean Engineering, 23: 741-750.

Chen K S, Wang H W, Wang C T, et al. 2011. A study of decadal coastal changes on western Taiwan using a time series of ERS satellite SAR images. IEEE Journal of Selected Topics in Applied Earth Observations and Remote Sensing, 4: 826-835.

Chen K, Lu P, Wang Y, et al. 2010. Hydrodynamic mechanism of evolvement trends in radial sandbank of South Yellow Sea, China. Advances in Water Science, 21: 123-129.

Chen L C. 1998. Detection of shoreline changes for tideland areas using multi-temporal satellite images. International Journal of Remote Sensing, 19 (17): 3383-3397.

Chen W W, Chang H K. 2009. Estimation of shoreline position and change from satellite images considering tidal variation. Estuarine Coastal and Shelf Science, 84 (1): 54-60.

Chirol C, Haigh I D, Pontee N, et al. 2018. Parametrizing tidal creek morphology in mature saltmarshes using semi-automated extraction from LiDAR. Remote Sensing of Environment, 209: 291-311.

Cho J K, Ryu J H, Lee Y K, et al. 2010. Quantitative estimation of intertidal sediment characteristics using remote sensing and GIS. Estuarine Coastal and Shelf Science, 88: 125-134.

Choi J K, Park Y J, Lee B R, et al. 2014. Application of the geostationary ocean color imager(GOCI) to mapping the temporal dynamics of coastal water turbidity. Remote Sensing of Environment, 146: 24-35.

Christiansen J E. 1942. Irrigation by sprinkling. Bulletin 670. University of California, College of Agriculture, Agricultural Experiment Station, Berkeley, California, USA.

Chu Z X, Zhai S K, Lu X X, et al. 2009. A quantitative assessment of human impacts on decrease in sediment flux from major Chinese rivers entering the western Pacific Ocean. Geophysical Research Letters, 36 (19): 1-5.

Chust G, Galparsoro I, Borja A, et al. 2008. Coastal and estuarine habitat mapping, using LIDAR height and intensity and multi-spectral imagery. Estuarine Coastal and Shelf Science, 78: 633-643.

Coco G, Zhou Z, van Maanen B, et al. 2013. Morphodynamics of tidal networks: advances and challenges. Marine Geology, 346: 1-16.

Coppin P, Lambin E, Jonckheere I, et al. 2002. Digital change detection methods in natural ecosystem monitoring: a review. Analysis of Multi-temporal Remote Sensing Images: 3-36.

Costa C S B, Marangoni J C, Azevedo A M G. 2003. Plant zonation in irregularly flooded salt marshes: relative importance of stress tolerance and biological interactions. Journal of Ecology, 91 (6): 951-965.

Costanza R, D'Arge R, De Groot R, et al. 1997. The value of the world's ecosystem services and natural capital. Nature, 387 (6630): 253.

Crain C M, Silliman B R, Bertness S L, et al. 2004. Physical and biotic drivers of plant distribution across estuarine salinity gradients. Ecology, 85 (9): 2539-2549.

Crasto N, Hopkinson C, Forbes D L, et al. 2015. A LiDAR-based decision-tree classification of open water surfaces in an Arctic delta. Remote Sensing of Environment, 164: 90-102.

Cui T W, Zhang J, Sun L E, et al. 2012. Satellite monitoring of massive green macroalgae bloom (GMB): imaging ability comparison of multi-source data and drifting velocity estimation. International Journal of Remote Sensing, 33 (17): 5513-5527.

Cummins P F. 2013. The extractable power from a split tidal channel: an equivalent circuit analysis. Renewable Energy, 50: 395-401.

D'Alpaos A, Lanzoni S, Marani M, et al. 2005. Tidal network ontogeny: channel initiation and early development. Journal of Geophysical Research: Earth Surface, 110 (F02001): 1-14.

Davies G, Woodroffe C D. 2010. Tidal estuary width convergence: theory and form in North Australian estuaries. Earth Surface Processes and Landforms: the Journal of the British Geomorphological Research Group, 35 (7): 737-749.

De Colstoun E C B, Walthall C L. 2006. Improving global scale land cover classifications with multi-directional POLDER data and a decision tree classifier. Remote Sensing of Environment, 100 (4): 474-485.

Dissanayake D, Roelvink J A, van der Wegen M. 2009.Modelled channel patterns in a schematized tidal inlet. Coastal Engineering, 56 (11-12): 1069-1083.

Doyle T B, Woodroffe C D. 2018. The application of LiDAR to investigate foredune morphology and vegetation. Geomorphology, 303: 106-121.

Draut A E, Kineke G C, Huh O K, et al. 2005. Coastal mudflat accretion under energetic conditions, Louisiana chenier-plain coast, USA. Marine Geology, 214 (1-3): 27-47.

Dyer K R, Christie M C, Wright E W. 2000. The classification of intertidal mudflats. Continental Shelf Research, 20: 1039-1060.

El-Raey M, El-Din S H S, Khafagy A A, et al. 1999. Remote sensing of beach erosion/accretion patterns along Damietta-Port Said shoreline, Egypt. International Journal of Remote Sensing, 20 (6): 1087-1106.

Ewanchuk P J, Bertness M D. 2004. The role of waterlogging in maintaining forb pannes in northern New England salt marshes. Ecology, 85 (6): 1568-1574.

Fabbri S, Giambastiani B M S, Sistilli F, et al. 2017. Geomorphological analysis and classification of foredune ridges based on Terrestrial Laser Scanning (TLS) technology. Geomorphology, 295: 436-451.

Fagherazzi S, Wiberg P L. 2009. Importance of wind conditions, fetch, and water levels on wave-generated shear stresses in shallow intertidal basins. Journal of Geophysical Research: Earth Surface, 114 (F03022): 1-12.

Fagherazzi S, Bortoluzzi A, Dietrich W E, et al. 1999. Tidal networks: 1. Automatic network extraction and preliminary scaling features from digital terrain maps. Water Resources Research, 35 (12): 3891-3904.

Fagherazzi S, Gabet E J, Furbish D J. 2004. The effect of bidirectional flow on tidal channel planforms. Earth Surface Processes and Landforms. Journal of the British Geomorphological Research Group, 29 (3): 295-309.

Fagherazzi S, Kirwan M L, Mudd S M, et al. 2012. Numerical models of salt marsh evolution: ecological, geomorphic, and climatic factors. Reviews of Geophysics, 50 (RG1002): 1-28.

Fagherazzi S, Mariotti G. 2012. Mudflat runnels: Evidence and importance of very shallow flows in intertidal morphodynamics. Geophysical Research Letters, 39 (14) :1-6.

Feilhauer H, Thonfeld F, Faude U, et al. 2013. Assessing floristic composition with multispectral sensors: a comparison based on monotemporal and multiseasonal field spectra. International Journal of Applied Earth Observation and Geoinformation, 21: 218-229.

Feng L, Hu C M, Chen X L, et al. 2011. MODIS observations of the bottom topography and its inter-annual variability of Poyang Lake. Remote Sensing of Environment, 115: 2729-2741.

Feng L, Hu C, Chen X, et al. 2014. Influence of the Three Gorges Dam on total suspended matters in the Yangtze Estuary and its adjacent coastal waters: observations from MODIS. Remote Sensing of Environment, 140: 779-788.

Fensholt R, Proud S R. 2012. Evaluation of earth observation based global long term vegetation trends: comparing GIMMS and MODIS global NDVI time series. Remote Sensing of Environment, 119: 131-147.

Fensholt R, Rasmussen K, Nielsen T T, et al. 2009. Evaluation of earth observation based long term vegetation trends: Intercomparing NDVI time series trend analysis consistency of Sahel from AVHRR GIMMS, Terra MODIS and SPOT VGT data. Remote Sensing of Environment, 113 (9): 1886-1898.

Flemming B W, Nyandwi N. 1994. Land reclamation as a cause of fine-grained sediment depletion in backbarrier tidal flats (southern North Sea). Netherland Journal of Aquatic Ecology, 28 (3-4): 299-307.

Fletcher R L. 1996. The occurrence of "green tides": a review//Marine Benthic Vegetation. Berlin: Springer.

Florack L M J, ter Haar Romeny B M, Koenderink J J, et al. 1992. Scale and the differential structure of images. Image and Vision Computing, 10 (6): 376-388.

Forstner W. 1986. A feature based correspondence algorithm for image matching. International Archives of Photogrammetry and Remote Sensing, 26 (3): 150-166.

Frangi A F, Niessen W J, Vincken K L, et al. 1998. Multiscale vessel enhancement filtering. Medical Image Computering and Computer-Assisted Interventation, 130: 137.

Frazier P S, Page K J. 2000. Water body detection and delineation with Landsat TM data. Photogrammetric Engineering and Remote Sensing, 66 (12): 1461-1468.

Frihy O E, Dewidar K M, Nasr S M, et al. 1998. Change detection of the northeastern Nile Delta of Egypt: shoreline changes, Spit evolution, margin changes of Manzala lagoon and its islands. International Journal of Remote Sensing, 19 (10): 1901-1912.

Funkenberg T, Binh T T, Moder F, et al. 2014. The Ha Tien Plain-wetland monitoring using remote-sensing techniques. International Journal of Remote Sensing, 35 (8): 2893-2909.

Gade M, Wang W, Kemme L. 2018. On the imaging of exposed intertidal flats by single-and dual-copolarization Synthetic Aperture Radar. Remote Sensing of Environment, 205: 315-328.

Gao G D, Wang X H, Bao X W. 2014. Land reclamation and its impact on tidal dynamics in Jiaozhou Bay, Qingdao, China. Estuarine Coastal and Shelf Science, 151: 285-294.

Gao S, Collins M. 1991. A critique of the "mclaren method" for defining sediment transport paths: discussion and reply. Journal of Sedimentary Petrology, 61 (1): 143-146.

Garcia R A, Fearns P, Keesing J K, et al. 2013. Quantification of floating macroalgae blooms using the scaled algae index. Journal of Geophysical Research: Oceans, 118 (1): 26-42.

Gardel A, Gratiot N. 2005. A satellite image-based method for estimating rates of Mud Bank Migration, French Guiana, South America. Journal of Coastal Research, 21 (4): 720-728.

Gedan K B, Sillimanand B, Bertness M. 2009. Centuries of human-driven change in salt marsh ecosystems. Marine Science, 1: 117-141.

Geng X, Li X M, Velotto D, et al. 2016. Study of the polarimetric characteristics of mud flats in an intertidal zone using C-and X-band spaceborne SAR data. Remote Sensing of Environment, 176: 56-68.

Gens R. 2010. Remote sensing of coastlines: detection, extraction and monitoring. International Journal of Remote Sensing, 31: 1819-1836.

Gilmore M S, Wilson E H, Barrett N, et al. 2008. Integrating multi-temporal spectral and structural information to map wetland vegetation in a lower Connecticut River tidal marsh. Remote Sensing of Environment, 112 (11): 4048-4060.

Goetz S. 2007. Crisis in earth observation. Science, 315: 1767.

Gong Z, Wang Z, Stive M J F, et al. 2012. Process-based morphodynamic modeling of a schematized mudflat dominated by a long-shore tidal current at the central Jiangsu coast, China. Journal of Coastal Research, 28: 1381-1392.

Gorman L, Morang A, Larson R. 1998. Monitoring the coastal environment: part IV: mapping, shoreline changes, and bathymetric analysis. Journal of Coastal Research, 14: 61-92.

Grant H L, Stewart R W, Moilliet A. 1962. Turbulence spectra from a tidal channel. Journal of Fluid Mechanics, 12 (2): 241-268.

Gravelius H. 1914. Grundrifi der Gesamten Gewcisserkunde. Band I: Flufikunde (Compendium of Hydrology, vol. I. Rivers, in German). Berlin: Goschen.

Guariglia A, Buonamassa A, Losurdo A, et al. 2006. A multisource approach for coastline mapping and identification of shoreline changes. Annals of Geophysics, 49: 295-304.

Guo H, Liu J, Li A, et al. 2012. Earth observation satellite data receiving, processing system and data sharing. International Journal of Digital Earth, 5: 241-250.

Guo Q, Li W, Yu H, et al. 2010. Effects of topographic variability and LiDAR sampling density on several DEM interpolation methods. Photogrammetric Engineering and Remote Sensing, 76(6): 701-712.

Harley M D, Turner I L, Short A D, et al. 2011. A reevaluation of coastal embayment rotation: the dominance of cross-shore versus alongshore sediment transport processes, Collaroy-Narrabeen Beach, southeast Australia. Journal of Geophysical Research: Earth Surface, 116 (F04033): 1-16.

Harvey J W. 1987. Geomorphological control of subsurface hydrology in the creekbank zone of tidal marshes. Estuarine Coastal and Shelf Science, 25 (6): 677-691.

He H C, Shi Y, Yin Y, et al. 2012. Impact of Prophyra cultivation on sedimentary and morphological evolution of tidal flat in Rudong, Jiangsu Province. Quaternary Research, 32: 1161-1172.

Herman J, Steurbaut E, Vandenberghe N. 2000. The boundary between the middle Eocene Brussel sand and the Lede sand formations in the zaventem-nederokkerzeel area (northeast of Brussels, Belgium). Geologica Belgica, 3 (3-4): 231-255.

Heygster G, Dannenberg J, Notholt J. 2009. Topographic mapping of the German tidal flats analyzing SAR images with the waterline method. IEEE Transactions on Geoscience and Remote Sensing, 48 (3): 1019-1030.

Hird J N, McDermid G J. 2009. Noise reduction of NDVI time series: an empirical comparison of selected techniques. Remote Sensing of Environment, 113 (1): 248-258.

Hladik C, Alber M. 2014. Classification of salt marsh vegetation using edaphic and remote sensing-derived variables. Estuarine Coastal and Shelf Science, 141: 47-57.

Hladik C, Schalles J, Alber M. 2013. Salt marsh elevation and habitat mapping using hyperspectral and LiDAR data. Remote Sensing of Environment, 139: 318-330.

Hodoki Y, Murakami T. 2006. Effects of tidal flat reclamation on sediment quality and hypoxia in Isahaya Bay. Aquatic Conservation: Marine and Freshwater Ecosystems, 16 (6): 555-567.

Hood W G. 2010. Tidal channel meander formation by depositional rather than erosional processes: examples from the prograding Skagit River Delta (Washington, USA). Earth Surface Processes and Landforms: the Journal of the British Geomorphological Research Group, 35 (3): 319-330.

Horton R E. 1945. Erosional development of streams and their drainage basins: hydrophysical approach to quantitative morphology. Journal of the Japanese Forestry Society, 56 (3): 275-370.

Hu C. 2009. A novel ocean color index to detect floating algae in the global oceans. Remote Sensing of Environment, 113 (10): 2118-2129.

Hu C, Cannizzaro J, Carder K L, et al. 2010a. Remote detection of Trichodesmium blooms in optically complex coastal waters: examples with MODIS full-spectral data. Remote Sensing of Environment, 114 (9): 2048-2058.

Hu C, Li D, Chen C, et al. 2010b. On the recurrent Ulva prolifera blooms in the Yellow Sea and East China Sea. Journal of Geophysical Research: Oceans, 115 (C05017): 1-8.

Hu L, Hu C, Ming-Xia H E. 2017. Remote estimation of biomass of Ulva prolifera macroalgae in the Yellow Sea. Remote Sensing of Environment, 192: 217-227.

Hu Z, Wang Z B, Zitman T J, et al. 2015. Predicting long-term and short-term tidal flat morphodynamics using a dynamic equilibrium theory. Journal of Geophysical Research: Earth Surface, 120 (9): 1803-1823.

Huang Y, Zhou Y X, Li X, et al. 2009. Two strategies for remote sensing classification accuracy improvement of salt marsh vegetation: a case study in Chongming Dongtan. 2009 2nd International Congress on Image and Signal Processing. IEEE: 1-7.

Huete A, Didan K, Miura T, et al. 2002. Overview of the radiometric and biophysical performance of the modis vegetation indices. Remote Sensing of Environment, 83 (1): 195-213.

Hughes Z J. 2012. Tidal Channels on Tidal Flats and Marshes//Principles of Tidal Sedimentology. Dordrecht: Springer, 269-300.

Hui F, Haijun H. 2004. Spatial-temporal changes of tidal flats in the Huanghe River Delta using Landsat TM/ETM + images. Journal of Geographical Sciences, 14 (3): 366-374.

Huth J, Kuenzer C, Wehrmann T, et al. 2012. Land cover and land use classification with TWOPAC: towards automated processing for pixel-and object-based image classification. Remote Sensing, 4 (9): 2530-2553.

Ichoku C, Chorowicz J. 1994. A numerical approach to the analysis and classification of channel network patterns. Water Resources Research, 30 (2): 161-174.

Inez N K, Raymond T, Robert G L, et al. 2004. Geomorphic analysis of tidal creek networks. Water Resources Research, 40 (W05401): 1-13.

Iwasaki T, Shimizu Y, Kimura I. 2013. Modelling of the initiation and development of tidal creek networks//Proceedings of the Institution of Civil Engineers-Maritime Engineering. Thomas Telford Ltd, 166 (2): 76-88.

James L A, Hunt K J. 2010. The LiDAR-side of headwater streams: mapping channel networks with high-resolution topographic data. Southeastern Geographer, 50 (4): 523-539.

Jin S, Liu Y, Sun C, et al. 2018. A study of the environmental factors influencing the growth phases of Ulva prolifera in the southern Yellow Sea, China. Marine Pollution Bulletin, 135: 1016-1025.

Jonsson P, Eklundh L. 2002. Seasonality extraction by function fitting to time-series of satellite sensor data. IEEE Transactions on Geoscience and Remote Sensing, 40 (8): 1824-1832.

Jung R, Adolph W, Ehlers M, et al. 2015. A multi-sensor approach for detecting the different land covers of tidal flats in the German Wadden Sea: a case study at Norderney. Remote Sensing of Environment, 170: 188-202.

Justice C O, Vermote E, Townshend J R G, et al.1998. The Moderate Resolution Imaging Spectroradiometer (MODIS): land remote sensing for global change research. IEEE Transactions on Geoscience and Remote Sensing, 36 (4): 1228-1249.

Kang Y, Ding X, Xu F, et al. 2017. Topographic mapping on large-scale tidal flats with an iterative approach on the waterline method. Estuarine Coastal and Shelf Science, 190: 11-22.

Kar A, Tulsiani S, Carreira J, et al. 2015a. Category-specific object reconstruction from a single image. Proceedings of the IEEE conference on computer vision and pattern recognition, 1966—1974.

Kar J, Vaughan M A, Liu Z, et al. 2015b. Detection of pollution outflow from Mexico City using Calipso Lidar measurements. Remote Sensing of Environment, 169: 205-211.

Kara E, Miller J M, Reynolds C, et al. 2016. Relativistic reverberation in the accretion flow of a tidal disruption event. Nature, 535 (7612): 388.

Kearney W S, Fagherazzi S. 2016. Salt marsh vegetation promotes efficient tidal channel networks. Nature Communications, 7: 12287.

Keesing J K, Liu D, Fearns P, et al. 2011. Inter-and intra-annual patterns of Ulva prolifera green tides in the Yellow Sea during 2007—2009, their origin and relationship to the expansion of coastal seaweed aquaculture in China. Marine Pollution Bulletin, 62 (6): 1169-1182.

Keesing J K, Liu D, Shi Y, et al. 2016. Abiotic factors influencing biomass accumulation of green tide causing Ulva spp. on Pyropia culture rafts in the Yellow Sea, China. Marine Pollution Bulletin, 105 (1): 88-97.

Kim M, Warner T A, Madden M, et al. 2011. Multi-scale GEOBIA with very high spatial resolution digital aerial imagery: scale, texture and image objects. International Journal of Remote Sensing, 32 (10): 2825-2850.

Kindscher K, Fraser A, Jakubauskas M E, et al. 1997. Identifying wetland meadows in Grand Teton

National Park using remote sensing and average wetland values. Wetlands Ecology and Management，5（4）：265-273.

Kirby J R，Kirby R. 2008. Medium timescale stability of tidal mudflats in Bridgwater Bay，Bristol Channel，UK：influence of tides，waves and climate. Continental Shelf Research，28（19）：2615-2629.

Kirby R. 2000. Practical implications of tidal flat shape. Continental Shelf Research，20（10-11）：1061-1077.

Kleinhans N M，Johnson L C，Richards T，et al. 2009. Reduced neural habituation in the amygdala and social impairments in autism spectrum disorders. American Journal of Psychiatry，166（4）：467-475.

Klemas V. 2011. Beach profiling and LiDAR bathymetry：an overview with case studies. Journal of Coastal Research，27：1019-1028.

Krabill W B，Collins J G，Link L E，et al. 1984. Airborne laser topographic mapping results（Tennessee）. Photogrammetric Engineering & Remote Sensing，50（6）：685-694.

Kuang C，Liu X，Gu J，et al. 2013. Numerical prediction of medium-term tidal flat evolution in the Yangtze Estuary：impacts of the three gorges project. Continental Shelf Research，52：12-26.

Kunza A E，Pennings S C. 2008. Patterns of plant diversity in Georgia and Texas salt marshes. Estuaries and Coasts，31（4）：673-681.

Lamquin N，Mazeran C，Doxaran D，et al. 2012. Assessment of GOCI radiometric products using MERIS，MODIS and field measurements. Ocean Science Journal，47：287-311.

Lang M，McDonough O，McCarty G，et al. 2012. Enhanced detection of wetland-stream connectivity using LiDAR. Wetlands，32（3）：461-473.

Lanzoni S，Seminara G. 2002. Long-term evolution and morphodynamic equilibrium of tidal channels. Journal of Geophysical Research：Oceans，107（C1）：1-13.

Lashermes B，Foufoula-Georgiou E，Dietrich W E. 2007. Channel network extraction from high resolution topography using wavelets. Geophysical Research Letters，34（L23S04）：1-6.

Lawrence D S L，Allen J R L，Havelock G M. 2004. Salt marsh morphodynamics：an investigation of tidal flows and marsh channel equilibrium. Journal of Coastal Research，20（1）：301-316.

Le Hir P，Monbet Y，Orvain F. 2007. Sediment erodability in sediment transport modelling：can we account for biota effects?. Continental Shelf Research，27：1116-1142.

Le Mauff B，Juigner M，Ba A，et al. 2018. Coastal monitoring solutions of the geomorphological response of beach-dune systems using multi-temporal LiDAR datasets（Vendée coast，France）. Geomorphology，304：121-140.

Lee Y K，Ryu J H，Choi J K，et al. 2011. A study of decadal sedimentation trend changes by waterline comparisons within the Ganghwa tidal flats initiated by human activities. Journal of Coastal Research，27（5）：857-869.

Lee Y K，Park J W，Choi J K，et al. 2012. Potential uses of TerraSAR-X for mapping herbaceous halophytes over salt marsh and tidal flats. Estuarine Coastal and Shelf Science，115：366-376.

Li J，Gao S，Wang Y. 2010. Invading cord grass vegetation changes analyzed from Landsat-TM imageries：a case study from the Wanggang area，Jiangsu coast，eastern China. Acta Oceanologica

Sinica，29（3）：26-37.

Li X, Zhou Y, Zhang L, et al. 2014a. Shoreline change of Chongming Dongtan and response to river sediment load: a remote sensing assessment. Journal of Hydrology，511：432-442.

Li Y, Bretschneider T R. 2007. Semantic-sensitive satellite image retrieval. IEEE Transactions on Geoscience and Remote Sensing，45：853-860.

Li Z, Heygster G, Notholt J. 2014b. Intertidal topographic maps and morphological changes in the German Wadden Sea between 1996—1999 and 2006—2009 from the waterline method and SAR images. IEEE Journal of Selected Topics in Applied Earth Observations and Remote Sensing，7（8）：3210-3224.

Liu X J, Gao S, Wang Y P. 2011. Modeling profile shape evolution for accreting tidal flats composed of mud and sand: a case study of the central Jiangsu coast，China. Continental Shelf Research，31（16）：1750-1760.

Liu X, Gao Z, Ning J, et al. 2016a. An improved method for mapping tidal flats based on remote sensing waterlines: a case study in the Bohai Rim，China. IEEE Journal of Selected Topics in Applied Earth Observations and Remote Sensing，9（11）：5123-5129.

Liu X, Wang Z, Zhang X. 2016b. A review of the green tides in the Yellow Sea，China. Marine Environmental Research，119：189-196.

Liu Y, Li M, Cheng L, et al. 2010. A DEM inversion method for inter-tidal zone based on MODIS dataset: a case study in the dongsha sandbank of Jiangsu radial tidal sand-ridges，China. China Ocean Engineering，24（4）：735-748.

Liu Y, Li M, Cheng L, et al. 2012a. Topographic mapping of offshore sandbank tidal flats using the waterline detection method: a case study on the Dongsha Sandbank of Jiangsu Radial Tidal Sand Ridges，China. Marine Geodesy，35（4）：362-378.

Liu Y, Li M, Mao L, et al. 2012b. Toward a method of constructing tidal flat digital elevation models with MODIS and medium-resolution satellite images. Journal of Coastal Research，29（2）：438-448.

Liu Y, Li M, Mao L, et al. 2013a. Seasonal pattern of tidal-flat topography along the Jiangsu middle coast，China，using HJ-1 optical images. Wetlands，33（5）：871-886.

Liu Y, Li M, Zhou M, et al. 2013b. Quantitative analysis of the waterline method for topographical mapping of tidal flats: a case study in the Dongsha sandbank，China. Remote Sensing，5（11）：6138-6158.

Liu Y, Zhou M, Zhao S, et al. 2015. Automated extraction of tidal creeks from airborne laser altimetry data. Journal of Hydrology，527：1006-1020.

Liu Z, Pan S, Yin Y, et al. 2013c. Reconstruction of the historical deposition environment from ^{210}Pb and ^{137}Cs records at two tidal flats in China. Ecological Engineering，61：303-315.

Lloyd D. 1990. A phenological classification of terrestrial vegetation cover using shortwave vegetation index imagery. Remote Sensing，11（12）：2269-2279.

Lohani B, Mason D C. 2001. Application of airborne scanning laser altimetry to the study of tidal channel geomorphology. ISPRS Journal of Photogrammetry and Remote Sensing，56（2）：100-120.

Lohani B，Mason D C，Scott T R，et al. 2006. Extraction of tidal channel networks from aerial photographs alone and combined with laser altimetry. International Journal of Remote Sensing，27（1）：5-25.

Lohani B. 1999. Construction of a digital elevation model of the Holderness coast using the waterline method and airborne thematic mapper data. International Journal of Remote Sensing，20（3）：593-607.

Long S P，Mason C F. 1983. Saltmarsh Ecology//Saltmarsh Ecology. Blackie；Tertiary Level Biology Series. Chapman and Hall，USA.

Loveland T R，Dwyer J L. 2012. Landsat：building a strong future. Remote Sensing of Environment，122：22-29.

Luo X X，Yang S L，Zhang J. 2012. The impact of the Three Gorges Dam on the downstream distribution and texture of sediments along the middle and lower Yangtze River（Changjiang）and its estuary，and subsequent sediment dispersal in the East China Sea. Geomorphology，179：126-140.

Madsen S N，Martin J M，Zebker H A. 1995. Analysis and evaluation of the NASA/JPL TOPSAR across-track interferometric SAR system. IEEE Transactions on Geoscience and Remote Sensing，33（2）：383-391.

Mancini F，Dubbini M，Gattelli M，et al. 2013. Using unmanned aerial vehicles（UAV）for high-resolution reconstruction of topography：the structure from motion approach on coastal environments. Remote Sensing，5（12）：6880-6898.

Manzo C，Valentini E，Taramelli A，et al. 2015. Spectral characterization of coastal sediments using field spectral libraries，airborne hyperspectral images and topographic LiDAR data（FHyL）. International Journal of Applied Earth Observation and Geoinformation，36：54-68.

Marani M，Belluco E，D'Alpaos A，et al. 2003. On the drainage density of tidal networks. Water Resources Research，39（2）：4-11.

Marani M，D'Alpaos A，Lanzoni S，et al. 2007. Biologically-controlled multiple equilibria of tidal landforms and the fate of the Venice lagoon. Geophysical Research Letters，34（11）：L11402.

Marciano R，Wang Z B，Hibma A，et al. 2005. Modeling of channel patterns in short tidal basins. Journal of Geophysical Research：Earth Surface，110（F01001）：1-13.

Mariotti G，Fagherazzi S. 2010. A numerical model for the coupled long-term evolution of salt marshes and tidal flats. Journal of Geophysical Research：Earth Surface，115（F01004）：1-15.

Marsh D H，Odum W E. 1979. Effect of suspension and sedimentation on the amount of microbial colonization of salt marsh microdetritus. Estuaries，2（3）：184-188.

Martini I P，Jefferies R L，Morrison R I G，et al. 2009. Polar coastal wetlands：development，structure，and land use. Coastal Wetlands：an Integrated Ecosystem Approach. Amsterdam：Elsevier：119-155.

Masek J G，Vermote E F，Saleous N E，et al.2006. A Landsat surface reflectance dataset for North America，1990—2000. IEEE Geoscience and Remote Sensing Letters，3：68-72.

Mason D C，Davenport I J. 1996. Accurate and efficient determination of the shoreline in ERS-1 SAR images. IEEE Transactions on Geoscience and Remote Sensing，34（5）：1243-1253.

Mason D C, Davenport I J, Robinson G J, et al. 1995. Construction of an inter-tidal digital elevation model by the'Water-Line'Method. Geophysical Research Letters, 22 (23): 3187-3190.

Mason D C, Davenport I J, Flather R A. 1997. Interpolation of an intertidal digital elevation model from heighted shorelines: a case study in the western Wash. Estuarine Coastal and Shelf Science, 45 (5): 599-612.

Mason D C, Davenport I J, Flather R A, et al. 1998. Cover a digital elevation model of the inter-tidal areas of the Wash, England, produced by the waterline method. International Journal of Remote Sensing, 19 (8): 1455-1460.

Mason D C, Amin M, Davenport I J, et al. 1999. Measurement of recent intertidal sediment transport in Morecambe Bay using the waterline method. Estuarine Coastal and Shelf Science, 49: 427-456.

Mason D C, Gurney C, Kennett M. 2000. Beach topography mapping-a comparsion of techniques. Journal of Coastal Conservation, 6 (1): 113-124.

Mason D C, Davenport I J, Flather R A, et al. 2001. A sensitivity analysis of the waterline method of constructing a digital elevation model for intertidal areas in ERS SAR scene of Eastern England. Estuarine Coastal and Shelf Science, 53 (6): 759-778.

Mason D C, Scott T R, Wang H J. 2006. Extraction of tidal channel networks from airborne scanning laser altimetry. ISPRS Journal of Photogrammetry and Remote Sensing, 61 (2): 67-83.

Mason D C, Scott T R, Dance S L. 2010. Remote sensing of intertidal morphological change in Morecambe Bay, UK, between 1991 and 2007. Estuarine Coastal and Shelf Science, 87: 487-496.

Masuoka E, Fleig A, Wolfe R E, et al. 1998. Key characteristics of MODIS data products. IEEE Transactions on Geoscience and Remote Sensing, 36 (4): 1313-1323.

Matsumoto K, Takanezawa T, Ooe M. 2000. Ocean tide models developed by assimilating TOPEX/POSEIDON altimeter data into hydrodynamical model: a global model and a regional model around Japan. Journal of Oceanography, 56 (5): 567-581.

Mcintosh K, Krupnik A. 2002. Integration of laser-derived DSMs and matched image edges for generating an accurate surface model. ISPRS Journal of Photogrammetry and Remote Sensing, 56 (3): 167-176.

Mitasova H, Bernstein D, Drake T G, et al. 2003. Spatio-temporal analysis of beach morphology using LiDAR, RTK-GPS and Open source GRASS GIS. Proceedings Coastal Sediments, 3: 1-13.

Montreuil A L, Bullard J, Chandler J. 2013. Detecting seasonal variations in embryo dune morphology using a terrestrial laser scanner. Journal of Coastal Research, 65 (sp2): 1313-1318.

Mudd S M, D'Alpaos A, Morris J T. 2010. How does vegetation affect sedimentation on tidal marshes? Investigating particle capture and hydrodynamic controls on biologically mediated sedimentation. Journal of Geophysical Research: Earth Surface, 115 (F03029): 1-14.

Murray A B, Knaapen M A F, Tal M, et al. 2008. Biomorphodynamics: physical-biological feedbacks that shape landscapes.Water Resources Research, 44 (W11301): 1-18.

Murray N J, Phinn S R, Clemens R S, et al. 2012. Continental scale mapping of tidal flats across East

Asia using the Landsat archive. Remote Sensing，4：3417-3426.

Murray N J，Phinn S R，DeWitt M，et al. 2019. The global distribution and trajectory of tidal flats. Nature，565（7738）：222.

Neill L E. 1994. Photogrammetric heighting accuracy：the accuracy of heighting from aerial photography. The Photogrammetric Record，14（84）：917-922.

Ni W，Wang Y，Zou X，et al. 2014. Sediment dynamics in an offshore tidal channel in the southern Yellow Sea. International Journal of Sediment Research，29：246-259.

Niedermeier A，Hoja D，Lehner S. 2005. Topography and morphodynamics in the German Bight using SAR and optical remote sensing data. Ocean Dynamics，55（2）：100-109.

Novakowski K I，Torres R，Gardner L R，et al. 2004. Geomorphic analysis of tidal creek networks. Water Resources Research，40（5）：1-13.

Ozdemir H，Bird D. 2009. Evaluation of morphometric parameters of drainage networks derived from topographic maps and DEM in point of floods. Environmental Geology，56（7）：1405-1415.

Pacheco A，Horta J，Loureiro C，et al. 2015. Retrieval of nearshore bathymetry from Landsat 8 images：a tool for coastal monitoring in shallow waters. Remote Sensing of Environment，159：102-116.

Pan Z，Huang J，Zhou Q，et al. 2015. Mapping crop phenology using NDVI time-series derived from HJ-1 A/B data. International Journal of Applied Earth Observation and Geoinformation，34：188-197.

Paredes J M，Spero R E. 1983. Water depth mapping from passive remote sensing data under a generalized ratio assumption. Applied Optics，22（8）：1134-1135.

Passalacqua P，Do Trung T，Foufoula-Georgiou E，et al. 2010. A geometric framework for channel network extraction from LiDAR：nonlinear diffusion and geodesic paths. Journal of Geophysical Research：Earth Surface，115（F01002）：1-18.

Pendleton L，Donato D C，Murray B C，et al. 2012. Estimating global "blue carbon" emissions from conversion and degradation of vegetated coastal ecosystems. PloS One，7（9）：e43542.

Pennings S C，Grant M B，Bertness M D. 2005. Plant zonation in low-latitude salt marshes：disentangling the roles of flooding，salinity and competition. Journal of Ecology，93（1）：159-167.

Perillo G M E. 2009. Tidal Courses：Classification，Origin and Functionality. Coastal Wetlands：An Integrated Ecosystem Approach. Amsterdam：Elsevier，185-209.

Pflugmacher D，Cohen W B，Kennedy R E. 2012. Using Landsat-derived disturbance history（1972—2010）to predict current forest structure. Remote Sensing of Environment，122：146-165.

Plant N G，Holman R A. 1997. Intertidal beach profile estimation using video images. Marine Geology，140：1-24.

Plant N G，Aarninkhof S G，Turner I L，et al. 2007. The performance of shoreline detection models applied to video imagery. Journal of Coastal Research，23（3）：658-670.

Pritchard D，Hogg A J. 2003. Cross-shore sediment transport and the equilibrium morphology of mudflats under tidal currents. Journal of Geophysical Research：Oceans，108（C10）：3313.

Qi L，Hu C，Wang M，et al. 2017. Floating algae blooms in the East China Sea. Geophysical Research

Letters, 44 (22): 11, 501-511, 509.

Qin P, Xie M, Jiang Y, et al. 1997. Estimation of the ecological-economic benefits of two Spartina alterniflora plantations in North Jiangsu, China. Ecological Engineering, 8 (1): 5-17.

Ramesh R, Chen Z, Cummins V, et al. 2015. Land-ocean interactions in the coastal zone: past, present and future. Anthropocene, 12: 85-98.

Rao K N, Subraelu P, Kumar K C V N, et al. 2010. Impacts of sediment retention by dams on delta shoreline recession: evidences from the Krishna and Godavari deltas, India. Earth Surface Processes and Landforms: The Journal of the British Geomorphological Research Group, 35 (7): 817-827.

Reed B C, Brown J F, VanderZee D, et al. 1994. Measuring phenological variability from satellite imagery. Journal of Vegetation Science, 5 (5): 703-714.

Ren M E, Zhang R S, Yang J H, et al. 1983. The influence of storm tide on mud plain coast—with special reference to Jiangsu province. Marine Geology and Quaternary Geology, 3 (4): 1-23.

Rinaldo A, Fagherazzi S, Lanzoni S, et al. 1999. Tidal networks: 3. Landscape-forming discharges and studies in empirical geomorphic relationships. Water Resources Research, 35 (12): 3919-3929.

Rizzetto F, Tosi L. 2012. Rapid response of tidal channel networks to sea-level variations (Venice Lagoon, Italy). Global & Planetary Change, s92-93: 191-197.

Roberts W, Le Hir P, Whitehouse R J S. 2000. Investigation using simple mathematical models of the effect of tidal currents and waves on the profile shape of intertidal mudflats. Continental Shelf Research, 20 (10-11): 1079-1097.

Rodrigues S W P, Souza-Filho P W M. 2011. Use of multi-sensor data to identify and map tropical coastal wetlands in the Amazon of Northern Brazil.Wetlands, 31 (1): 11-23.

Roerink G J, Menenti M, Verhoef W. 2000. Reconstructing cloudfree NDVI composites using Fourier analysis of time series. International Journal of Remote Sensing, 21 (9): 1911-1917.

Rozas L P, Mclvor C C, Odum W E. 1988. Intertidal rivulets and creekbanks: corridors between tidal creeks and marshes. Marine Ecology Progress, 47 (3): 303-307.

Ruddick K, Neukermans G, Vanhellemont Q, et al. 2014. Challenges and opportunities for geostationary ocean colour remote sensing of regional seas: a review of recent results. Remote Sensing of Environment, 146: 63-76.

Ryu J H, Won J S, Min K D. 2002. Waterline extraction from Landsat TM data in a tidal flat: a case study in Gomso Bay, Korea. Remote sensing of Environment, 83 (3): 442-456.

Ryu J H, Kim C H, Lee Y K, et al. 2008. Detecting the intertidal morphologic change using satellite data. Estuarine, Coastal and Shelf Science, 78: 623-632.

Ryu J H, Choi J K, Lee Y K. 2014. Potential of remote sensing in management of tidal flats: a case study of thematic mapping in the Korean tidal flats. Ocean and Coastal Management, 102: 458-470.

Ryu J H, Han H J, Cho S, et al. 2012. Overview of geostationary ocean color imager (GOCI) and GOCI data processing system (GDPS). Ocean Science Journal, 47 (3): 223-233.

Sadro S, Gastil-Buhl M, Melack J. 2007. Characterizing patterns of plant distribution in a southern

California salt marsh using remotely sensed topographic and hyperspectral data and local tidal fluctuations. Remote Sensing of Environment, 110 (2): 226-239.

Sagar S, Roberts D, Bala B, et al. 2017. Extracting the intertidal extent and topography of the Australian coastline from a 28 year time series of Landsat observations. Remote sensing of Environment, 195: 153-169.

Savitzky A, Golay M J E. 1964. Smoothing and differentiation of data by simplified least squares procedures. Analytical Chemistry, 36 (8): 1627-1639.

Basu A, Saxena N K. 1999. A review of shallow-water mapping systems. Marine Geodesy, 22 (4): 249-257.

Saxena D, Flores S, Stotzky G. 1999. Transgenic plants: insecticidal toxin in root exudates from BT corn. Nature, 402 (6761): 480.

Schuerch M, Spencer T, Temmerman S, et al. 2018. Future response of global coastal wetlands to sea-level rise. Nature, 561 (7722): 231.

Scott T R, Mason D C. 2007. Data assimilation for a coastal area morphodynamic model: Morecambe Bay. Coastal Engineering, 54 (2): 91-109.

Seminara G, Lanzoni S, Tambroni N, et al. 2010. How long are tidal channels?. Journal of Fluid Mechanics, 643: 479-494.

Shen H, Perrie W, Liu Q, et al. 2014. Detection of macroalgae blooms by complex SAR imagery. Marine Pollution Bulletin, 78 (1-2): 190-195.

Shi B W, Yang S L, Wang Y P, et al. 2014. Intratidal erosion and deposition rates inferred from field observations of hydrodynamic and sedimentary processes: a case study of a mudflat-saltmarsh transition at the Yangtze delta front. Continental Shelf Research, 90: 109-116.

Shi W, Wang M. 2009. Green macroalgae blooms in the Yellow Sea during the spring and summer of 2008. Journal of Geophysical Research: Oceans, 114 (C12): 1-10.

Shi Z, Chen J Y. 1996. Morphodynamics and sediment dynamics on intertidal mudflats in China (1961—1994). Continental Shelf Research, 16 (15): 1909-1926.

Shi Z, Lamb H F, Collin R L. 1995. Geomorphic change of saltmarsh tidal creek networks in the Dyfi Estuary, Wales. Marine Geology, 128 (1-2): 73-83.

Silvestri S, Marani M. 2004. Salt-marsh vegetation and morphology: basic physiology, modelling and remote sensing observations. The Ecogeomorphology of Tidal Marshes, Coastal Estuarine Studies, 59: 5-25.

Silvestri S, Defina A, Marani M. 2005. Tidal regime, salinity and salt marsh plant zonation. Estuarine Coastal and Shelf Science, 62 (1-2): 119-130.

Slama C C. 1980. Manual of Photogrammetry. America Society of Photogrammetry.

Slater J A, Garvey G, Johnston C, et al. 2006. The SRTM data "finishing" process and products. Photogrammetric Engineering and Remote Sensing, 72 (3): 237-247.

Smetacek V, Zingone A. 2013. Green and golden seaweed tides on the rise. Nature, 504 (7478): 84-88.

Sole A F, Lopez A, Sapiro G. 2001. Crease enhancement diffusion. Computer Vision and Image Understanding, 84 (2): 214-248.

Son Y B, Min J E, Ryu J H. 2012. Detecting massive green algae (*Ulva prolifera*) blooms in the

Yellow Sea and East China Sea using geostationary ocean color imager (GOCI) data. Ocean Science Journal, 47 (3): 359-375.

Son Y B, Choi B J, Kim Y H, et al. 2015. Tracing floating green algae blooms in the Yellow Sea and the East China Sea using GOCI satellite data and Lagrangian transport simulations. Remote Sensing of Environment, 156: 21-33.

Song D, Wang X H, Zhu X, et al. 2013. Modeling studies of the far-field effects of tidal flat reclamation on tidal dynamics in the East China Seas. Estuarine Coastal and Shelf Science, 133: 147-160.

Sonnenschein R, Kuemmerle T, Udelhoven T, et al. 2011. Differences in Landsat-based trend analyses in drylands due to the choice of vegetation estimate. Remote Sensing of Environment, 115: 1408-1420.

Steel T J. 1996. The Morphology and Development of Representative British Saltmarsh Creek Networks. University of Reading.

Stefanon L, Carniello L, D'Alpaos A, et al. 2012. Signatures of sea level changes on tidal geomorphology: experiments on network incision and retreat. Geophysical Research Letters, 39 (12): 1-6.

Stone R. 2010. Earth-observation summit endorses global data sharing. Science, 330: 902-902.

Strahler A N. 1952. Dynamic basis of geomorphology. Geological Society of America Bulletin, 63 (9): 923-938.

Sun C, Liu Y, Zhao S, et al. 2017. Saltmarshes response to human activities on a prograding coast revealed by a dual-scale time-series strategy. Estuaries and Coasts, 40 (2): 522-539.

Syvitski J P M, Kettner A J, Overeem I, et al. 2009. Sinking deltas due to human activities. Nature Geoscience, 2 (10): 681.

Taylor R. 1999. The green tide threat in the UK—a brief overview with particular reference to Langstone Harbour, south coast of England and the Ythan Estuary, east coast of Scotland. Botanical Journal of Scotland, 51 (2): 195-203.

Temmerman S, Kirwan M L. 2015. Building land with a rising sea. Science, 349 (6248): 588-589.

Todeschini I, Toffolon M, Tubino M. 2008. Long term morphological evolution of funnel-shape tide-dominated estuaries. Journal of Geophysical Research: Oceans, 113 (C5): 1-14.

Tuxen K, Schile L, Stralberg D, et al. 2011. Mapping changes in tidal wetland vegetation composition and pattern across a salinity gradient using high spatial resolution imagery. Wetlands Ecology and Management, 19 (2): 141-157.

Tyce R, Ferguson S, Lemmond P. 1987. NECOR Sea Beam data collection and processing development. Marine Technology Society Journal, 21 (2): 13.

Ungar S G, Merry C J, Irish R, et al. 1988. Extraction of topography from side-looking satellite systems—a case study with SPOT simulation data. Remote Sensing of Environment, 26 (1): 51-73.

Valentini E, Taramelli A, Filipponi F, et al. 2015. An effective procedure for EUNIS and Natura 2000 habitat type mapping in estuarine ecosystems integrating ecological knowledge and remote sensing analysis. Ocean and Coastal Management, 108: 52-64.

van Beijma S, Comber A, Lamb A. 2014. Random forest classification of salt marsh vegetation habitats using quad-polarimetric airborne SAR, elevation and optical RS data. Remote Sensing of Environment, 149: 118-129.

van den Bruwaene W, Meire P, Temmerman S. 2012. Formation and evolution of a tidal channel network within a constructed tidal marsh. Geomorphology, 151-152 (1): 114-125.

Verpoorter C, Kutser T, Tranvik L. 2012. Automated mapping of water bodies using Landsat multispectral data. Limnology and Oceanography: Methods, 10 (12): 1037-1050.

Vlaswinkel B M, Cantelli A. 2011. Geometric characteristics and evolution of a tidal channel network in experimental setting. Earth Surface Processes and Landforms, 36 (6): 739-752.

Wan S, Qin P, Liu J, et al. 2009. The positive and negative effects of exotic Spartina alterniflora in China. Ecological Engineering, 35 (4): 444-452.

Wang C, Menenti M, Stoll M P, et al. 2007. Mapping mixed vegetation communities in salt marshes using airborne spectral data. Remote Sensing of Environment, 107 (4): 559-570.

Wang Q, Tenhunen J D. 2004. Vegetation mapping with multitemporal NDVI in North Eastern China transect (NECT). International Journal of Applied Earth Observation and Geoinformation, 6 (1): 17-31.

Wang Q, Wu C Q, Li Q, et al. 2010. Chinese HJ-1A/B satellites and data characteristics. Science China Earth Sciences, 53 (1): 51-57.

Wang W, Gade M. 2017. A new SAR classification scheme for sediments on intertidal flats based on multi-frequency polarimetric SAR imagery. International Archives of the Photogrammetry, Remote Sensing and Spatial Information Sciences, 42: 223-228.

Wang W, Yang X, Liu G, et al. 2016. Random forest classification of sediments on exposed intertidal flats using ALOS-2 quad-polarimetric SAR data. International Archives of Photogrammetry, Remote Sensing and Spatial Information Sciences, 41: 1191.

Wang X, Ke X. 1997. Grain-size characteristics of the extant tidal flat sediments along the Jiangsu coast, China. Sedimentary Geology, 112: 105-122.

Wang Y P, Gao S, Jia J, et al. 2012a. Sediment transport over an accretional intertidal flat with influences of reclamation, Jiangsu coast, China. Marine Geology, 291: 147-161.

Wang Y, Zhu D, Zhou L, et al. 1998. Sedimentary characteristics and evolution of radiation sand ridges group in the south yellow sea. Science in China, 28: 385-393.

Wang Y, Zhang R, Gao S. 1999. Geomorphic and hydrodynamic responses in salt marsh-tidal creek systems, Jiangsu, China. Chinese Science Bulletin, 44 (6): 544-549.

Wang Y, Zhang Y, Zou X, et al. 2012b. The sand ridge field of the South Yellow Sea: origin by river-sea interaction. Marine Geology, 291: 132-146.

Wang Y, Yu Q, Gao S, et al. 2014. Modeling the effect of progressive grain-size sorting on the scale dependence of back-barrier tidal basin morphology. Continental Shelf Research, 91: 26-36.

Wang Z, Xiao J, Fan S, et al. 2015. Who made the world's largest green tide in China? An integrated study on the initiation and early development of the green tide in Yellow Sea. Limnology and Oceanography, 60 (4): 1105-1117.

Wardlow B D, Egbert S L. 2008. Large-area crop mapping using time-series MODIS 250 m NDVI data: an assessment for the US Central Great Plains. Remote Sensing of Environment, 112 (3):

1096-1116.

Wei W, Tang Z, Dai Z, et al. 2015. Variations in tidal flats of the Changjiang(Yangtze)Estuary during 1950s—2010s: future crisis and policy implication. Ocean and Coastal Management, 108: 89-96.

Weinstein M P, Brooks H A. 1983. Comparative ecology of nekton residing in a tidal creek and adjacent seagrass meadow: community composition and structure. Marine Ecology Progress Series, 12: 15.

Wells J T. 1983. Dynamics of coastal fluid muds in low-, moderate-, and high-tide-range environments. Canadian Journal of Fisheries and Aquatic Sciences, 40 (S1): 130-142.

West J M, Zedler J B. 2000. Marsh-creek connectivity: fish use of a tidal salt marsh in southern California. Estuaries, 23 (5): 699-710.

White K, El Asmar H M. 1999. Monitoring changing position of coastlines using Thematic Mapper imagery, an example from the Nile Delta. Geomorphology, 29 (1-2): 93-105.

Whitehouse R J S, Bassoullet P, Dyer K R, et al. 2000. The influence of bedforms on flow and sediment transport over intertidal mudflats. Continental Shelf Research, 20 (10): 1099-1124.

Widdows J, Brinsley M. 2002. Impact of biotic and abiotic processes on sediment dynamics and the consequences to the structure and functioning of the intertidal zone. Journal of Sea Research, 48 (2): 143-156.

Williams P B, Orr M K, Garrity N J. 2002. Hydraulic geometry: a geomorphic design tool for tidal marsh channel evolution in wetland restoration projects. Restoration Ecology, 10 (3): 577-590.

Wimmer C, Siegmund R, Schwabisch M, et al. 2000. Generation of high precision DEMs of the Wadden Sea with airborne interferometric SAR. IEEE Transactions on Geoscience and Remote Sensing, 38 (5): 2234-2245.

Woodcock C E, Allen R, Anderson M, et al. 2008. Free access to Landsat imagery. Science, 320: 1011.

Woodruff J D. 2018. Future of tidal wetlands depends on coastal management. Nature, 561: 183-185.

Wulder M A, Masek J G, Cohen W B, et al. 2012. Opening the archive: how free data has enabled the science and monitoring promise of Landsat. Remote Sensing of Environment, 122: 2-10.

Xie D, Wang Z, Gao S, et al. 2009. Modeling the tidal channel morphodynamics in a macro-tidal embayment, Hangzhou Bay, China. Continental Shelf Research, 29 (15): 1757-1767.

Xie Y, Sha Z, Yu M. 2008. Remote sensing imagery in vegetation mapping: a review. Journal of Plant Ecology, 1 (1): 9-23.

Xie Y, Zhang X, Ding X, et al. 2011. Salt-marsh geomorphological patterns analysis based on remote sensing images and LiDAR-derived digital elevation model: a case study of Xiaoyangkou, Jiangsu// International Symposium on LiDARand Radar Mapping Technologies. International Society for Optics and Photonics.

Xin P, Li L, Barry D A. 2013. Tidal influence on soil conditions in an intertidal creek-marsh system. Water Resources Research, 49 (1): 137-150.

Xing F, Wang Y P, Wang H V. 2012. Tidal hydrodynamics and fine-grained sediment transport on the radial sand ridge system in the southern Yellow Sea. Marine Geology, 291: 192-210.

Xing Q, Hu C. 2016. Mapping macroalgal blooms in the Yellow Sea and East China Sea using HJ-1 and Landsat data: application of a virtual baseline reflectance height technique. Remote Sensing of Environment, 178: 113-126.

Xing Q, Hu C, Tang D, et al. 2015. World's largest macroalgal blooms altered phytoplankton biomass in summer in the Yellow Sea: satellite observations. Remote Sensing, 7 (9): 12297-12313.

Xing Q, Guo R, Wu L, et al. 2017. High-resolution satellite observations of a new hazard of golden tides caused by floating Sargassum in winter in the Yellow Sea. IEEE Geoscience and Remote Sensing Letters, 14 (10): 1815-1819.

Xu F, Tao J, Zhou Z, et al. 2016. Mechanisms underlying the regional morphological differences between the northern and southern radial sand ridges along the Jiangsu Coast, China. Marine Geology, 371: 1-17.

Xu J. 2003. Growth of the Yellow River Delta over the past 800 years, as influenced by human activities. Geografiska Annaler: Series A, Physical Geography, 85: 21-30.

Xu J. 2008. Response of land accretion of the Yellow River delta to global climate change and human activity. Quaternary International, 186 (1): 4-11.

Yamano H, Shimazaki H, Matsunaga T, et al. 2006. Evaluation of various satellite sensors for waterline extraction in a coral reef environment: Majuro Atoll, Marshall Islands. Geomorphology, 82 (3-4): 398-411.

Yang Q, Du L, Liu X, et al. 2014. Evaluation of ocean color products from Korean geostationary ocean color Imager (GOCI) in Jiaozhou bay and Qingdao coastal area//Ocean Remote Sensing and Monitoring from Space. International Society for Optics and Photonics, 9261: 926118.

Yang S L, Milliman J D, Li P, et al. 2011. 50000 dams later: erosion of the Yangtze River and its delta. Global and Planetary Change, 75 (1-2): 14-20.

Zald H S J, Wulder M A, White J C, et al. 2016. Integrating landsat pixel composites and change metrics with lidar plots to predictively map forest structure and aboveground biomass in Saskatchewan, Canada. Remote Sensing of Environment, 176: 188-201.

Zeff M L. 1999. Salt marsh tidal channel morphometry: applications for wetland creation and restoratio. Restoration Ecology, 7 (2): 205-211.

Zhang J, Qu Z, Huang Q, et al. 2014. Solution of multiple cracks in a finite plate of an elastic isotropic material with the distributed dislocation method. Acta Mechanica Solida Sinica, 27 (3): 276-283.

Zhang R S. 1984. Relation between changes of submarine sand ridge field and development of coast near Jianggang, Jiangsu. Journal of Nanjing University (Natural Sciences), 2: 369-380.

Zhang R S. 1992. Suspended sediment transport processes on tidal mud flat in Jiangsu Province, China. Estuarine Coastal and Shelf Science, 35: 225-233.

Zhang R S, Shen Y M, Lu L Y, et al. 2004. Formation of *Spartina alterniflora* salt marshes on the coast of Jiangsu Province, China. Ecological Engineering, 23 (2): 95-105.

Zhang S, Liu Y, Yang Y, et al. 2016. Erosion and deposition within Poyang Lake: evidence from a decade of satellite data. Journal of Great Lakes Research, 42: 364-374.

Zhao B, Guo H, Yan Y, et al. 2008. A simple waterline approach for tidelands using multi-temporal satellite images: a case study in the Yangtze Delta. Estuarine Coastal and Shelf Science, 77 (1): 134-142.

Zhao S S, Liu Y X, Li M C, et al. 2015. Analysis of Jiangsu tidal flats reclamation from 1974 to 2012 using remote sensing. China Ocean Engineering, 29 (1): 143-154.

Zharikov Y, Skilleter G A, Loneragan N R, et al. 2005. Mapping and characterising subtropical estuarine landscapes using aerial photography and GIS for potential application in wildlife conservation and management. Biological Conservation, 125 (1): 87-100.

Zhou L, Liu J, Saito Y, et al. 2014. Coastal erosion as a major sediment supplier to continental shelves: example from the abandoned Old Huanghe (Yellow River) delta. Continental Shelf Research, 82: 43-59.

Zhou Z, Coco G, van der Wegen M, et al. 2015. Modeling sorting dynamics of cohesive and non-cohesive sediments on intertidal flats under the effect of tides and wind waves. Continental Shelf Research, 104: 76-91.

Zhou Z, van der Wegen M, Jagers B, et al. 2016a. Modelling the role of self-weight consolidation on the morphodynamics of accretional mudflats. Environmental Modelling and Software, 76: 167-181.

Zhou Z, Ye Q, Coco G. 2016b. A one-dimensional biomorphodynamic model of tidal flats: sediment sorting, marsh distribution, and carbon accumulation under sea level rise. Advances in Water Resources, 93: 288-302.

Zhu J Q, Yang Y, Yu J, Gong X L. 2015. Land subsidence of coastal areas of Jiangsu Province, China: historical review and present situation. Proceedings of the International Association of Hydrological Sciences, 372: 503.

Zhu Q, Yang S, Ma Y. 2014. Intra-tidal sedimentary processes associated with combined wave-current action on an exposed, erosional mudflat, southeastern Yangtze River Delta, China. Marine Geology, 347: 95-106.